面向新工科普通高等教育系列教材

科技论文写作

闫茂德　左　磊　杨盼盼　曹　雯　编著

机械工业出版社

本书系统地阐述了科技论文写作的基础理论和实用知识，全面分析和展示了科技论文的写作方法、写作技巧、写作规范及其他注意事项，内容有较强的针对性和实用性。此外，本书还讲授了科技论文排版软件LaTeX，科技论文投稿、修改和发表等内容，并引入科技论文的收录、引用与评价方法。通过本书的学习，可以有针对性地掌握科技论文的构成、写作、投稿和发表，使科技论文的写作水平和投稿录用率都得到提高，并助力论文检索和学术交流，体现科技成果的价值，促进科学研究工作。

本书共9章，内容包括：科技论文写作概述；科技论文的写作流程；科技论文的构成和写作要求；科技论文的写作规范；英文科技论文的写作；其他类型的科技论文写作与交流；高质量科技论文排版软件LaTeX；科技论文的投稿与发表；科技论文的收录、引用与评价。本书还注重理论与示例相结合，给出了题名、摘要、关键词、引言、研究方法、结果及英文科技论文等内容的示例解析，便于读者理解和提高科技论文的写作能力和水平。

本书可作为高等院校理工农医类学科研究生和理工科高年级本科生的教材，也可供高等院校、科研院所及企业厂矿等单位的科研工作者和工程技术人员学习参考。

图书在版编目（CIP）数据

科技论文写作/闫茂德等编著．—北京：机械工业出版社，2021.1（2025.1重印）
面向新工科普通高等教育系列教材
ISBN 978-7-111-67097-1

Ⅰ.①科…　Ⅱ.①闫…　Ⅲ.①科学技术-论文-写作-高等学校-教材
Ⅳ.①G301

中国版本图书馆CIP数据核字（2020）第256244号

机械工业出版社（北京市百万庄大街22号　邮政编码100037）
策划编辑：汤　枫　　责任编辑：汤　枫
责任校对：张艳霞　　责任印制：单爱军
北京虎彩文化传播有限公司印刷

2025年1月第1版·第13次印刷
184mm×260mm·15.5印张·378千字
标准书号：ISBN 978-7-111-67097-1
定价：59.00元

电话服务
客服电话：010-88361066
　　　　　010-88379833
　　　　　010-68326294

网络服务
机　工　官　网：www.cmpbook.com
机　工　官　博：weibo.com/cmp1952
金　书　网：www.golden-book.com
机工教育服务网：www.cmpedu.com

前　言

党的二十大报告指出，科技是第一生产力，创新是第一动力，实现高质量发展，就要向科技创新要答案，这为科技工作者未来的工作提出了更高的要求。而理工农医类学科的硕士生、博士生作为科技创新的主力军，按照有关规定，要在一定级别的学术期刊上发表若干篇学术论文；同时要依据自己的理论研究或实验研究结果，撰写出高质量的学位论文。一句话，理工农医类研究生从事科学研究，交流科研成果，就离不开科技论文写作。

科技论文的主要功能是记录、总结科研成果，促进科研工作的完成，是科学研究的重要手段。科技论文又是科研人员交流学术思想和科研成果的工具。因此，科技论文写作是科研工作者必备的基本素质。高等院校的学生作为学校培养的高级人才，只有掌握科技论文的写作技巧和写作规范，才能在今后的科研工作中更好地发挥其应有的作用。然而，目前许多学生非常欠缺这一技能，对自己的科研成果不知如何用论文的形式表达，经常出现所写的论文表达晦涩难懂、可读性不强及各种不规范的问题；还有的学生对投稿目标期刊不了解，以致不能正确选择，使所做的工作不能及时发表，甚至使自己的科研成果失去新颖性；也有的学生只求论文能发表，很少考虑论文发表的价值，这些都会使科技论文的质量受到影响，降低论文的投稿录用率和投稿价值，甚至很难将自己的科研成果与同行进行有效的交流。因此，对高等院校学生开设“科技论文写作”课程是非常有必要的。

本书主要是针对高等院校理工农医类学科本科生和研究生而编写的，是一本高年级本科生和研究生的教学参考书。本书系统地阐述了科技论文规范写作的基础理论和实用知识，介绍了论文的题名、摘要、关键词、引言、讨论、结论、参考文献和致谢等的写作基本要求，以及插图、表格、公式、量、计量单位、数字和标点符号等写作规范。阐述影响科技论文投稿录用率和投稿价值的主要原因，并引入科技论文收录、引用和评价的内容，使学生有目的地选择投稿期刊，提高投稿录用率，以充分体现科研成果的价值，使其得到有效的交流和传播。

随着互联网技术的发展和应用，科技论文的投稿方式已发生改变，也改变着科技论文的公开渠道和评价指标。同时由于检索技术的不断发展，科技信息的获取渠道和方法也发生着改变，本书在科技论文投稿方式方面侧重介绍了网络在线投稿系统，目前大多在线投稿系统均具有学术不端检测功能，可以有效地规范学位论文的评审流程，同时也为读者在科技论文评价和科技信息获取等方面提供了有效参考。

本书共9章，其中第1、2章由闫茂德教授编写，第3~5章由左磊副教授编写，第6、7章由杨盼盼副教授编写，第8、9章由曹雯副教授编写，全书由闫茂德教授统稿。

由于编者水平有限，书中疏漏和不足之处在所难免，敬请广大读者批评指正。

编　者

目　　录

第1章　科技论文写作概述

现代科学技术已经趋于国际化、综合化和社会化，科技工作者需要彼此联系、交流和借鉴，科技论文的写作与发表是联系、交流和借鉴的主要形式之一。因此，科技论文对于提高研究水平、减少无效劳动和推动科学技术发展起着不可低估的作用。科技论文写作水平的高低，往往直接影响科技工作的进展。例如，一篇写作水平高的科研选题报告可以促进一个科研项目尽快立项；反之，一篇写得不好、表达不规范的科技论文，有可能妨碍某项科研成果或某项先进技术得到公认和推广。作为一名科技工作者，应当掌握科技论文的写作方法。本章首先介绍科技论文写作的内涵，并回顾其发展历史，进而阐述科技论文写作的概念、特点、分类、作用和表达形式等，最后给出科技论文写作中的学术道德规范与总体要求，以帮助读者步入科技论文写作的殿堂，使其对科技论文写作形成一个整体的认识。

1.1　科技论文写作的内涵

科技论文写作是应用写作的一个分支，是以科学技术为主要内容的写作。它是将科学技术活动的成果以书面的形式记录在各种文稿、手稿、资料和出版物中，以实现科学技术文献信息的产生、存储、交流、传播和普及的一种创作活动。科技论文写作除了在科技期刊上发表原创研究成果外，还包括综述论文、评论性论文、基金申请书和会议论文等其他类型的科技交流。在科学技术飞速发展的今天，科技论文是交流学术思想和传播科研成果的重要手段。“语言是人类最重要的交际工具”，运用准确、鲜明、简练、生动的语言，撰写科技论文，交流学术思想，传播科研成果是非常重要的问题。科技论文写作的语言特点是周密准确、明朗规范和平实简要。

1）周密准确是科技论文语言的一大特点。科技论文的语言是否周密、准确，关系到科技论文写作的成败。周密是指句子之间合乎逻辑，句子合乎逻辑了，语言也就周密了。语言周密来自于思维的严谨，如果思维不严谨，出现漏洞，那必然使语言不周密。同时，语言周密也来自对客观事物的正确观察，如果观察不正确，反映在论文里的客观事物的语言必然不会正确。准确是用词问题，用词准确与否，首先反映了作者对待科学本身的态度。从事科学研究的人，应当严谨地对待科学。例如，说明研究课题的重要性时，不能将“比较重要”写成“极其重要”；不要动辄就用“填补空白”“国际水平”“国内首创”“重大创新”等字眼；评价前人的工作时，切忌轻率之言。总之，客观事物具有不同的性质、范围、程度、关系等，要准确地表达这些问题，确实需要“为求一字稳，耐得半宵寒”的精神。

2）明朗规范是科技论文语言的又一特点。语言明朗是说语言的表达要清楚明白，让人读后能够理解。此外，语言明朗还必须指代明确。所谓指代是指用代词指代各类实词词组或句子，若用得好，可以节省笔墨，使文章简洁明了；若使用不当，指代不明，就会使前后文的关系不清，语意不明。规范是指用词和语法规则问题。在长期的语言实践中，人们逐渐形成了用词习惯和语法规则。它包括用词、语序和句子成分等方面的内容。用词规范，不生造词语，不滥用简缩词语，语序要流畅，成分要完整。

3）平实简要是科技论文语言的另一个特点。所谓平实就是自然朴素不求粉饰。做到“文约而旨丰、文简而理周”。怎样才能简要呢？一是在认识事物上下功夫，没有对客观事物的认识就不能写出言简意深、文短旨丰的文章；二是在语言的概括精炼上下功夫，要精雕细琢，选择内涵丰富的语言，表达客观事物；三是在删繁就简上下功夫。

总之，科技论文的语言只有周密准确、明朗规范和平实简要，才能正确恰当地表达客观事物。一个优秀的科技工作者，同时也应当是一个语言学家。语言是写作的工具，要把科研成果准确、鲜明、生动地表达出来，就得熟练地使用这个工具。只有不断加强训练，多读多写科技论文，才能增强驾驭语言的能力。

1.2 科技论文写作的历史回顾

1.2.1 早期历史

科技论文写作的本质是实现知识的交流与传播。古往今来，人类一直在不断地交流和传播知识，其方式随着科技的进步不断升级。从口头交流到文字记录，从任意格式到格式统一，这些进步无一不促进了知识的传播与人类文明的进步。

史前人类虽然能够进行口头交流，但由于没有通过媒介将信息记录下来，使得知识在产生后很快就被遗失，以致人类进步缓慢。洞穴壁画、兽骨刻画和石刻文字是人类为后代留下记录的最早尝试，这种传播原始信息的线条和图画是最早的科技写作作品，刻制这种图画就是最早的科技写作活动。公元前4000年，古巴比伦迦勒底人写在泥板上的泥板书，就是大洪水的一种记载方式。人类交流需要一种轻便易携的材料。公元前2000年，人们从纸莎草等植物中提炼出薄片，将多张薄片粘在一起后，固定在一根木轴上使用，纸莎草纸是一种轻便易携的传播记录媒介。公元前190年，人们使用羊皮制成羊皮纸。希腊人很早在以弗所、帕加马（位于今天土耳其境内）、亚历山大等地建造了多个大型书库。据历史学家考证，公元前40年的帕加马书库就藏书20万卷。公元105年，中国人发明了纸张。纸是互联网时代之前现代社会主流的书面交流媒介，纸在中国的发明昭示着人类进入纸质信息传播时代。但是，没有有效的复制方法，学术知识还是无法广泛传播。

在人类文明史上，印刷机是最伟大的科技发明之一。公元1100年，中国人发明了活字印刷，但西方社会却认为是古登堡于公元1455年发明了活字印刷，古登堡在活字印刷机上印刷了每页42行的《圣经》。随着印刷术的出现，这种高效的印刷技术大大加快了纸质信息的传播。到1500年，几百种图书各印刷了成千上万册，信息的传播速度已经呈几何级数爆炸式增长。两个最早的科技期刊——法国的《学术报（*Journal des Scavans*）》和英国的《伦敦皇家学会哲学学报（*Philosophical Transactions of the Royal Society of London*）》1665年开始创办并发行。此后，期刊成为科技传播与交流的主要途径。截至2014年，全世界有将近35000种科学、技术和医学方面的期刊，英文期刊达28000种。这些期刊每年发表的论文数量大约为250万篇，科技论文发表数量每年都在持续猛增，成为科技领域信息传播与交流的主要方式。

1.2.2 电子时代

早前的科技工作者都是用纸和笔来进行论文创作，创作完成后通过打字机打印出论文的原稿。科技工作者将几份原稿通过邮寄的方式寄到某期刊的编辑部；编辑接收到投稿后，将一份原稿寄给审稿人；审稿人在评阅完毕之后，将原稿和评审意见一同寄回编辑部；编辑部再给投稿人寄一封是否录用的决议信件。如果论文被录用，投稿人需要根据修改意见对论文进行修改，之后将修改稿再寄回编辑部。编辑部收到修改稿后，会安排对论文进行录入排版。最后编辑部会将排版完成的校样寄给投稿人，投稿人检查打印排版错误，并将勘误后的校样寄回编辑部，编辑部修改后，印刷某一卷次期刊的所有论文，完成论文发表。

随着信息技术、网络技术的发展，科技论文写作与发表的过程发生了巨大的变化。各种文字处理软件、图形编辑软件、数字照相技术和互联网的出现大大提升了科技论文从写作到发表的各个环节效率。科技工作者们直接在计算机上进行论文创作，投稿人与编辑之间的沟通也是通过电子邮件或在线投稿系统来往，审稿人在线评审，投稿人也采用线上改稿。大多数期刊既有印刷版又有电子版，但有的期刊只有电子版。许多期刊刚刚出版就可以在线阅读（Published Online），也有些被录用的论文在期刊发表前就可以在线阅读（Articles in Press）。总的来说，电子时代的到来使论文从发表到见刊的时间大大缩减，也使读者的服务得到改善，知识的传播与交流效率获得空前提高。

1.2.3 IMRAD 的起源与发展

早期期刊发表的科技论文都是描述性的论文，这些描述性的科技论文往往按照简单的时间顺序排列。比如，对某个现象或者实验验证进行先这样、然后那样的表述，或者先做了这个实验、然后做了那个实验。对于当时的科技报道而言，这种科技论文写作风格是恰当的。如通信行业期刊、医学病理报告、地质调查报告等科技论文，这种直截了当的叙述风格至今依然沿用。到了 19 世纪后半叶，科学技术变得日趋复杂。也就是从这个时候开始，方法论的地位日渐提高。路易斯·巴斯德是法国著名的微生物学家与化学家，为了纠正那些支持自然发生理论的学者们，巴斯德在论文中尽可能详尽地描述了他的实验过程。因为他这种详细的论文描述，因此读者在研究过后能按照他的步骤重现实验结果，可重复性就成为一条基本科学原则。巴斯德采用的这种论文写作方法催生了高度结构化的 IMRAD 格式。第二次世界大战后，随着科学研究成果大量出现，研究投资也必然大幅度增加。不久，这种支持科学研究的正面促进因素中又加入了一种负面促进因素，就是以美国与苏联为主的政治、经济、军事斗争——冷战。美国政府和各组织为科学研究注入了数十亿美元的资金，苏联 1957 年发射了环绕地球的史普尼克（Sputnik）人造卫星。大量资金的涌入推动了科学研究的同时也催生了大量的论文，这给当时的期刊带来了巨大压力。期刊编辑们为了精简论文，要求投稿论文结构必须语言简练、结构合理。于是，19 世纪下半叶缓步发展起来的 IMRAD 格式逐渐进入了人们的视野。IMRAD 格式的使用不但使论文内容更加简洁、有条理，而且高度结构化的文章也大大减轻了编辑与审稿人的工作负担，成为绝大多数期刊的标准论文格式。

IMRAD 就是引言、方法、结果和讨论（Introduction，Methods，Results and Discussion）的缩写。它们分别回答了“论文的研究内容是什么”“作者如何研究这个问题”“作者的研究结果如何”以及“这些研究结果的意义”这四个问题。显然，这种格式的论文既帮助了投稿人撰写论文，又为期刊的编辑与审稿人提供了有力的援助。IMRAD 格式获得广泛使用，但并非唯一的科技论文格式。例如，有些期刊将结果和讨论合二为一，有些期刊在论文结尾处出现的是结论，有些论文为了表述有力，将方法和结果交替表述，还有些论文在开头处会出现一个很长的文献综述。因此，尽管 IMRAD 格式占据了主流地位，作者、编辑和读者常常都遇到 IMRAD 格式，但也会遇到 IRDAM、IMRADC、IMRMRMRD 和 ILMRAD 等其他格式。在本书的后续章节，还是按照 IMRAD 格式中出现的顺序对科技论文写作进行阐述和讨论。

1.3 科技论文的概念及特点

科技论文的定义很多，有的相对简单，有的则比较复杂。最常见的定义有以下三种。

1）科技论文是科技工作者对其创造性研究成果进行理论分析和科学总结，并公开发表或通过答辩的科技写作文体。

2）科技论文是在科学研究、科学实验的基础上，对自然科学和专业技术领域里的某些现象或问题进行专题研究，运用概念、判断、推理、证明或反驳等逻辑思维手段，分析、阐述和揭示出这些现象和问题的本质及其规律而撰写形成的论文。

3）科技论文在情报学中又称为原始论文或一次文献，它是科学技术人员或其他研究人员在科学实验（或试验）的基础上，对自然科学、工程技术科学以及人文艺术研究领域的现象（或问题）进行科学分析、综合的研究和阐述，进一步进行一些现象和问题的研究，总结和创新另外一些结果和结论，并按照各个科技期刊的要求进行电子和书面的表达。

科技论文既是科学技术研究的总结，又是学术思想交流的工具；既是科技研究成果的表述，又是学术实践的结晶。科技论文是科研产出的重要组成部分。撰写和发表科技论文，不仅对于评价科技人员的成果具有重要意义，而且对于国家的科技发展和经济腾飞也起到促进作用。进入新时代，加强引领世界科技创新能力、建设科技强国成为我国的目标，科技评价体系的重点也要与时俱进。按照中国科学技术信息研究所采用的这一旨在引导科技界“破除旧的评价理念，转向高质量发展评价”的论文评价指标体系，我国科技论文从数量到质量发生了显著变化。根据统计结果，2009~2019 年（截至 2019 年 10 月），我国科技人员共发表国际论文 260.64 万篇，继续排在世界第 2 位，数量比 2018 年统计时增加了 14.7%；论文共被引用 2845.23 万次，增加了 25.2%，排在世界第 2 位。

科技论文通常具有如下特点。

1）科学性。该特点是指论文研究的概念、原理、定义和论证等内容的叙述必须清楚且确切，图表、数据、公式、符号和单位要真实，专业术语和参考文献需准确。

2）创新性。即论文所表达的内涵（该内涵可以是现象、属性、特征、某种规律或规律的运用）是有别于其他文章的特征所在，是论文作者首次发现或使用的，不能模仿甚至抄袭他人的研究成果。

3）逻辑性。逻辑性是文章的结构特点。它需要论文结构分明、前提完备、推演严谨、单位准确、文笔流畅、图表合理、前呼后应和体系完备。

4）规范性。为使论文方便传阅，提高读者对论文的理解速度，科技论文的排版格式、图表设计、表格样式、符号单位和参考文献等，都必须符合 GB/T 7713—1987《科学技术报告、学位论文和学术论文的编写格式》的规定。

5）简洁性。简洁性要求论文要用尽可能简练的篇幅、内容、语言表达出作者的主要观点，做到篇幅简短、内容简练、语言简朴。科技论文的篇幅一般在六七千字左右，文章除包含必要的主要观点和支撑数据以外，对于一些应用的基础知识、复杂的推算过程等，都可以适当地省略。

6）有效性。科技论文只有通过以下流程之一才能得到学术界的认可，分别是在学术期刊上发表、在一定级别的学术会议上宣读、在答辩审查会上通过，只有这样论文才具备有效性，它表明科技论文所表达的观点能方便地为人所用，是人类宝贵的知识财富之一。

1.4 科技论文的分类

通过不同的角度，科技论文有着不同的分类方法。

1）根据科技论文所发挥的作用不同，可以将它分为学术性论文、技术性论文和学位论文三类。

① 学术性论文。科学工作者发表在学术性期刊上，或提供给学术会议用于宣读、交流和讨论的科技论文，其主要内容是报道学术研究成果。它反映了该学科领域最新的、最前沿的研究水平和发展动向，对科技事业的发展起着重要的推动作用。学术性论文应该具有新观点、新方法和新数据（或新结论），并具有科学性。

② 技术性论文。工程技术人员为报道工程技术研究成果而撰写的科技论文，其主要内容是应用已有的理论来解决设计、技术、工艺、设备和材料等具体问题。它对技术进步和提高生产力起着直接的推动作用。技术性论文具有技术上的先进性、实用性和科学性。

③ 学位论文。学位申请者为申请授予相应的学位提交评审用的科技论文。具体又分为三类：学士学位论文、硕士学位论文和博士学位论文。

上述三类论文的撰写，研究生尤其是博士生都可能会遇到。学业结束时要撰写学位论文；而在平时学习和研究过程中，导师要求将课题组取得的阶段性成果或最后成果写成学术性或技术性论文并投往某一期刊发表的情况也是常有的。也有的大学或科研院所，要求博士生必须在较高级别的公开刊物上，以第一作者正式发表两篇或三篇论文后方可答辩。因此，研究生对于这三类论文的撰写都应熟悉和掌握。

2）根据科技论文的研究内容、研究手段和表达方式的不同，可将其分为以下几类。

① 理论论证型论文。理论论证型论文是指用于讨论或证明数学、物理、化学等基础学科的原理、原则、定理、定律的论文。

② 研究报告型论文。研究报告型论文是指对科学技术领域的某一课题进行调查与考察、实验与分析，得到系统而全面的事物现象、完整的实验数据等原始资料，并对其进一步加工整理，运用已有的理论进行分析和讨论，做出最后的判断，得出新的结论的论文。

③ 发现、发明型论文。发现型论文，是指论述新发现事物的背景、现象、本质、特性及其运动变化规律和应用前景的论文；发明型论文，是指阐述新发明的设备、系统、工具、材料、工艺、形式或方法的性能、特点、原理及使用条件的论文。

④ 设计、计算型论文。设计型论文，是指为解决某些工程、技术和管理问题而进行的计算机程序设计，某些系统、机构、产品的计算机辅助设计和优化设计以及某些过程的计算

机模拟等内容的论文；计算型论文，是指以数学运算和数学解析为主的论文，例如分析计算机辅助设计的原理、方法以及计算收敛性、稳定性和精确度等内容的论文。

⑤ 综述型论文。综述型论文是指对某一科学技术领域在一定时期的发展变革进行回顾和总结，对研究现状进行分析和评述，对未来趋势进行预测和展望，并提出建议、指明方向的论文。它不要求研究内容具有首创性，但要有指导性，能对科技发展起到承前启后的作用。

1.5 科技论文的作用

随着科技的进步，人类社会创造的知识财富越来越多。仅从我国来看，根据 2019 年发布的科技论文统计结果：2018 年我国卓越科技论文共计 31.59 万篇。撰写和发表科技论文，有以下四个方面的作用。

（1）科学积淀更好地实现

研究人员或学者们通过科学研究，不断地发现新知识、不断地改进旧理论。同时，他们将自己的研究成果借助文字、图片、符号等载体记录下来，通过这种方式，人类科技能真正做到取其精华、去其糟粕，使科学体系不断更新和完善。

（2）科学研究的重要方法

科学技术研究是一个不停思考、不断实验的过程，仅靠脑子想或纸笔演算不利于研究人员的深度思考与反复推敲。当按照一定的标准将某个研究写成论文时，可以借此整理好研究的脉络，发现研究中异常的细节，甚至可以找到自己接下来的研究方向。因此，科技论文的写作能有效促进研究人员深度思考、推陈出新，是提高研究质量与研究效率的重要手段。

（3）科技交流的载体

古往今来，任何科技领域的发展都是通过几代人的智慧交流累积起来的，大家通过交流传递思想并改进思想。科技交流，本质上就是科研人员了解别人研究内容的一个过程，而论文作为研究内容的载体，是科技交流的重中之重。科研成果一旦被写成论文公开发表，该研究就能跨越时间与空间的障碍，供人们学习、交流、借鉴和改进，最后写出新的研究内容并发表，这样反反复复，推动了人类在该领域的进步。

（4）科研成果的指标

在学术领域，研究成果都是通过论文的发表来体现的，一位研究人员或学者所发表论文的数量和质量，是评价其工作效率与成就高度的重要指标。因此，将自己的研究内容写成论文并发表，对个人的发展具有重大意义。除此之外，优先发表论文是该研究人员具有该研究成果优先权的主要依据，这在知识产权愈加重视的今天尤为重要。

1.6 科技论文写作应具备的基本素质

科技论文和有价值的科研成果并不是一回事，必须运用文字对科研成果进行再加工，才可能撰写出优秀的科技论文。科技论文不仅要在结构、内容、形式、规范上符合要求，而且要概念清晰、语言精练、结构严谨、层次清楚、逻辑性强，从而引起读者的兴趣，加以重视。因此，科技论文作者应具备必要的专业知识、文字功夫和思想修养等基本素质。

1）广博扎实的专业知识。所谓广博，是指除了全面系统的学习和掌握本学科或本专业的知识外，还应对其他学科知识有所涉猎；所谓扎实，是指对该专业知识的基本概念、基本原理、基本观点要熟练掌握，才能在某一具体问题上提出自己的新见解、新论点。其中，广博是基础，扎实是根本，广博才能枝繁叶茂，扎实才能根深蒂固，两者在科技论文中相辅相成，相互促进，这是写作科技论文应具备的文化素质。作者还应对自己所要研究的学科或专业领域外的某些相关学科的基础理论，特别是相关新学科知识有所了解。作者的知识面越广泛，就越有可能从相关学科汲取新思想、新方法、新成果，独辟蹊径，进行综合分析、推理判断。特别要注重及时阅读，掌握国内外科研成果的第一手文献资料。

2）行文通畅的文字功夫。科技论文作者除了必须具备语法、修辞、逻辑等基本的语言文字知识和表达技巧外，还应在撰写论文的过程中，不断熟悉科技论文的要求，掌握好科技语言的自身特点，科技语体的词汇特征、句型特征，科技论文中规范化、标准化的图、表、符号、公式等的书写和表达方法。

3）强烈的社会责任感。这是撰写科技论文必备的思想修养。科技论文写作是一项具有较大创造性的工作，需要在撰写论文中始终保持实事求是、严肃认真的科学态度，对生活有较强的感悟力和敏锐的洞察力。

1.7 科技论文的表述形式

科技论文是按一定规范进行表述的特殊文体，其目的在于将科技成果以准确明晰的文字表达出来，一方面方便读者的阅读、检索，另一方面使研究成果面向社会，方便科学交流。科技论文的表述形式具有多样性。随着征集、发表要求的不同，其表述形式也有所差异。一般来说，大致可分为三大类，分别是规范形式、简略形式和特殊形式。

（1）科技论文的规范形式

信息是国家的重要战略资源和宝贵财富。所谓科技论文的规范表述形式，实际上是科技信息系统建设标准化的具体措施。

一般而言，科技论文的规范表述形式由前置部分、主体部分和结尾部分组成。其中，前置部分包含题名、作者署名及工作单位、摘要、关键词、中图分类号、文献标识码、文章编号和注释；主体部分包括引言、正文、结果、结论与讨论、致谢和参考文献；结尾部分主要是指分类索引、著者索引和关键词索引等，不是必备项。图 1.1 中列出了科技论文的主要结构。

（2）科技论文的简略形式

科技论文是描述一项结果进展或应用，论述新的科学发现、新成果、新理论的文字材料。为此，国家对其撰写和编辑的格式做出了规定，以利于科学技术信息的收集、存储、处理、加工、检索、利用、交流和传播等。但有时候论文的信息量巨大，无法在征集、发刊或出版时以规范的形式出现，而只能应用其简略形式。科技论文的简略表述形式主要包括研究简报、摘要、快报和题录等形式。

1）研究简报。研究简报是科技论文的一种简略形式。对于某些在原理、方法、技术上与已发表的论文基本一致，仅在作者设计并研究的特定分支有所创新的论文，学术性期刊为了追求论文发表的速度与数量，通常采用研究简报的表述形式。研究简报的撰写规范和框架特点与科技论文的规范表述形式相同，但是字数需要控制在3000~4000字。

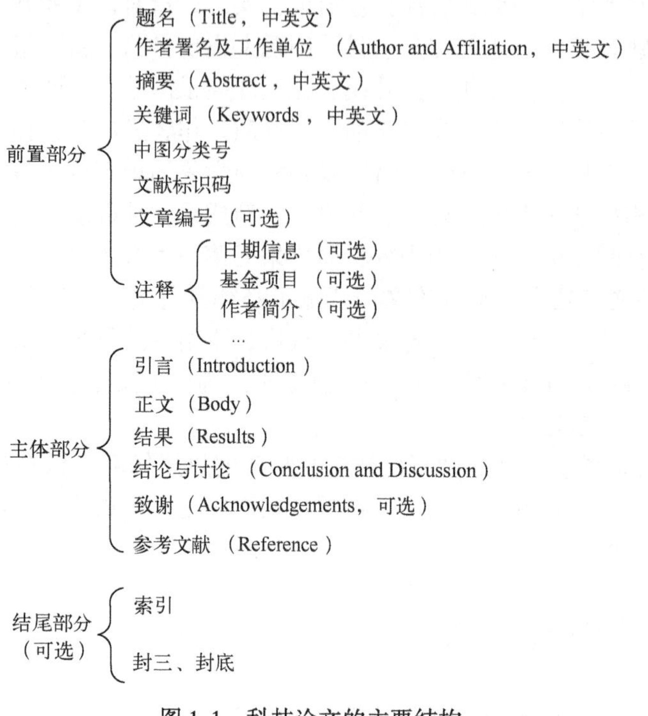

图1.1 科技论文的主要结构

2）摘要。这里的摘要并不是科技论文撰写结构中的那个摘要，它是许多学术会议征集或刊登于科技论文集中最常用的简略形式。相比于规范表述形式，摘要的构成部分内容更少，多由题名、作者姓名、工作单位、通讯联系方式及内容提要等部分组成。

3）快报。快报有时也称为通讯，其多用来简明快速地报道最新的重要研究成果。快报的特点就是“短”，除题目、作者、工作单位及通信地址等之外，只需要用短文的方式对论文的主旨进行清晰、全面的介绍即可，其余部分可省略。以快报形式发表的文章，通常还会以较完整的形式发表。

4）题录。随着一些国际性学术会议规模越来越大，面对数量庞大的征集论文，即使使用摘要出版也难以实现，这时题录便派上了用场。其一般由三部分构成：论文题名、作者姓名、工作单位和通讯联系方式。

（3）科技论文的特殊形式

科技论文的特殊形式主要包括综述和墙报等形式。

1）综述。综述是对某一时期内的某一学科或专题的研究成果或技术成就进行系统、全面的分析研究，进而归纳整理后做出的综合叙述。它是高度浓缩化的信息，是科技信息研究成果的表现形式之一。

2）墙报。墙报是大型学术会议上的文字材料，用于展贴在墙上做介绍。墙报在内容的表述上与科技论文的规范形式相一致，只是文字更加简练，文章不求系统、完整，只需要把作者的创新点、应用价值等介绍清楚。墙报的撰写虽没有标准的格式，但必需部分是论文题目、作者姓名、工作单位及通讯地址、内容提要、参考文献。墙报展示与论文发表的区别是前者的作者可以在展示现场宣讲论文，并与感兴趣的学者们交流研讨，效果更好。

1.8 科技论文与学术道德

在科技论文的写作中，学术道德问题不容忽视，愈来愈受到全社会的关注。抄袭剽窃是目前最严重的学术道德问题。纵观学术发展史，已有多人因为抄袭剽窃行为受到了严惩。视情节轻重，对科研不端行为的处罚措施依次有警告、通报批评、限期整改、记过、禁止一定时期申请和执行国家科技计划项目、降职、解聘、开除等。随着我国学术建设的发展，一些学术失范和学术不端的行为仍然或多或少地存在着，并诱导学术风气的不良发展。这种学术道德失颇、科研精神扭曲的现象，在一定程度上阻碍了学术进步、社会发展。好的学术行为要求人们诚实、客观，它是保证论文创造性、科学性的根本。科技论文写作的学术道德表现在以下几个方面。

（1）实事求是的科研态度

实事求是是确保论文有效性的基础。一方面，实事求是指的是务实的科研态度，要求学术工作开展要脚踏实地、稳扎稳打，而正确的科研态度是学术发展的重要前提，只有科研工作者的态度端正、求实务实，学术研究才会有其真正的意义；另一方面，实事求是要求坚持用唯物辩证法的立场看待问题，在进行课题研究时应做到立论客观、论据充分、论证严谨。

（2）求真务实的科研过程

正确的学术研究应贯穿整条科研工作流程，不应只把目光局限于结论的可用性，更应该把握科研过程中的每一处细节，对获得的每一项数据进行严密的分析，只有基于此获得的结论才具有可参考性。科研工作是一件需要耗费大量时间和精力的事情，有时即便投入心血，数据结果也不尽如人意，如此导致有些人选择了一条错误的道路——伪造数据，这种做法严重违背了对科研过程求真务实的要求，扰乱了社会的学术风气，与正确的道路渐行渐远并终将受到严惩。

（3）参考文献的正确引用

参考文献作为科技论文中重要的组成部分，一方面为文中某些观点、论据、资料提供科学依据，另一方面也为读者提供了进一步研究的方向。参考文献的正确、合理引用，不仅表达了对科研贡献者劳动成果的尊重，使研究工作具有了继承性和连贯性，而且可以在一定程度上避免重复劳动。基于参考文献的引用，可以核实科技论文的创新性，从而考量论文的价值。

（4）论文署名的严谨规范

科技论文的署名是版权中的重要人身权利，论文署名应依据作者对论文贡献大小进行排序，一方面表示对作者科研成果的尊重，另一方面也意味着作者对论文内容负责。当下，虚假署名的行为频频出现，这种行为是学术不公平现象的一种反映，意味着对论文原作者的不尊重，会一定程度上挫伤科研工作者的积极性，并扰乱学术风气，造成学术不公平。

（5）论文投稿的合理发表

论文投稿应遵循科技论文的学术道德规范和相关法律法规，正确的投稿方式为一稿一投，若被采纳发表不可再投。一稿多投作为一种典型的学术不端行为，是指将同一学术成果撰写的文章进行多个刊物的发表或在不同的学术会议上进行交流，而文章的内容、数据、结果基本不发生改变。一稿多投不仅浪费编辑和审稿专家的时间，还会给有关期刊的声誉造成不良影响，扰乱学术奖励机制，违反有关著作权的法律法规。

1.9 科技论文写作的总体要求

科技论文写作的总目标是将作者的研究过程、研究思想完完全全地传达给读者，而读者能否理解作者的意图，抑或花费了多长时间才理解了作者的意图，很大程度上取决于科技论文的写作水平。一篇高质量的论文不但能让读者更快地了解研究过程，而且对于文章主旨的把握也会事半功倍。科技论文是服务于读者的，而文章质量决定着服务水平的高低。

论文的读者主要有三批人：第一批是期刊编辑，他们也是决定论文发表与否的关键，他们每天要面对大量的投稿论文，并从中筛选出小部分高水平论文；第二批是外审的专家，他们都是各个领域的专家或学者，搞好自己的研究、操心自己研究生或博士生的培养、做好教学工作等已经占用了他们大量的时间，而对于评审论文只能通过“挤时间”的方式来完成。第三批读者也就是狭义范畴中我们平常提到的“读者”，即同领域的研究员或学者。他们既有该领域精英，又有刚踏入该领域的新人，都或多或少地有着繁重的科研或者学习任务，论文能否得到这些人的认可，至关重要。

在对论文的“读者”们进行研究发现，无论是编辑、审稿人抑或是同行，他们都没有太多的时间。多重压力之下，一篇主旨明确、语句通顺、结构合理的高品质文章更像是与一位体贴的老友交谈那般，轻松而又愉快。试问，又有哪位读者不希望看到这样子的论文？因此，在论文写作的过程中，本着为读者考虑的目的，这里列举以下几点总体要求。

（1）主旨明确

这里的主旨，指的是一篇科技论文的研究主题，是整个科技论文论述、写作的中心。在写作的时候，要从选定题目开始，包括正文的引言、研究方法、结论、讨论等全程都要一直贯穿主旨的思想。当然在个别情况下，也有可能是“证伪”，即证明自己当初的想法或设想不对。

此外，在主旨的数量方面，科技论文的主旨最好只有一个。当然不仅仅是科技论文，放大到所有的期刊论文或者学位论文，都最好遵守这一写作宗旨。选定一个主旨，并在写作的过程中努力向其靠拢，这是目前业内普遍认可的事情。因此，在进行论文创作时，最好也采用这种方式。但有人会说，“我的研究内容过多，不宜采用一个主旨”，对于这种问题，可以将这个大主旨分解成若干个小主旨，在分别对其论述后，整体再服务于大主旨。

（2）框架合理

科技论文要严格按照各个部分的规定来写作。这样，既能保证论文结构的完整性，又可以让熟悉科技论文结构的读者快速把握文章脉络，提高阅读效率。当然，除了在整体上保证科技论文结构的完整性之外，对于每一块组成部分，作者也应该遵守相应部分的写作规则。

以引言为例，写作时必须包括研究背景简介、研究现状、存在的问题、研究主题介绍、论文结构安排和总结这几部分内容。具体而言，是从一个大的研究背景开始到研究现状，再过渡到存在的问题，通过慢慢缩小讨论述范围，最终聚焦到论文的研究主旨上。此后，顺着研究主旨线交代文章的工作内容并简单讨论结论。总体上，引言的写作范围从开始到结束呈现“倒三角”的写作形态。以此类推，科技论文在研究方法、结果、讨论和结论等各部分的内容及写作均有着各自严格的要求，作者在写作中都要严格遵守。

总之，保证科技论文符合业内认可的框架组成，是作者撰写时的必要要求。它不仅得到了业内大多人的认可，也是科技论文自身发展的历史使然。如果不按照这种框架组成来写，不仅会使读者感到“不舒服”，更会增加读者的理解时间，消耗读者的耐心，弊端尽显。

（3）通体易读

科技论文应当文笔通顺，语言流畅且不易产生歧义，它是保证读者能快速把握论文主旨的关键所在。文笔烦琐、语句晦涩的论文不仅加重了读者的阅读负担，还容易造成理解错误，使文章效果大打折扣。科技论文的易读性可以从以下几个方面提高。

首先，使用浅显易懂的文字。论文是给世人看的，不是向世人炫耀作者的知识和阅历，所以在言辞上尽量少使用复杂难懂的东西。科技论文的核心还是让读者更好地理解作者的研究内容与内涵。因此，采用朴实的文字，不仅能显出作者的诚意，而且能更好地让读者把握住作者的想法，理清文章主旨。

其次，善于用图表表达自己的内容。任何人在面对一段很长，而且只有文字没有图片、表格等其他元素的文章时，内心都是有抵触感的。密密麻麻的文字会在有意无意中消磨读者的耐心，试想百忙之中审核文章的编辑与外审专家们，在看到这种清一色文字的论文时，印象分大大降低，最后能给一个好的评价吗？答案当然是否定的。因此在文章中合理地穿插图片、表格、公式等元素，丰富读者的眼球，是提高文章易读性的重要举措。

最后，尽早点明论文主旨。尽早在文章中点明文章主旨可以让读者快速把握文章的大体内容，有种拨开云雾见太阳之感，而不是在文章中通过关键字的形式获得主旨。

（4）逻辑清晰

论文逻辑清晰指的是论文的叙述顺序、脉络层次合乎常理。有过写作基础的人肯定知道，在讲述某件事情的时候可以通过不同的角度，采用不同的顺序来叙述，不同的角度与顺序能产生不同的表达效果。以时间顺序分类，有正叙式、倒叙式和插叙式。在科技论文的写作中，考虑到文章的性质以及读者百忙的状态，合适的写作顺序只有一个，那就是正叙式。正叙式的叙述方式可以让读者在阅读时长驱直入，有种从下到上搭积木的感觉，而不是“拼图”。同时采用正叙式的表达顺序，也呼应了“文章通体易读”这一写作要求。

除了在写作顺序上要注意以外，句子、段落的前后衔接也是影响文章逻辑的重要因素。一个好的连接方式能让独立的各个句子、各个段落之间紧紧绑在一起，形成真正的脉络；而句与句中不好的连接就会使读者在阅读时形成思维断档，导致阅读体验质量大大降低。

（5）表达合理

客观性是科技论文具有的鲜明特征，但科技论文毕竟是表达新发现、新结论的手段，在科技论文的撰写中，还要注重合理地表达自己的主观看法。不论是在分析数据还是在总结结论时，难免会出现一些程度副词和判断性语句，如“具有显著影响”“研究某课题将对某方面发展大有裨益”，均是作者基于自己的经验所做出的主观判断。

主观看法的合理表达一方面可以适当增加科技论文的可读性，另一方面也表达了作者希望读者在读完论文后能产生相同的共鸣。论文论述的具体内容，不论是具体实验或是理论性研究，实质上都是说服读者并让读者接受主观性结论的依据。

（6）排版规范

科技论文的内容排版存在一定的规范，许多期刊和大学都会提供撰写过程中遵循的“标准格式模板”，对论文标题、论文内容、表名、图名的字体、字号及论文中出现的图、表中文字的字号、字体和图表的尺寸等都有着严格的要求。

此外，不同的专业领域还会在论文细节上有所区分，在撰写论文过程中应当注意本专业论文格式的细节要求，耐心地对照论文排版细则，使论文达到排版规范的要求。

1.10　本书主要内容及章节安排

本书系统地阐述了科技论文写作概述、写作流程、构成与写作要求、写作规范、英文科技论文写作、其他类型的科技论文写作与交流，还讲述了科技论文排版软件 LaTex，科技论文的投稿、修改和发表等内容，并引入科技论文的收录、引用和评价方法，使读者有目的地选择投稿期刊，提高投稿录用率，充分体现科技成果的价值。本书主要章节安排结构如图 1.2 所示。

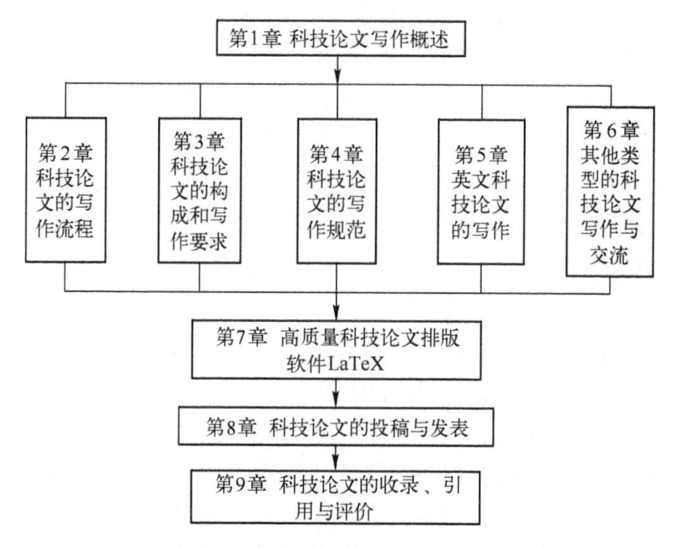

图 1.2　本书主要章节安排结构图

第 1 章对科技论文写作进行概述，包括科技论文写作的内涵和历史回顾，以及科技论文的概念及特点、分类、作用等。除此之外，还阐述科技论文写作应具备的三种基本素质、学术道德问题和六点总体要求。

第 2 章主要介绍科技论文的写作流程，包括论文选题、材料准备、结构设计、实验与结果分析、论文写作及修改定稿等过程。

第 3 章详细阐述科技论文的构成和写作要求，包括前置部分、主体部分和结尾部分，并给出注意事项和示例，便于读者掌握理解。

第 4 章从语言的规范使用、图形和表格的规范使用、量和单位的规范使用、式子的规范使用、参考文献的规范使用五个方面系统总结归纳科技论文的写作规范。

第 5 章详细阐述英文科技论文的构成和写作要求，包括写作要点、英文题名、作者署名及单位、英文摘要、英文致谢等，并给出英文科技论文写作的示例解析，便于作者在国内外英文期刊发表高质量论文。

第 6 章对常见的科技文章，如综述论文、评论性论文、学位论文、基金申请书、简历、求职信、个人陈述、推荐信、同行评议、会议论文（包含如何进行会议交流）的写作进行介绍，并将对每种科技文章的写作给出写作指导与建议。

第 7 章全面介绍 LaTeX 的基本功能，并就公式符号的排版、图形的排版、表格的排版以及参考文献的排版等操作做了详细说明，使读者对 LaTeX 排版有更为直观、清晰的认识。

第 8 章主要介绍著作权与许可、稿件投稿、审稿过程和论文发表等，提高论文的投稿命中率，同时考虑论文能够被 SCI、EI 等国际检索系统收录，来推动国际学术交流，促进科学研究工作。

第 9 章简单介绍国内外重要的期刊源数据库，阐述科技论文的收录与引用，并从定性和定量两个方面介绍科技论文的主要评价方法及评价指标。

1.11 本章小结

本章详细介绍了科技写作的内涵与历史，使读者能够从根源处了解科技论文写作的本质与发展历程。同时结合科技论文的概念与特点，对当前的科技论文进行了分类，并明确了不同类型科技论文的作用。在此基础上，介绍了科技论文写作应具备的基本素质以及必须遵守的学术道德规范，为读者的后续学习打下坚实的基础。

第2章　科技论文的写作流程

科技论文不同于一般科学研究成果的简单记录，它是作者对科技成果的总结与提高，是对主题内容认识论上的升华，具有科学性、创新性、逻辑性、规范性、简洁性和有效性等特点。本章主要介绍科技论文的写作流程，包括论文选题、材料准备、结构设计、实验与结果分析、论文写作及修改定稿等过程。

2.1　论文选题

2.1.1　论文选题来源

所谓论文选题，是指确定好论文所要探讨问题的主要方向和研究范围。选题的正确与否，对论文的写作成败起着关键性作用。选题定得好，则容易完成一篇有价值、有影响力的论文；若选题不当，则可能费时费力，很难写出高价值、高质量的科技论文。国内遗传学家李汝琪教授认为：“科研应该是论文写作的前提。所以，在谈论文写作之前，一定要在别人指导和合作下完成一些科学试验并获得了值得报道的成果。”可见，科研是撰写科研论文的前提，选题正确是写好论文的关键。科技论文的选题不是随意的，而是来源于科研课题。

一般来说，科研课题指的是科技工作者根据自己的专长，针对自己专业领域内尚未解决的问题，通过理论分析或实践对问题进行探讨或解答，它是科技工作者的研究方向和目标。科技人员论文质量的高低、科研成果的数量很大程度上取决于科研课题的选取。课题选得好，就会写出更多的科研成果和更高质量的论文；反之，如果科研课题选择不合适，就不容易产出科研成果，写出的论文也难以满足高质量要求。

应当注意的是，科技论文的选题来自于科研课题但又不完全是科研课题。对于科技工作者来说，科研课题往往较为复杂，涉及的领域较多，涉及的问题范围较广，在进行选题时，应当选择科研课题中最为重要、意义最大、价值最高的部分。对这些内容再进行较为深入的研究，通过理论推导或实践探究来获得成果。谭炳煜先生曾经说过：“科学技术论文是科技研究成果的文字体现，但是，全部研究成果不是都可以写成可供学报发表的学术论文，也不是一项研究工作的所有实验过程和观测结果都必须写入学术论文。”可见，论文的选题并不完全是科研课题，选题是对课题中的亮点或焦点进行浓缩、提炼、综合和推理，并且概括出新定律、新工艺或新方法，提出新的理论见解。

2.1.2　论文选题原则

科技论文的选题决定了论文所探讨的专攻方向，明确论文所需要解决的主要问题，是撰写论文的前提和关键。古希腊哲学家柏拉图曾说过：“良好的开端是成功的一半”。选题做好了就等于论文成功了一半。论文选题时应当遵循以下原则。

（1）科学性

在确定论文的选题时，首先应当保证选题的科学性。所谓科学性，指的是选题必须符合最基本的科学原理和客观实际，要尊重事实，尊重科学理论，不可迷信权威，不可将一些虚假问题作为论文选题。科学研究的目的是揭示客观事物的本质及其发展规律，促进社会生产力的发展。失去了科学性，整个研究工作将是毫无意义的。论文一旦失去科学性，论文中所得到的所有结论和成果就会变得毫无意义和价值。因此，科学性是论文选题的生命。

（2）需要性

需要性是指科学研究除了满足社会生产、经济和其他方面的需要外，还应满足科学自身发展的需要。选题的重点是应具有科学的学术价值，所谓具有需要性，就是选题是按需选题，面向实际。

一般来说，要做到按需选题，应该首选如下课题：亟待解决的课题；质疑传统论点的、争鸣性的课题；具有创新性的课题；能够填补理论空白的课题。只有这样，科学研究才能为实际需要服务。

（3）前沿性

确定论文的选题时，应该优先选择那些处于本学科发展前沿、有重大科学价值的课题，而不要选择重复的、已经有很多人做过的、技术落后的选题。凡是科学上的新发现、新发明、新创造，都有重大科学价值，必将对科学技术发展起推动作用。因此，一个具有前沿性的选题能够更加激发创作灵感和创新能力，由该选题所得出的研究成果也能够更好地为社会服务，更好地创造价值。

（4）创新性

在确定论文的选题时，还要考虑选题应具有创新性。一切科研工作都应该对既有的科学理论或科学技术领域做新的突破，有新的贡献。如果把科学性比作科研论文的生命，那么，创新性就是论文的灵魂。论文的创新性往往是论文质量高低的决定性因素。所谓具有创新性的选题，指的是前人没有提出来或前人已经提出但没有完全解决的问题，只有这样，才能够取得有意义的成果。要保证论文选题的创新性，一是选题要有一定的难度；二是要尽可能选取具有前沿性的选题；三是要在材料收集阶段尽可能多地收集材料，了解当前研究的现状，以便确定具有创新性的选题。

（5）可行性

选题要满足可行性原则，即选题要具备一定的主观和客观条件，才有成功的可能和希望。在确定选题时，首先要评价自己的主观条件，理性地分析自身的学识、技能、特长、经验和材料掌握的情况等。同时要结合客观条件，比如科学发展程度、资金情况和实验设备条件等。没有一定的主观和客观条件，是无法完成课题研究任务的。因此，在进行选题时，必须要结合主观和客观条件，进行可行性分析，做到量力而为、难易适中、扬长避短，选择适合自身实际情况的选题。

2.1.3 论文选题途径

科技论文选题途径很多，既可以依靠现有科研项目直接选题，也可以基于自身的科研积累，将本领域亟待解决的关键问题作为选题方向。总体而言，常用的论文选题途径可分为以下几种。

（1）科研项目

对于科技论文写作来说，初写者往往缺乏创新思维、观察总结和发明发现等能力，对于科研领域的探索也往往较为浅显。因此，在选题时，如果仅仅依靠自己的探索发现，容易导致所选择研究方向与当前主流研究方向不一致、选题的创新性不高、选题难度过大等问题。因此，对于科技论文写作来说，科研项目是选题的理想平台。科研项目特别是国家自然科学基金和国家重点研发计划项目都有难度，创新性也有保证，并且在进行研究时遇到问题可以不断提高自己的能力，逐步培养独立研究的能力。

（2）检索已发表的科技论文

科技论文写作要善于利用已经发表的科技论文内容，仔细查阅与自己研究方向有关的文献资料，并对其进行认真归纳分析，了解该领域已经做了哪些工作，取得了哪些重要的成果，还有哪些难点问题没有解决等。这样做不仅可以避免因不了解情况而进行不必要的重复研究，少走弯路，更重要的是很可能找到新的发现，选到好的课题。在寻找课题时，应注意从科学技术的“空白点”上找突破，找到人们忽视的事物之间的相互联系和相互渗透，多注意学科的边缘或交叉点。

（3）观察与实践

随着科学技术的不断进步和各种研究手段的不断发展，现有的理论可能还无法解释生产或生活中出现的一些新的矛盾现象，如果能够敏捷地捕捉到这些问题，就有可能会发现新的理论或新的方法。

（4）个人知识的积累

搞科研需要大量的信息资源和方方面面的资料，这些资料不可能靠一时突击取得，靠的是平时的知识积累。这就要求在日常学习中，自觉地对科学技术和当前研究领域的发展做必要的记录和整理，也就是建立科学笔记。当前社会科技信息传播速度很快、数量很多，在这海量的信息面前，只能靠平日的记录和日常的积累。所谓量变产生质变，随着知识的积累，个人能力也会得到提高。

2.2 材料准备

2.2.1 材料分类

所谓论文的材料，是指科研工作者为了支撑自己的论文主题，通过搜集得到的各种事实、数据和观点等。一篇论文，内容可能只有一万字或几千字，但是收集的支撑材料往往就需要几十万字。俗话说，“巧妇难为无米之炊”，在科技论文的写作中，“米”指的就是搜集的材料，如果没有充分的材料支持，是无法写出优秀论文的。根据材料的获取途径不同，论文材料可分为直接材料、间接材料和融合材料。

1）直接材料，也称为一手材料、动态材料。所谓直接材料，指的是这些材料直接来自于论文作者本身，此类材料应该是论文中最重要的部分，特别是对于理论性、实验性和技术性科技论文来说，直接材料具有独特的价值。在实际的论文写作中，直接材料往往来自作者实验的过程、实际测量的数据、调查的数据及实验结果等。

2）间接材料，也称为二手材料、静态材料。间接材料指的是材料来自于他人而并非论文作者本人，故称为间接材料，或二手材料。间接材料主要包括论文作者通过报纸、图书、期刊、论文、视频和网络资源等方式查询的前人研究成果，在科研领域得到的一些已经被证明的结论、他人提出的公式算法、专家学者的有关论述、统计获得的数据等材料。

3）融合材料，也称为发展材料。融合材料指的是论文作者根据直接材料和间接材料综合分析研究推导得到的材料。在论文写作过程中，融合材料也是必不可少的。直接材料较多，论文的质量和水平得不到保障；间接材料较多，论文则会显得创新性不足。所以在科技论文写作中，要善于使用融合材料。

2.2.2 材料获取

论文直接材料和间接材料需要作者通过各种方式去搜集获取，主要的获取途径如下。

（1）直接材料的获取

在论文的撰写中，直接材料可以很好地体现出论文的创新性，同时也可以体现出作者撰写论文的工作量。直接材料主要来自于以下方面。

1）调查法。调查法主要包括全面调查、典型调查、抽样调查和追踪调查四种。在调查时，应当根据所需要调查对象的特点来选择调查方式。全面调查的涉及范围广，一般需要投入较大的力量，选取的指标必须统一，能够取得较为接近实际的全面材料；典型调查是在一定范围内有重点地选择典型对象来进行调查，从而得出一般性的结论，但此方法往往难以获得全面的材料，应当在全面调查基础上进行抽样调查；抽样调查是全面调查与典型调查相结合的方式，这种调查方法是以概率作为理论基础的，所以在力量有限的情况下，抽样调查与真实的情况是接近的；追踪调查适用于对某一事物有特殊观测需求，持续性地收集数据，其调查的方式主要有访谈法、问卷法等。

2）观察法。观察法是对各种物质形式的直接反映和直接描述，是人们对事物的一种主观认识，通过观察可以直接获得很多较为系统的科学事实。从某些意义上说，科学是始于观察的。观察法获得的信息是较为客观的，同时观察法十分便利。但观察法同样存在着时空局限性。因此，在用观察法获取材料时，应该在条件允许的情况下尽可能借助专业的设备器材，同时在记录数据时应该尽可能详细，及时处理所采集到的材料并进行分类。

3）实验法。实验法是在观察法的基础上发展而来的，是指通过实验工具人为地对研究对象进行干预，排除其他变化因素的影响，突出控制变量的影响，从而观察事物发展与控制变量变化关系的过程。在科研中，实验法能够克服主观条件的限制，检验科学理论。在进行实验法获取材料时，应详尽地记录与实验相关的所有信息，对获取的数据要妥善保管，同时应尽可能在条件允许的情况下长时间保存实验条件，以便补做实验。

4）勘测法。勘测法常用于工程项目论文的数据获取，它是直接获取数据的重要方法。勘测法需要借助专业的器材设备，勘测的数据应该绝对的专业可靠，同时勘测得到的数据应当注明测量条件，严禁编造数据。

（2）间接材料的获取

间接材料是论文作者从科研文献、报纸杂志、图书和学术研究动态等途径获得的前人的实践结论和研究成果资料。所谓间接材料的获取，又称为文献检索。对于科技论文写作来说，获取间接材料主要有以下两种方法。

1）查阅纸质文献。根据确定的论文选题，查阅相关的书籍、期刊、科技报告和论文集等。常用的方法有使用检索工具、借助参考文献和通过学术会议三种。

2）利用互联网来进行电子文献的查询。随着互联网的发展，论文作者在论文查新方面变得十分便捷。其中，常见的国外数据库有美国《科学引文索引》（Science Citation Index，SCI）、美国《工程索引》（The Engineering Index，EI）；国内的电子文献数据库有《中国学术会议论文全文数据库》《中文科技期刊数据库》《中国数字化期刊群》《中国企业、公司及产品数据库》等。

2.2.3 材料选取原则

在撰写论文的过程中，为了充分了解学科目前的发展情况，往往在前期的材料选择阶段需要“博采众长”。所谓博采众长，就是广泛采纳众多材料中的优点和长处。但是在科技论文的写作过程中，并非所有材料都可以用到，而是需要严格筛选材料，这时就涉及材料的选取原则。一般而言，材料选取需遵循以下原则。

（1）选择必要的材料

所谓选择必要的材料，是指所选取的材料是必不可少的，即论文缺少了该材料的支撑就无法论述论文的主题。在前期准备工作收集材料时，往往会发现有很多材料与主题关系不大。对于这种材料，即使搜集过程十分辛苦，也应该舍弃；否则，材料过多过杂，就会分散、冲淡甚至淹没主题。

（2）选择充分的材料

选择充分的材料，就是所选择的材料数量要充足，能够支撑论文的主题。在科技论文写作过程中，往往会出现参考文献太少的情况。材料过少，会给人造成文章很单薄的印象，即使材料质量很高，也应该保证数量充足。

（3）选择真实的材料

材料的真实性，是指所选取的材料必须是真实的，能够反映事物的客观事实，没有半点虚假或主观臆断。材料的真实性在论文撰写中尤为重要，无论选取多少材料，必须保证所有材料都是真实可靠的，但凡有一个材料是虚假的，就会让别人怀疑其他所有材料的真实性，进而怀疑整篇论文的真实性。在科技论文写作中，尤其要注意数据的真实性，有些作者为了得到令人满意的实验结果，会采取编造数据的行为，这是绝对不允许的。

（4）选择准确的材料

选择的材料应该具有准确性。所谓准确性，一是指选取的材料文字表达要清晰准确，不能选择语言含糊不清、态度模棱两可的材料；二是指选取的材料没有虚假的信息，并且材料数据的采集处理过程没有技术性的差错。选取的材料有误是论文的大忌，尤其是数据一定要精确。要保证材料的准确性，应当尽可能采用直接材料，在数据的获取阶段认真操作，避免人为因素导致的错误。同时应当正确引用他人的材料，避免出现断章取义的情况。

（5）选择典型的材料

在选择材料时，往往会出现很多材料都与主题相关，会产生好像都可以用到的感觉，这时就应该注意到材料的典型性。要做到选择典型的材料，就意味着选取的材料要有代表性，能反映事物的特征、揭示事物的本质。对于可用可不用的材料，最好不用。同时要注意到，典型性与必要性是一致的：必要的材料，均具有典型性；非典型的材料，大多数是不必要的，应该舍弃。

（6）选择新颖的材料

在选择材料时，应当选取新颖的材料，即应该尽量选取他人未见过、未听过和未用过的材料。论文的新颖体现在论文主题的新颖，要得到新颖的主题，新颖的材料是必不可少的。只有新颖的材料才能支撑新颖的观点。一篇文章即使结构严谨、文字流畅、格式规范，如果没有新颖的材料，仍然不是好文章。

2.3 论文结构设计

2.3.1 论文结构的含义

论文的结构是指论文各个部分的总体布局和收集材料的具体安排，包括层次的设置、段落之间的衔接、材料的安排、内容的过渡和开头结尾的布局等。科技论文涉及的学科、主题很多，不同学科、不同主题的科技论文结构各有千秋，但是总体的结构要求是相同的，即应满足层次设置清晰、段落衔接紧凑、内容过渡自然、符合读者的认知规律。

论文的结构设计就是要保证论文“言之有序”。科技论文写作不是简单的材料堆砌，就算搜集的材料再合适、再充分，如果不加规划地粘贴材料，不通过设计将材料按照需要进行科学的穿插和编排，也不可能写出一篇高质量的论文。正因如此，有人将主题比作文章的“灵魂”，将材料比作文章的“血肉”，而把结构比作文章的“骨骼”。只有“骨骼”强健，“血肉”才能有所依附，“灵魂”也才能有所寄托。因此，科技论文的作者在进行动笔之前，应当潜心设计论文的结构，结构设计得合理，论文的写作就会事半功倍。

2.3.2 论文结构设计原则

科技论文写作的结构设计应遵循以下原则。

1）完整性。所谓完整，是指科技论文的各部分都应该齐全、无残缺。实验研究类论文应该包括引言、实验方法、结果与讨论和参考文献五个部分。这五部分内容应该齐全，缺一不可。

2）协调性。所谓协调，是指应当根据主题的需要，适当调整各部分的篇幅大小。例如，在实验研究论文中，引言应尽量简明，结论应该高度概括，而大部分的篇幅应当放在实验方法和结果与讨论部分。

3）严谨性。所谓严谨，是指科技论文应当正确地反映客观事物的内在联系和发展规律。要反映这种关系，就要设计严谨的结构，且结构各部分内容应衔接紧密、环环相扣、符合逻辑。避免出现前后脱节、为了凑篇幅而生搬硬套与主题无关的内容等情况，从而破坏了整体论文的严谨性。

4）灵活性。所谓灵活，是指论文的结构虽然总体要求相同，但需要避免千人一面、千篇一律，而是应该适应题材而灵活变化。论文的结构应该根据论文所涉及的学科专业不同、表现的主题不同而有所改变。

2.3.3 拟定提纲

在设计论文结构时，拟定提纲是最重要的工作。提纲是骨架，提纲设计得好，论文写作就像有了中心线，将材料按照性质放到适当的位置，就像往骨架上添加血肉一样，论文的撰写就容易得多。大家都知道“纲举目张”的道理，拟定提纲不仅能指导和完善文章的具体写作，还能使文章所表达的内容条理化、系统化、周密化，拟定好了论文的提纲，一篇论文就有了基本的框架。

（1）提纲的作用

拟定论文的写作提纲，具有以下作用。

1）写作前设计提纲，有利于作者对论文全文有一个掌握，做到全局在握，更加方便作者在写作时做到全文前后统一、融会贯通。

2）确保全文逻辑清晰、层次分明，为作者周密地思考问题、严谨地论述问题、叙述前后不脱节提供帮助。

3）避免“跑题”的情况出现，使得结构紧凑。

4）有利于使用材料，避免前后重复使用材料或漏用材料的情况出现，为选择合适的材料创造了很好的条件。

5）如果论文撰写的过程较长，可以分几部分来写，这时就需要连接各部分内容，首先确定提纲有利于前后衔接自然，思路连贯。对于多人合作的论文来说，写作提纲不仅可以起到统一认识、协调衔接的作用，还为完成写作、整理修改和沟通交流提供不可或缺的便利条件。

（2）提纲的形式

论文的写作提纲主要有以下三种形式。

1）标题式提纲，也叫简单提纲，即用标题的形式，概括内容十分简明扼要。其优点是简明扼要，一目了然；缺点是不够直观，除了作者本人能够看懂，其他人不容易看明白。

【例 2.1】 Liqian Zhang 等撰写的“A New Method for Stabilization of Networked Control Systems With Random Delays”一文（发表在美国 *IEEE Transaction On Automatic Control*，2005 年第 50 卷上），其标题式写作提纲如图 2.1 所示。

1. INTRODUCTION
2. PROBLEM STATEMENT
3. MAIN RESULTS
4. NUMERICAL EXAMPLE
5. CONCLUSION

REFERENCES

图 2.1 论文“A New Method for Stabilization of Networked Control Systems With Random Delays”的写作提纲

2）语句式提纲，也叫详细提纲。语句式提纲是用句子的形式来提出要点，表达某一部分的完整内容。其优点是清晰明确，别人也能够看懂，时间长也不会忘记；缺点是文字多，不醒目，在前期撰写的时候费时费力，效率不高。

【例 2.2】 闫茂德等撰写的《基于信息一致性的自主车辆变车距队列控制》一文（发表在《控制与决策》，2017 年第 32 卷第 12 期上），其语句式写作提纲如图 2.2 所示。

1 引言
2 系统模型及问题描述
2.1 车辆模型
2.2 问题描述
3 车辆间距策略
4 基于信息一致性的车辆队列控制
5 仿真实验及分析
6 结论
参考文献

图 2.2 《基于信息一致性的自主车辆变车距队列控制》写作提纲

3）混合式提纲。混合式提纲顾名思义，就是将标题式和语句式提纲两种方法混用，达到取长补短的目的。

2.4 实验与结果分析

2.4.1 实验部分

科技论文强调首创性和有效性，要求文章必须有所发现、有所创造。一篇高水平的科技论文，所体现的实验过程和实验结果及其分析是十分重要的，它能够体现论文的创新性和真实性。

（1）实验材料与设备

在撰写实验部分时，实验所用的原材料应当做详细的说明，如材料的确切技术规格、数量、来源、主要的物理性能等，不要采用材料的商品名称，应采用材料的通用名称。对于电子产品来说，不仅要说明元器件的品牌来源，还要说明元器件的内部构造、工作原理、主要的物理性能等内容，做到尽可能详细。如果实验所用到的材料涉及自己加工处理的，如自行设计的电路板，应当写明处理过程，并且说明设计原理。对于特殊的材料，应当给出必要的补充说明，对材料的工作条件等进行详细的说明。在描述材料的参数指标时，应当采用官方的信息；在引用前人的数据参数时，一定要指明引用，并保证数据的完整性和真实性，避免篡改数据信息。

对于实验的设备，不需要详尽地记录所有设备的具体技术参数。一定要叙述主要的、关键的、非一般常用的、不同于一般类型的实验设备和仪器，对于通用的、标准的、常见的设备，只要保证精度足够高，只需要提供型号、规格、主要性能指标；如沿用前人用过的设备，在保证可靠性的基础上，只需要给出参考文献；属于自己设计或改装的设备仪器，需要比较详细地说明其特点，说明可达到的准确度和精度，必要时可给出构造的示意图或流程图。同时，列出实验所用的设备仪器和操作流程，并且要说明研究过程中实验条件的变化因素及其考虑的依据和设想等。

（2）实验原理和方法

简要说明实验所依据的基本原理、实验方案和实验装置的设计原理即可。有的论文实验原理可以省略，但是实验原理或实验方案、装置是自己设计的，实验内容是新颖的、实验条件是复杂的、读者难以理解和掌握的，均有必要对实验原理做出扼要说明。

撰写实验方法时，应把握重点，详略得当。实验方法也称实验过程、实验经过等。在撰写实验技术时，不要写成实验报告，主要说明制定的实验方案和选择的技术路线，以及实验过程中的实验条件等。不可将实验过程一一罗列，只需要叙述那些主要的、关键的、非常用的、不同于一般同类型的实验设备及操作方法，从而使实验结果所表达的规律性更加鲜明。如果是采用别人的实验方法，只要指明方法并标出所引用的参考文献即可，不必详述其实验程序。如果实验程序有改动的地方，则必须说明改动的原因。

叙述实验方法时，通常采用实验工作的逻辑顺序，而不是采用自己实验的时间先后顺序。要抓住主要环节，从错综复杂的事物中理出脉络，按其发展变化的顺序来写，并注意所叙述实验程序的连贯性。要从成功与失败、正确与谬误、可能性和局限性等方面加以分析，表现出严谨的科学性和逻辑性。

总之，对于实验原理和方法的介绍，既便于为其他研究者提供一个可重复研究的蓝图，又可以提高读者对该研究设计及结果的信任度。

2.4.2 实验结果分析部分

科技论文的实验过程和实验结果固然重要，但是也需要对实验结果进行分析，体现论文的创新性和拓展性。

（1）实验结果

实验结果是对实验或研究中重要发现的一种归纳，后续论文的讨论、对问题的判断都由结果来推导，论文的一切结论都要根据实验结果来得到。所以说实验结果部分是论文的核心，应当使用文字、插图、表格、照片等材料来表达与论文有关的实验数据和结果。

1）描述实验结果时，应挑选出重要的结果，并且对实验的误差加以分析和讨论。不能盲目堆积实验数据，要运用数理统计等方法对实验结果进行必要的处理，呈现出直观、易懂、有逻辑性、规律强的数据。不能简单地将实验数据或观察事实堆积到论文中，尤其是要突出具有科学意义和具有代表性的数据。

2）善于使用图表与文字相结合的方式合理表达。要学会借助计算机，尽可能地将实验数据模型化。在介绍结果时，要指明公式图表所表达的结果，要对结果进行说明解释，应当说明数据的趋势和意义，但要避免在文字叙述中重复图表中完全相同的资料。图表用于表示详细的、完整的结果，文字叙述则用来提出图表中资料的重要特性或趋势。

3）要对异常结果进行解释说明。在实际实验中，往往会出现异常的数据或异常结果，这些结果即便不能证明论文的观点，也应在论文的结果中进行讨论说明，切忌为了追求数据完美而编造、篡改数据。

4）注意各层次或各段落之间的逻辑关系。结果通常分成若干个层次来写，但也有只分成若干个自然段，这两种情况都要注意前后之间的逻辑关系。

（2）分析讨论

对实验结果进行分析讨论，能够给读者以启迪，并且能够让读者直观地看到论文对提出问题的解决效果。在这部分中，作者应该回答引言提出的问题，评估实验获得的结果，用结果去论证问题的答案。分析讨论可作为独立部分放在结果（Results）之后、结论（Conclusion）之前，也可与结果部分合并在一起。分析讨论需要解决的重点是论文内容的可靠性、外延性、创新性和可用性，具体包括以下几个方面。

1）可靠性是指论文提供的实测值或计算值可信并可重复，应当采用重复性和误差分析来说明；还应当采用将结果与他人成果进行对比分析的方法。因此，应当尽可能多地搜集同类型的优秀论文和实验结果，来说明论文结果的可靠性。

2）外延性是指论文结果可以扩展。实验条件不同，得出的结论也不同，所以实验结果与实验条件息息相关。但往往读者在使用论文的方法时条件会不相同，因此，要保证论文提供的数据可供读者在更大范围内使用，要尽可能地给出数据关联式。

3）创新性部分应该与引言一致。在引言中指出论文总的创新性，而在结果分析中把这一点具体化。应当体现在其他文献有无此方法，或把原有方法进行改进，得到了精度的提高或测量范围的扩大等。最好采用与其他文献对比的方法来说明论文的创新性。

4）可用性有两层意思：第一层意思与外延性一致，指的是结果分析后能够让读者使用实验的结果数据；另一层意思是把数据变活，把不同的条件下的数据进行对比，并尽可能做出优化选择，提出最优条件或最佳结果，让读者能够直观地看出。

在讨论时，应该注意以下问题。

1）选择深入讨论的问题。选择合适的结果在讨论部分进行深入研究，是写好讨论部分首要面临的问题。要以每一个区别于前人的结果为基点，通过讨论突出自己研究的创新性。

2）与结果的一致性。要求讨论和结果一一对应。对于效果不好或有异常的结果，也要予以讨论，这样会给以后进行研究的人以借鉴，避免重蹈覆辙。

3）讨论时引用相关文献。应当意识到查找和引用相关文献的必要性，不能故意不引用相关文献，以凸显自己研究的“新颖”和“价值”。

4）避免简单重复引言和结果的内容。讨论总是与引言中引用的问题或假说相连，但不是简单地重复，而是引言的展开。不要在讨论中再次声明结果，可以在讨论中必要时提及图和表，但不能包含新的数据。

2.5 论文写作及修改定稿

2.5.1 准备工作

科技论文历经论文选题、材料准备、结构设计、实验及结果分析等过程，可认为是“万事俱备，只欠东风”。接下来，可以着手进行科技论文写作的准备工作、起草初稿和修改定稿，在正式开始科技论文的撰写之前，应该明确以下问题。

（1）文献查新

进一步查阅近期发表的文献，看是否有已经发表的论文与自己的研究成果十分接近，如果出现这种情况就会影响论文的创新性，这个时候最好暂时放弃发表论文，仔细研究他人的最新研究成果，发现其中还有哪些不足，将自己的研究结果做得更加深入、新颖之后再考虑发表。通过文献查询确定没有与自己研究成果相似的情况后，再开始动笔写论文，否则缺乏创新性的论文很难被接收，即使接收了也会涉及知识产权的纠纷问题。

（2）确定合作作者

科学技术研究往往需要集体的合作才能完成，科技论文的选题往往来自于科研课题，因此科技论文往往也是集体智慧的结晶。如果不在撰写论文之前确定好论文的作者以及署名的顺序，就会埋下日后纠纷的隐患。因此，在进行准备工作时，要计划好合作作者。如果一个人就可以完成课题并撰写论文，则无须选择合作作者。如果有合作作者，则应该根据每个人的特长和能力进行分工，即确定由谁执笔、组织和协调，由谁负责整理材料，由谁负责数据的处理分析等任务，并且根据对论文贡献的大小来确定署名的顺序。

（3）确定投稿期刊

在确定了作者后，就要选定拟投稿的科技期刊。科技论文写作需要了解待选期刊的情况，包括期刊近几期发表的论文、征稿范围、主要栏目和常用格式等。如果撰写的科技论文与期刊的征稿范围、主要栏目不符，即便该期刊再好也不应该投稿，否则等待的只有退稿；如果论文与期刊已刊载的同类论文相比没有创新点，那么也不要投稿。只有论文符合期刊的征稿范围、主要栏目和排版要求，并且论文与已发表的同类论文相比有创新性，论文才有可能被该期刊录用。

上述对期刊的了解过程应该在文献检索阶段就进行，并贯穿科研工作的始终。因为整个过程实际上是在评估期刊，确定期刊是否适合发表自己的论文，避免出现因为稿件不符合期刊征稿范围或主要栏目导致的退稿，耽搁了科研成果与同行的及时交流，错过最佳发表时间，甚至可能影响到研究成果（尤其是专利）优先权的获得。

在确定了投稿的期刊后，还需要认真阅读期刊的“投稿须知”或“作者须知”，咨询期刊的稿件发表周期，了解期刊发表稿件的准时性。

首先，有些期刊对论文的标题、中英文摘要、单位、插图和表格等会提出明确的要求，甚至对标题、插图和表格的字体字号等都会有明确的标注。所以在确定投稿的期刊后，一定要认真阅读期刊的“投稿须知”或“作者须知”，避免因为格式不符合期刊要求造成的退稿。

其次，不同的期刊发稿周期也不同。有的期刊影响因子高，但发稿周期长；有的期刊影响因子低，但发稿速度快；即便是影响因子相差无几的期刊，发稿的周期也往往不同。因此，论文作者应当了解期刊的稿件发表周期，并根据自己的实际需求来选择期刊，避免出现因为发稿周期过长造成损失。

最后，应该尽量远离出版周期不稳定、经常脱期出版的期刊。因为这样的期刊往往会失去稳定的读者群，并且影响力也大打折扣。在选择期刊时应该了解该刊是否准时出版，尽量选择连续、稳定、坚持出版的期刊。

2.5.2 起草初稿

在论文的起草过程中，需要注意以下几点。

1）先打腹稿。所谓腹稿，指的是在起草论文的初稿时，在论文总体框架的基础上，作者对每一部分内容在心里已经构思好的大致文稿。有了腹稿，在写作时就会效率很高，并且不容易跑题。

2）切合提纲。在初稿的起草过程中，应该按照提纲的顺序来撰写，这样不容易造成多写或漏写内容。当然，如果在写作过程中有一些新的认识，也可以对提纲进行局部的完善或调整。

3）分块书写。无论是学术论文还是学位论文，往往难以一次性完成，这时就需要化整为零，把文章划为若干部分，每次写一部分，这样写起来会轻松容易，并且效率较高。

4）开门见山。不论文章是长是短，都要做到主题突出、中心明确、开门见山。与主题无关的话不说，与主题无关的材料不用。

5）把握重点。应充分把握各部分写作的重点，合理掌握各部分展开的深度。首先，引言的作用是提出问题，在文章中必不可少，但不是文章的主体，写的时候不要过于啰唆，一定要简洁、明了地交代清楚为什么要提出这个问题，并简单介绍问题的研究背景，以免喧宾夺主；其次，正文部分是文章的重点，在引言提出问题的基础上，正文的写作重点是如何分析问题和解决问题；因此在这一部分要不惜笔墨，设计的研究方法一定要科学；再次，给出的结果数据一定要客观、真实、细致，并配以必要的图表使表达更加直观，分析和讨论问题是要把原因分析透彻，给出合理地解决问题的方法；最后，结论部分起到画龙点睛的作用，写作重点是作者对自己的研究成果做出恰当的评论和对以后工作提出建议或展望，不必展开论述。

此外，对于论文初稿的写作顺序也应该注意，书写顺序不当，往往会使作者感到写起来十分费力，挫败感很强，如果不加规划地按顺序进行书写，也会导致返工次数较多，写了后面的内容还要再去修改前面写过的，造成效率低下。

一般而言，较为推荐的科技论文写作顺序：先写论文的主要研究内容和研究成果，包括仿真分析或实验的内容，因为这部分内容较为直观，写起来思路清晰，不容易跑题；再写论文的原理部分，有了研究内容和成果的支持，在写原理部分的时候就会有的放矢，容易弄清楚哪些材料是重要的，从而提取出中心材料；然后写论文的绪论和最后的总结以及参考文献部分；最后写中英文摘要，之所以摘要放在最后写，是因为当整篇论文的内容都写完了，作者心中对整篇论文的整体情况也有了一个详细的了解，这时候写摘要就会事半功倍。

2.5.3 修改定稿

论文的初稿完成后，并不意味着可以投稿了。曾经一位著名的科学家被问到是否修改论文的问题时，他回答道：“如果走运，我只修改 10 遍。”可见论文的修改是必不可少的。当初稿完成后，最好先搁置一段时间，经过一段时间的思考再去看论文，往往会发现一些之前忽略遗漏的问题。

论文在投稿之前一定要请导师审阅修改，认真听取导师的意见和看法，尤其是论文如果署导师的名字，一定要请导师过目，绝不可只署导师的名字而不经导师审阅就将稿子投出去；否则，文章若有原则性的错误，对导师的声誉将是严重的损害。

修改论文时，应当思考如下问题：论文中是否包含了全部必要的信息；论文中是否存在应当删除的内容；论文中的所有信息是否正确；论文中的所有推理是否正确；论文中的内容是否通篇一致；论文的结构是否合理；论文的措辞是否清晰；论文中的要点是否表述直接、简洁、扼要；论文中的语法、拼写、标点和单词用法是否正确；论文中的全部图表设计是否得体；论文是否符合“投稿须知”等。

综上所述，对论文的修改主要包括对论文内容和论文表述两方面的修改。

（1）论文内容的修改

1）应该确保论文中不存在跑题、篇幅重点偏移、漏用论据等问题，做到论据充分，主题突出。

2）保证论文中各种材料的真实、充分和准确，不要为了凑篇幅而强行加入与主题关系不大的材料；对于不够充足的材料应该予以补充完善；对于准确性不明确的材料要查证核实；涉及机密的材料要做技术处理。

3）对所有引文进行核实校对，确保能够正确引用，避免出现断章取义、篡改原文的情况。

（2）论文表述的修改

1）对论文的语言表述进行修改，确保用词准确、用字恰当、语句通顺，避免出现错别字、语法错误，杜绝大话、空话和套话。

2）对名词术语进行统一化。对于论文中表达同一概念的名词数据，应当做到前后统一。例如，对于“摩擦系数”和“摩擦因数”两个名词，在一篇论文中不能前面叫作“摩擦系数”，后面又叫“摩擦因数”。出现前后文名词术语不统一，很容易给别人造成误会。

3）对数字字符进行规范化。科技论文中出现的数字有汉字数字和阿拉伯数字两种，各自有各自的适用场合，不可弄混，外文符号同样有英文和西文字符等，这些数字字符都应该遵循国家标准和期刊的相关要求。

4）对量和单位规范化。科技论文中出现的量的名称、符号和计量单位都应按照国家标准来使用。

2.6 本章小结

本章对科技论文的写作流程进行了归纳整理。首先明确了科技论文选题的来源、原则以及途径，分别介绍了论文准备材料的分类、选取及选取原则；其次，通过阐述论文结构设计对于论文撰写的重要性，介绍了科技论文的结构设计方法，包括论文结构的含义和结构设计的原则。最后，总结了科技论文写作的一般流程，使读者能够更加深入地了解科技论文的写作方法与技巧。

第3章　科技论文的构成和写作要求

科技论文由前置部分、主体部分和结尾部分组成。其中前置部分包括题名、署名及单位、摘要、关键词、中图分类号、文献标识码、文章编号、收稿日期、基金项目、作者简介和DOI号等；主体部分包括引言、正文、结论、致谢和参考文献；结尾部分主要是指分类索引、著者索引和关键词索引等，也不是必备项。本章详细阐述科技论文的构成和写作要求，并给出注意事项和示例，便于读者掌握理解。

3.1　题名

3.1.1　题名的概念

科技论文的题名（Title），又称题目、标题、篇名和文题。题名是科技论文的必要组成部分，应是最恰当、最简明词语的逻辑组合，高度概括科技论文最重要的特定内容，反映论文主题。

题名是一篇文章的眼睛，是文章借以显神的文字，是论文内容的高度概括。它应准确、简练、清晰地反映论文的研究范围和深度，以便于读者选读，同时也便于文献检索或追踪。对一篇文章来说，首先映入读者眼帘的，总是它的题名。读者从文摘、索引或题目等情报资料中，最先找到的也是文章的题名。读者通常也是根据题名来考虑是否进一步阅读某篇文章的摘要，乃至全文。因此，一个恰当的题名可以为文章争取更多的读者。

3.1.2　题名的拟定要求

概括来说，科技论文题名的拟定，应满足“简洁、确切、鲜明”的要求。

1）简洁。在能够清楚表达意思的前提下，题名越短越好。题名应是一个短语（而非句子），题名中尽量不要用标点符号。若题名太短无法清楚地概括内容，则可以加副标题补充说明。但是，需要注意的是，题名不应过于烦琐，否则会使读者抓不住重点，留下不鲜明的印象，从而难以记忆和引用。

【例3.1】关于氩弧焊接新工艺在各种直流电机生产制造工艺上的应用问题研究

例3.1的题名十分烦琐，可以删除“关于”“研究”等字样。因为科技论文就必然包括“研究”或“关于……研究”的意义。以此类推，“关于……观察”“关于……探讨”等，在题名中一般都应该避免使用。此外，题名中一些多余的、重复的字词也可以省略。上述题名可改为“氩弧焊接在直流电机制造上的应用”。

2）确切。题名应能恰如其分地反映研究的范围、深度、主要特征或内容属性，突出论文特点，即“人无我有”的地方。一般不能用学科或分支学科的科目作题名，应尽量避免使用数学、物理公式、化学结构式，不太为同行熟悉的符号、简称、缩写、代号以及商品名称等。为便于检索，题名通常包括论文的主要关键词。

题名不够确切，主要表现为过于空泛、笼统。例如：

【例 3.2】 抗生素的作用

【例 3.3】 反应堆慢化剂的性能

【例 3.4】 声发射技术的研究与开发

例 3.2 的题名太笼统。既然研究抗生素，那么究竟是哪种抗生素？由论文知是青霉素，且是“苯唑西林”。那么，到底研究它对什么菌种有作用呢？阅读该论文得知是对金黄色葡萄球菌的作用。因此，确切的题名应是“苯唑西林对金黄色葡萄球菌的作用”。例 3.3 题名同样过于笼统。慢化剂分为液态与固态，指哪一类？液态慢化剂有水、重水等，固态的包括石墨、铍等，这里指哪一种？此外，究竟研究什么性能——是核性能，还是一般物理性能？最终确定的题名是“反应堆石墨慢化剂的核性能”。例 3.4 的题名也太空泛，剖析正文得知，该文研究声发射技术应用于机床加工在线监测，故题名应改为“声发射技术用于机床切削加工在线监测”。

3）鲜明。即让人一目了然，不会产生歧义。最好不要用未被公认和不常见的缩略词、首字母缩写词、字符和代号。

撰写科技论文，首先应拟定题名。有了题名，就等于明确了中心。一切材料安排都要服务于这个中心，一切论述都要围绕这个中心。尚未确定题名就动手写文章，往往会出现观点不明确、重点不突出、逻辑性不强、材料零乱的缺点。但是题名也不是一成不变的，在写作过程中思路发生了变化，或又有了新的材料，可重新修改题名。

总之，拟定题目时，应首先多拟出几个题名，然后根据论文内容和侧重点相互比较、反复推敲，最后定夺。题名的用词应字字斟酌，务求“简洁、确切、鲜明”。

3.1.3 题名的常见问题

不少作者在论文写作过程中，拟定的题名往往不能高度概括、精准凝练地反映论文的研究内容及特色，难以吸引读者的眼球，降低了论文的可读性。科技论文题名中常见问题如下。

1）题名冗长，主题不明。

【例 3.5】 35Ni-15Cr 型铁基高温合金中铝、钛含量对高温长期性能和组织稳定性的影响

例 3.5 共 30 余个字符，题目冗长烦琐，重点不突出，使读者印象模糊，难以记忆和印证。

2）题名较大，内容较小。有的论文，题目所反映的面很大很宽，而实际内容却仅是某一较窄的研究领域。

【例 3.6】 自然灾害的预警和防治研究

实际上，论文仅研究了泥石流的预防和治理问题，泥石流是自然灾害的一种，显然原题过于空泛和笼统，可以改为“泥石流的预警和防治”。

3）拔高题名，夸大成果。有的作者为了吸引读者的“眼球”，或者因对自己研究领域的科技发展动态了解不够，常常把“……机理的研究”“……的规律”之类词语用在题目中。诚然，如果作者的研究的确达到了这个水准，那么这样做倒也无可厚非，但是一般应比

较谨慎、客观，以“……现象（一种）解释”“……的机理探讨”等为题名比较恰当和慎重，也留有余地。

4）题名转行，过于随意。当题名字数较多时，可以写成两行。转行应选择在可停顿处，转行后仍应居中书写，且两行排式应对称。

【例 3.7】高效降解废弃蓖麻基润滑油降解菌的分解筛选及特性研究

例 3.7 改排为

高效降解废弃蓖麻基润滑油降解菌的
分解筛选及特性研究

3.2 作者署名及工作单位

3.2.1 署名的作用

在科技论文上署名能表明署名者的身份，即拥有著作权，并表明承担相应的义务，对论文负责。署名可以是单作者署名、多作者署名和团体或单位署名。

科技论文署名具有以下作用。

1）表明作者对论文享有著作权。《中华人民共和国著作权法》规定，“著作权属于作者”。著作权也称版权（Copyright），包括发表权、署名权、修改权、保护作品完整权、使用权和获得报酬权等。论文署名是国家赋予作者的一种精神权利，受法律保护。其实，署名也是作者辛勤工作理应得到的一种荣誉，以此表明作者及其研究成果获得了社会的承认。

2）体现作者文责自负的承诺。研究生在自己的论文上与导师联署姓名（导师作为通讯作者）应慎重，必须征得导师同意（有的科技期刊要求有导师亲笔签名），并请导师审定全文。论文一经发表，署名者就要对论文负法律责任，负政治上、科学上、技术上和道义上的责任。若论文出现剽窃、抄袭、伪造篡改实验数据的问题，或者存在《出版管理条例》禁载的内容，或者内容有严重的科学技术错误并造成严重后果，或者被指控有其他不道德问题，其署名者应负全部责任。研究生的论文一旦出现剽窃抄袭问题，将会置导师于尴尬境地，给导师带来十分不利的影响。

3）便于读者与作者联系。在读完论文后，若读者想就某个问题与作者商榷，或者想求教或质疑，则可以与作者联系。

4）便于编制作者索引等二次文献。

3.2.2 署名的要求

著名生物化学家、中国科学院院士邹承鲁指出，研究论文署名者必须对论文从选题、设计、具体实验到得出必要结论的全过程都有所了解，并确实对其中某一个或某几个具体环节做出贡献。有专家认为，作者在论文上署名，首先是责任，其次才是荣誉。

关于如何署名，国家标准 GB/T 7713-1987 明确规定：“学术论文的正文前署名的个人作者是限于那些对于选定研究课题和制定研究方案、直接参加全部或主要部分研究工作并做出主要贡献，以及参加撰写论文并能对内容负责的人，按其贡献大小排列名次。至于参加部分工作的合作者、按研究计划分工负责具体小项的工作者、某一项测试的承担者，以及接受委托进行分析检验和观察的辅助人员等，均不列入。这些人可以作为参加工作的人员一一列入致谢部分，或排于脚注。”

美国《内科学纪事》一书提出作者署名应具备以下五个条件：其一，必须参与了本项研究的设计和开创工作，如在后期参与工作，必须赞同前期的研究和设计；其二，必须参加了论文中某项观察和获取数据的工作；其三，必须参与了试验工作、观察所见或对取得的数据进行解释，并从中导出论文的结论；其四，必须参与论文的撰写或讨论；其五，必须阅读过论文的全文，并同意其发表。这些要求虽然不是直接对科学论文写作而言的，但它对我国当前科技学术论文的署名也具有很重要的参考价值。

为便于读者联系和有关部门的统计分析，最好给出第一作者和通讯作者（Corresponding Author）的简介，包括出生年、性别、籍贯、职称、单位、地址、邮编和 E-mail 地址，置于篇首页地脚处，也可以把单位、邮编写在作者姓名之下。

3.2.3 署名的规范

我国科技期刊论文的作者署名，通常按照《中国学术期刊（光盘版）检索与评价数据规范》和国家标准《中国人民汉语拼音字母拼写规则》（GB/T 28039—2011）执行。

1）作者的姓名之间用“,”隔间，两字名之间用空格隔开，例如：

闫茂德，左　磊，杨盼盼，曹　雯

2）中国作者姓名的汉语拼音写法：姓前名后，中间为空格，复姓应连写，姓和名的开头字母均大写。例如：

Li Xinchun（李新春），Tang Hao（唐昊），Ouyang Xiaohua（欧阳晓华）

中文信息处理中的人名索引，可以把姓的字母全大写。例如：

ZHANG Ying（张颖），SHANGGUAN Xiaoyue（上官晓月）

中国历史人物已有公认译名的，均应予保留。例如：孙中山（孙逸仙）译为 Sun Yetsen，不译成 Sun Zhongshan 或 Sun Yixian；张学良（张汉卿）译为 Peter H. L. Chang 等。

作者姓“吕”时，其汉语拼音拼写为“Lyu”或“Lü”。

3）中国大陆以外的华人姓名拼写尊重原译名，先名后姓，拼写不同。例如：

杨振宁 Chen Ning Yang　　林家翘 Chia-Chiao Lin

夏良宇 Liang Yu Hsia　　张　理 Lee Chang

郑　佳 Chia Cheng　　钟　侠 Hsia Chung

4）外国作者姓名的写法，遵照国际惯例。

在正文中，是姓前名后还是名前姓后，应遵从该国和民族的习惯，例如：J. C. Smith。

3.2.4 作者单位

科技论文在作者（Authors）署名的下面，都要标注作者工作单位（Author Affiliation）和通信地址。这样做，一方面是便于读者与作者联系，另一方面也表明科技论文与文学作品、文艺作品的差异。文学作品可以署作者的真名、笔名和艺名，且无须标出作者单位、邮编和通信地址；而科技论文则不然，不仅不能署笔名或化名，而且必须写出作者真实、准确而简明的工作单位和通信地址。

3.2.5 作者单位的标注要求

作者单位标注过程中，通常需遵循以下要求。

1）准确。即作者的单位名称应该是社会上公认的、规范的全称，而不是简称或不为外人所知的内部称谓。例如，“XXXX 工业大学机械工程与自动化学院”若写成“XX 工大机院”，就是不准确的：“工大”究竟是指工业大学还是工程大学，不确定；“机院”到底指的是什么，则更是无从猜想。

2）简明。即在叙述准确、书写清楚的前提下，应力求简单、明了。换言之，既已列出邮编，就无须再写街、路、门牌号。单位名称既已冠有城市名，就无须再加入城市名。单位名称无法提示所在地的，应标注城市名（若单位所在城市不是直辖市，则还应标注省、自治区名）。例如：

长安大学，陕西 西安 710064　　中国矿业大学，江苏 徐州 221116

浙江大学，浙江 杭州 310027　　北京交通大学，北京 100044

3.2.6 作者单位的标注方法

根据具体情况的不同，作者的工作单位有以下三种标注方法。

1）多名作者均在同一工作单位。工作单位、所在城市名及邮编，外加圆括号，置于作者姓名的下方，居中排。例如：

加工时间不确定的 Just-in-time 单机鲁棒调度

刘　琳，谷寒雨，席裕庚

（上海交通大学 自动化研究所，上海 200240）

2）多名作者在不同的工作单位。此时，通常采取在每位作者姓名后加注编号，然后在署名的下方按顺序标注的方法来表达。例如：

对迟滞三明治系统基于 Duhem 算子的自适应控制

赵新龙[1]，谭永红[2]，赵　彤[3]

（1. 上海交通大学 自动化系，上海 200030；2. 桂林电子科技大学 智能系统与工业控制研究室，广西 桂林 541004；3. 青岛科技大学 自动化系，山东 青岛 266042）

3）多名作者不都在同一工作单位。具体又分以下两种情况。

① 作者署名的排列顺序有交叉，为避免同一单位名称重复出现，通常也采取加注编号的方式来表达。例如：

粗糙集意义下的一种 RBF 神经网络设计方法

王耀南[1]，张东波[1,2]，黄辉先[2]，易灵芝[2]

（1. 湖南大学 电气与信息工程学院，长沙 410082；2. 湘潭大学 信息工程学院，湖南 湘潭 411105）

基于 MAS 技术的电梯群控系统建模及 agent 协商机制与梯群调度算法

王遵彤[1]，纪德法[2]，乔　非[1]，吴启迪[1]

（1. 同济大学 电子与信息工程学院，上海 200092；2. 上海新时达电气有限公司，上海 201802）

② 作者署名的排列顺序无交叉，一般以如下形式来标注单位名称、地址和邮编。例如：

胺类对α-溴代萘/β-环糊精体系
流体室温燐光的影响

陈小康　　　　　　　　牟　兰
(韶关大学化学系,韶关 512005)　(贵州大学化学系,贵阳 550025)
李隆弟*　　童爱军
(清华大学化学系,北京 100084)

作者单位（由小到大）名称译成英文时，还应在邮编之后加上国名（规范的简称），国名前以“,”分隔。为了适应某些数据库的需要，通常在最后列出通讯作者最常用的E-mail地址。例如：

Evolutionary algorithms in dynamic environments

WANG Hong-feng[1], *WANG Ding-wei*[1], *YANG Sheng-xiang*[2]
(1. College of Information Science and Engineering, Northeastern University, Shenyang 110004, China;
2. Department of Computer Science, University of Leicester, Leicester, U K. Correspondent: WANG Hong-feng,
E-mail: hfwang@mail.neu.edu.cn)

如果多位作者属于同一单位中的不同下级单位，则应在姓名右上角加注小写的英文字母a，b，c等，并在其下级单位名称之前加上与作者姓名上相同的小写英文字母。

3.3 摘要

3.3.1 摘要的概念

摘要，也称为文摘、概要、内容提要。它是论文的重要组成部分，也是论文内容基本思想的高度“浓缩”。国家标准GB/T 6447-1986《文摘编写规则》指出，摘要是“以提供文献内容梗概为目的，不加评论和补充解释，简明、确切地记述文献重要内容的短文”。东北大学汪定伟先生认为，摘要应紧扣两点：问题的重要性和本文的创新性。

摘要排在署名之下。“摘要”两字通常排成小五黑字，其内容通常排成小五宋或小五楷字。有期刊将“摘要”写作“提要”，这是欠妥的，应一律使用“摘要”二字。

3.3.2 摘要的作用

摘要是一篇论文的精髓，也是读者迅速了解论文基本内容的窗口，其作用主要体现在以下几个方面。

1）导读作用。对于一篇论文，读者常常看完题名就看摘要。摘要体现了论文的梗概和精华，读者可据此判定是否有必要阅读全文。因此，摘要承担着吸引读者和介绍论文主要内容的功能。

2）传播作用。科技期刊的发行数量往往有限，但是在其论文摘要被二次文献和数据库收录后，其传播范围就扩大了，可以通过Internet传播全球。

3）检索作用。论文摘要被文摘杂志或检索系统收录后，读者查寻起来十分方便，读者通过文摘杂志或检索系统，在浩如烟海的科技文献中将会比较容易地检索到自己的目标，从而大大节省时间和精力。

摘要的重要性可见一斑。在这个信息激增的时代，一篇创新内容很多、学术价值很高的论文，若摘要写得过简或写得不好，那么论文进入文摘杂志、数据检索数据库，被读者阅读和引用的机会就会大大减少，就实现不了它的价值，达不到预期目的。因此，作者应该多下功夫，认真地写好论文摘要。

3.3.3 摘要的分类

按照摘要的不同功能来划分，摘要有以下三类。

1）报道性摘要。即概述性摘要和简介性摘要，它主要指明论文的主题范围和内容梗概，适用于新理论探索、新材料研制、新设备发明和新工艺采用等方面的论文。其篇幅通常为200~300字。英文摘要一般不超过250个实词。一般来说，报道性摘要的方法、结果和结论可以详写，而目的可以少些或视情况省略。

2）指示性摘要。它只是指出论文用什么方法研究了什么问题，不涉及结果和结论，使读者对论文的主要内容有一个概括性的了解，适用于学术性期刊的简报、问题讨论等栏目（如以数学解析为主的论文）。其篇幅通常为100字左右。

3）报道-指示性摘要。它是指在一篇论文的摘要中，重要内容以报道性摘要的形式表述，次要内容以指示性摘要的形式表达。篇幅以100~200字为宜。

科技论文一般应尽可能写成报道性摘要，而综述性、资料性或评论性的论文可写成指示性摘要和报道-指示性摘要。

3.3.4 摘要的构成要素

摘要一般包括目的、方法、结果和结论四个要素。

1）目的。它是指研究、研制、调查等的前提、目的和任务，所涉及的主题范围。

2）方法。它是指所采用的原理、理论、条件、对象、材料、工艺、结构、手段、装备和程序等。

3）结果。它是指实验或研究的结果、数据、被确定的关系、观察结果、取得的效果、性能等。

4）结论。它是指对结果的分析、研究、比较、评价、应用、提出的问题、今后的课题、假设、启发、建议和预测等。

3.3.5 摘要的写作要求

摘要的撰写应符合以下七个方面的要求。

1）第一人称。摘要作为一种可供阅读和检索的独立使用的文体，应采用第一人称的写法。可采用的词语有“我（们）”“本文”（应避免出现逻辑错误）以及“本文作者”。最好用“笔者”；建议不用“作者”，以免产生歧义。

2）篇幅简短。中文摘要一般为200~300字，甚至更短；摘要过长（超过500字）时，会影响传播效果。

3）内容精练。应集中论文的精华，概括论文的主要内容，包括主要结果和结论。那种过多介绍研究背景、缺少实质性内容的摘要，是不符合要求的。

4）结构完整。摘要应是一篇四要素齐全的短文，能够脱离原文而独立存在，便于文摘杂志或检索系统收录。

5）格式规范。尽量不用非公知和公用的符号和术语；不要简单重复题名中已有的信息；不能罗列段落标题来代替摘要。除了极其特殊的情况，一般不要出现插图、表格和参考文献序号；不要用数字公式和化学结构式。此外，摘要一般都是一气呵成的，不分段落。

6）不加评论。不应与其他研究工作相互比较，不要自我标榜自己的研究成果。

7）最后写出。摘要通常是在论文定稿后，在对论文内容精心提炼、反复推敲之后撰写出来的。唯有这样，方能达到提供文献内容梗概的目的，起到记叙文献内容的作用。

3.4 关键词

3.4.1 关键词的概念

所谓关键词（Key Words），是指为了文献标引工作，从论文中选取出来的，用以表示全文主题内容信息款目的单词或术语。

关键词具有如下特性：一是从论文中提炼出来的；二是最能反映论文的主要内容；三是在同一篇论文中出现的频次最多；四是一般在论文的题名和摘要中都出现；五是可以为编制主题索引和检索系统使用。

每篇论文通常选取3~8个词作为关键词，并排版在摘要的左下方。为便于国际交流，应标注与中文对应的英文关键词。

3.4.2 关键词的作用

关键词在论文中所起到的作用有以下两个方面。

1）导读作用。读者看一篇文献时，未读全文，仅从关键词即可了解文献的主题，把握文献的要点。

2）检索作用。读者若要查阅某方面的文献，只需在计算机中输入关键词，即可从数据库中搜索到包含该关键词的全部文献，既快捷又准确。

3.4.3 关键词的类型

关键词一般包括主题词和自由词两类。

1）主题词。又称为叙词，是指从《汉语主题词表》或其他专业性主题词表（如NASA词表、INIS词表、TEST词表、MeSH词表）中选取的规范词。由于每个词在词表中规定为单义词，具有唯一性和专制性，因此应尽量选主题词作关键词。

主题词的组配应是概念组配，包括以下两种方式。

① 交叉组配，即2个以上（含2个）具有概念交叉的主题词所进行的组配，其结果表示1个专职的概念。例如，模糊粗糙集=粗糙集+模糊集。

② 方面组配，即1个表示事物的主题词与1个表示事物某个属性或某个方面的主题词所进行的组配，其结果表示1个专指概念。例如，电子计算机稳定性=电子计算机+稳定性。

2）自由词。自由词是指主题词表中未收入的，从论文的题名、摘要、层次标题和结论中抽取出来的，能够反映该主题概念自然语言的词或词组。

3.4.4 关键词选取的原则

关键词选取过程中，通常需遵循以下原则。

1）要选取与论文主题一致，能概括主题内容的词和词组（是原形而非缩略词），使读者能据此判断出论文的研究对象、材料、方法和条件等。

2）关键词应该是名词或术语，形容词、动词、副词等不宜选作关键词。

3）尽量选择《汉语主题词表》中收录的规范词，一个词只能表示一个主题概念。例如，一篇主题为“工程结构设计”的论文，从《汉语主题词表》中可查出“工程结构”“结构”“设计”“结构设计”四个主题词。其中，“结构”“设计”不是专指的，应予去除，故选“工程结构”“结构设计”为宜。

4）选词要精炼。同义词、近义词不可并列为关键词；复杂的有机化合物通常以基本结构名称作为关键词，化学分子式不能作为关键词；英文的冠词、介词、连词以及一些缺乏检索意义的副词和名词也不能作为关键词。

5）关键词的用词要统一规范，能准确体现不同学科的名称和术语。不能将未被普遍采用或在论文中未出现的缩写词、未被专业公认的缩写词作为关键词。

6）内容为大家所熟知，在论文中虽然提及但未加探讨和改进的常规技术术语不能作为关键词。

7）关键词大多数从题名中选取，但当个别题名中未提供足以反映主题的关键词时，则应从摘要或正文中选取。

8）中英文关键词应相互对应，数量完全一致。

3.4.5 关键词的标引

关键词标引是对文献和某些有检索意义的特征（如研究对象、处理方法和实验设备等）进行主题分析，并利用主题词表给出主题检索标识的过程。进行主题分析是为了从内容复杂的文献中通过分析找出构成文献主题的基本要素，准确地标引所需的叙词。标引是检索的前提，没有正确的标引就不可能有正确的检索。科技论文应按叙词的标引方法标引关键词，尽可能将自由词规范为叙词。关键词标引可按 GB/T 3860-2009《文献主题标引规则》的原则和方法参照各种词表和工具书选取；未被词表收录的新学科、新技术中的重要术语及论文题名的人名、地名也可做关键词（自由词）标出。

（1）基本原则

关键词标引应遵循专指性原则、组配原则和自由词标引原则。

1）专指性原则。专指性指一个词只能表达一个主题概念。若在叙词表中能找到与主题概念直接对应的专指性叙词，就不允许选用词表中的上位词或下位词；若在叙词表中找不到与主题概念直接对应的叙词，但词表中的上位词确实与主题概念相符，即可选用该上位词。

2）组配原则。当词表中没有文献主题概念直接相对应的专指叙词时，应选用两个或两个以上的叙词进行组配标引。

组配包括交叉组配和方面组配。前面已经介绍过“交叉”与“方面”组配的概念，交叉组配指两个或两个以上具有概念交叉关系的叙词所进行的组配，其结果表达一个专指概念；方面组配由一个表示事物的叙词和另一个表示事物某个属性和某个方面的叙词所进行的组配，其结果表达一个专指概念。组配标引时，优先考虑交叉组配，然后考虑方面组配。参与组配的叙词必须是与文献主题概念关系最密切、最邻近的叙词，以避免越级组配。组配结果要求所表达的概念清楚、确切，而且只能表达一个概念。如果无法用组配方法表达主题概念，可选用最直接的上位词或相关叙词标引。

3）自由词标引原则。一是主题词中明显漏选；二是表达新学科、新理论等新出现的概念；三是词表中未收录的地区、人物、文献、产品及重要数据和名称；四是某些概念采用组配出现多义时。自由词应尽可能选自其他词表或较权威的参考书、工具书，选用的自由词应词形简练、概念明确、实用性强。

（2）标引方法

关键词标引的一般选择方法和步骤：①进行主题分析，弄清主题概念和主题内容；②尽量从论文题名、摘要、层次标题和重要段落中选取主题概念一致的词、词组；③把找出的词进行排序。对照《汉语主题词表》，确定哪些可以直接引用，哪些可以进行组配，哪些属于自由词。

（3）标引关键词的注意事项

关键词为较定型的名词，多是单词和词组，原形而非缩略词；无检索价值的词语不能作为关键词，如“技术”“应用”“观察”“调查”等；化学式一般不可作为关键词；论文中提到的常规技术，内容为大家所熟知，也未加探讨和改进的，不能作为关键词。

3.5 中图分类号及文献标识码

中图分类号通常排印在“关键词”下面，作用是标示出论文的类型，便于文献的存储、编制索引和检索。中图分类号是指《中国图书馆分类法》分类表中给出的代号，它是分类语言文字的体现。《中国图书馆分类法》原名《中国图书馆图书分类法》，是我国图书馆和情报单位普遍使用的一部综合性分类法，由中国图书馆图书分类法编辑委员会编。《中国图书馆分类法》使用字母与数字相结合的混合号码，基本采用层累制编号法。

分类语言由符号体系、词汇和语言组成。符号体系是指表示分类语言类名所使用的代码系统，它由字母和阿拉伯数字组成。

一级类目共22个，用一个大写字母表示：

A 马克思主义、列宁主义、毛泽东思想、邓小平理论　B 哲学、宗教
C 社会科学总论　D 政治、法律
E 军事　F 经济
G 文化、科学、教育、体育　H 语言、文字
I 文学　J 艺术
K 历史、地理　N 自然科学总论
O 数理科学与化学　P 天文学、地球科学
Q 生物科学　R 医学、卫生
S 农业科学　T 工业技术
U 交通运输　V 航空、航天
X 环境科学、安全科学　Z 综合性图书

二级类目"T 工业技术"用一级类目字母后加 1 个字母表示，例如：

TB 一般工业技术　　TD 矿业工程
TE 石油、天然气工业　　TF 冶金工业
TG 金属学与金属工艺　　TH 机械、仪表工业
TJ 武器工业　　TK 能源与动力工程
TL 原子能技术　　TM 电工技术
TN 无线电电子学、电信技术　　TP 自动化技术、计算机技术
TQ 化学工业　　TS 轻工业、手工业
TU 建筑科学　　TV 水利工程

其余的二级类目均用一级类目字母加数字表示。例如：

X1 环境科学基础理论　　X2 社会与环境
X3 环境保护管理　　X4 灾害及其防治
X5 环境污染及其防治　　X7 废物处理与综合利用
X8 环境质量评价与环境监测　　X9 安全科学

"工业技术"的三级类目用二级类目字母后加数字表示，例如，TD32 表示"矿山压力与岩层移动"。

一篇科技论文涉及多个学科时，可以给出几个分类号，其中主分类号置于前面。例如，《求解序区间偏好信息群决策问题的理想点法》一文的中图分类号有两个，分别为 C934；N945.25。其中，前者为决策学，后者为系统决策。

文献标识码是《中国学术期刊（光盘版）检索与评价数据规范》（由国家新闻出版署印发）中规定的，为便于文献统计和期刊评价，确定文献检索范围，提高检索结果的适用性，每篇文章按 5 类不同类型文献标识码。其中，文献标识码 A 指理论与应用研究学术论文；B 指实用性技术成果报告，理论学习与社会实践总结；C 指业务指导与技术管理性文章；D 指一般动态、信息，E 指文件、资料。不属于上述各类的文章不加文献标识码。

3.6　注释

注释通常是对正文中某一内容进行进一步解释或补充说明的文字，不要列入文末的参考文献，而要作为注释放在页下。注释主要有以下几种情况。

（1）日期信息

一般在每篇科技论文首页的地脚处，都注明该论文的收稿日期，有的科技期刊还在"收稿日期"后面另外注出修回日期，如图 3.1 所示。

收稿日期：2005-11-16；**修回日期**：2006-02-07.

图 3.1　收稿和修回日期注释

（2）基金项目

基金项目通常编排在每篇科技论文首页地脚处"收稿日期"的下方。在基金项目名称之后还括注基金项目编号，如图 3.2 所示。

基金项目：国家自然科学基金项目(60572055，50265001)．

图 3.2　基金项目名称和项目编号注释

(3) 作者简介

作者简介一般编排在每篇科技论文首页地脚处“基金项目”的下方。作者简介的内容通常包括姓名、出生年、性别、籍贯、单位及职称、职务。研究生的科技论文，通常研究生作为第一作者，先进行介绍；导师作为通讯作者，后进行介绍。例如：

【例 3.8】《粒子滤波算法综述》(《控制与决策》2005 年第 4 期) 的作者简介如下。

作者简介：胡世强 (1969-)，男，河北定州人，教授，博士后，从事非线性滤波、图像理解等研究；敬忠良 (1960-)，男，四川南部人，教授，博士生导师，从事信息融合、随机运动控制等研究。

3.7　引言

3.7.1　引言及其作用

引言 (Introduction)，也称为前言、导言、导论、序言、绪论等。引言是科技论文的开场白，应与全文融为一体，语言风格一致，不能脱离正文而独立存在。有时，正文中并不特别写出“引言”这一标题，但在正文起始部分会有一小段文字，起着相同的作用。

引言的作用是给出作者进行本项工作的原因，企图达到的目的。因此应给出必要的背景材料，让对这一领域并不特别熟悉的读者能够了解进行这方面研究的意义、前人已达到的水平、已解决和尚待解决的问题，最后应用一两句话说明本文的目的和主要创新之处。论文若缺引言，其结构就会残缺不全，后面的内容就显得突兀和生硬。

3.7.2　引言的内容

引言的内容主要包括以下五个方面。

1) 研究背景和目的。即对有关重要的文献进行综述，扼要说明前人或他人在该领域已经做了哪些工作，解决了什么问题，还有哪些问题待解决；作者研究该问题的原因，本文打算解决什么问题，以便读者领会作者的写作意图。

2) 研究范围。即本项研究所涉及的范围和成果的适用范围，可以起到限制标题的作用。

3) 研究方法。即简要说明作者进行研究工作所采用的方法和途径。在引言中，作者无须展开叙述研究方法，只提到所采用方法的名称即可。通常的句式是“本文用 xxx 方法研究了 xxx 问题”。

4) 取得的成果及意义。即扼要阐述本项研究取得的主要成果，以及社会效益和经济效益情况。

5) 其他。实验型科技论文还应简要说明工作场所、协作单位和工作期限等，以及正文用到的专业术语或专业化的缩略词。

引言不一定长，不能冲淡主题，上述五个方面只是引言的大致内容，并非要求面面俱到。不同性质的论文，其引言内容各有侧重。

3.7.3　引言撰写要求

在引言的撰写过程中，通常需要注意以下几点。

1）简洁明快，开门见山。引言的字数通常为200~300字，应起笔切题，不兜圈子，简明扼要地讲清课题研究的来龙去脉。

2）重点突出，言简意赅。引言只需扼要介绍相关研究的进展情况、论文写作背景、本文研究思路和结果等即可，不要“胡子眉毛一把抓”，将本该在正文中交代的内容拿到引言中叙述，以免削弱引言的作用。

3）客观叙述，不做评价。引言要实事求是、客观公正地叙述，即不应动辄使用“填补空白”“国内首创”“国际先进水平”之类词语自吹自鼓，也不要使用“本人才疏学浅”“作者水平有限”“请专家不吝赐教”之类客套话，更不能贬低前人或他人的工作。究竟水平如何，读者自有公断，作者无须自我评价。

4）各有侧重，不要雷同。引言与摘要作用不同，内容各有侧重。因此，引言的内容既不能与摘要雷同，也不能成为摘要的注释。

5）不现图表，无须证明。除非极特殊情况，引言中不应出现插图和表格，也不要推导和证明数学公式，更不能出现与主题无关紧要的内容。

6）语言平实，勿用套话。不要使用“众所周知”“大家知道”之类的开头语。

3.7.4　引言撰写示例

【例3.9】陈兵奎，王淑妍，蒋旭君，等．锥形摆线啮合副加工方法［J］．机械工程学报，2007，43（1）：147-151.

0 前言

摆线针轮行星传动是一种应用十分广泛的传动形式。近年来，该传动出现了一些新的结构，如RV、TWINSPIN、DOJEN等[1]。RV（Rotary Vector）型行星传动机构是以具有两级减速装置和曲轴采用了中心圆盘支承结构为主要特征的封闭式摆线针轮行星传动机构[2]。TWINSPIN减速器的主要特征是采用中空转子式输出，输出机构创新采用了十字滑板，两端支撑为交错滚子式轴承，因而又称为轴承减速器[3]。DOJEN摆线减速器采用2K-H机构，传动采用机芯式设计，悬臂式针齿的另一端有锥度，与机壳上的锥孔配合自动定心[4]。另一方面，关于摆线轮最佳齿形的研究也引起人们的关注。关天民、何卫东等分析了摆线轮的等距修形、移距修形和转角修形等基本修形方法及其组合修形方法，并就如何利用这些基本修形方法的优化组合加工摆线轮，从而实现高的运动精度和小的间隙回差等问题进行了研究[5-6]。

根据普通摆线针轮行星传动的针齿半径改变时，对应的系列变幅摆线互为等距线这一特性，提出了新型锥形摆线轮行星传动[7]。其基本构件有锥形圆弧内齿轮、锥形摆线轮和输出机构等。该新型传动具有传动精度高、间隙可调、啮合刚度高、可精密磨削等优点，因此在机器人、精密机械等工业领域有着广泛的应用前景。该传动的任意断面实质上是一个普通的摆线针轮行星传动，即锥形摆线行星传动任意断面都满足啮合定律，而这一系列的摆线针轮行星传动的变幅系数、基圆、滚圆、针轮和摆线轮的节圆、偏心距均相等，但针齿半径、摆线轮的齿顶圆和齿根圆不同[8]。

共轭啮合零件的制造精度直接影响着传动的承载能力、精度和效率，因此锥形啮合副的加工是该传动的关键技术之一。目前普通摆线轮主要根据短幅外摆线的形成原理来进行加工，切削加工方法主要有滚齿、插齿等；摆线轮的精加工通常在专用磨床上按展成原理进行磨削[9]，而砂带磨合成形法也逐渐引起人们的重视[10-11]。此外，基于三坐标测量机，编制相应测量程序对啮合副零件加工精度进行齿轮自动检测是重要的发展方向[12]。本文将着重研究针对锥形摆线啮合副的“指锥包络”加工方法。

在该引言中，作者首先交代了“摆线针轮行星传动”的研究背景；进而说明了“锥形摆线轮行星传动”的优点，介绍了普通摆线轮的加工方法；最后提出本文研究的目的——“锥形啮合副”的“指锥包络”加工方法。

【例 3.10】

Simultaneous Measurement of Magnetic Field and Temperature Based on Magnetic Fluid-Infiltrated Photonic Crystal Cavity

Yong Zhao, *Member*, *IEEE*, Ya-Nan Zhang, and Ri-Qing Lv

I. INTRODUCTION

MAGNETIC field is a basic physical parameter which is related to many natural phenomena, and so far many methods have been proposed for measurement of this parameter [1]-[4]. Particularly, optical magnetic field sensors exploiting magneto-optical effects have attracted the most research attentions owing to their peculiar merits, such as safety in flammable explosive environment, immunity to electromagnetic interference, rapid response speed, and light weight [5]-[8]. On the other hand, magnetic fluid (MF) has become an attractive functional material owing to its excellent magneto-optical effects, such as birefringence effect, dichroism, Faraday effect, and tunable refractive index (RI) effect that is dependent on external magnetic field and temperature [9]-[11].

Recently, many MF-based optical sensors have been studied in depth, and the application of MF along with its tunable RI effect in measurement of magnetic field has become an important direction [12]-[14]. With the method of measuring RI, MF can be detected in its natural form without any modifications. Besides, RI variation is directly linked to the concentration or the existence of MF rather than the total sample mass. Therefore, RI sensor can realize sensitive detection of MF with small sample volume. Zu *et al.* [12] designed a novel magnetic field sensor by using MF film inserted in a Sagnac loop. However, there are many dip wavelengths in the transmission spectrum, which would add to the difficulty in searching for the target wavelength and limit the demodulation range. Gao *et al.* [13] proposed a magnetic field sensor by measuring intensity of transmission light in MF-infiltrated photonic crystal fiber. But the system output, namely the light intensity in this case, is dependent on excitation intensity, resulting in higher susceptibility to loss induced by external perturbation, and sensitive to laser noise, which would lower the measurement sensitivity and accuracy. Lv *et al.* [14] realized the magnetic field measurement by injecting MF into the resonant cavity of Fabry-Perot interferometer, but it is difficult to ensure the stability of cavity length, and thus would bring unpredictable errors to the measurement results of magnetic field. Besides, the aforementioned studies had not considered temperature influence in practical measurement.

Actually, as the RI of MF is also related to external temperature, the measurement accuracy of magnetic field would be easily interrupted by temperature [11], [15], which would cause cross-sensitivity problem between magnetic field and temperature for individual magnetic field sensor.

It is well known that photonic crystal (PC) is a periodic nanostructure, which can manipulate and control frequency range of photonic band gap (PBG) at a scale of optical wavelength. Besides, light within the PBG frequency range can be guided or spatial localized when certain defects are introduced in the PC structure to form a PC waveguide (PCW) or a PC cavity. Lately, a variety of sensor applications have been investigated and developed by employing PC structures owing to their promising characteristics like small size, high sensitivity, flexibility in design, and can be easily integrated [16]-[18]. Particularly, cavity defect in PC can provide a high degree of both spatial and temporal light confinement, and the resonance wavelength of PC cavity is highly sensitive to effective RI of cavity defect. When tiny perturbation takes place in the RI, one can sense a measurable resonance wavelength shift of PC cavity [19]. This is the fundamental sensing principle of PC cavity-based RI sensor.

In this paper, a miniature and high-sensitive magnetic field sensor based on MF-infiltrated PC cavity is proposed and demonstrated for the first time. Combining the excellent tunable RI property of MF with the advantages of great flexibility in structural design and high-sensitive RI sensing property of PC cavity, the magnetic field and temperature can be measured simultaneously, which can solve the cross-sensitivity problem between magnetic field and temperature of presented magnetic field sensor, and also provide a new method for the two-parameter measurement in one system that can reduce the size and cost of sensing system.

（该文发表在 *IEEE Transactions on Instrumentation and Measurement* 2015 年第 64 卷第 4 期上，SCI 收录）

【例 3.11】

Dynamic Coverage Control in a Time-Varying Environment Using Bayesian Prediction

Lei Zuo, *Member*, *IEEE*, Yang Shi, *Fellow*, *IEEE*, and Weisheng Yan

THE COVERAGE control has received a substantially increasing interest in recent years [1]-[7]. Fundamentally, the main objective of coverage control is to offer a region partition strategy such that the more important regions can get more attentions. The distribution of interested information over the given region is described by a*density function*. Then, depending on both a metric and the density function, a *cost function* is provided evaluate the performance of coverage network. On this basis, a distributed control law is proposed to minimize the cost function through optimization. Due to these compelling features, the coverage control has emerged in many applications [8]-[13].

In general, the coverage control can be classified into static and dynamic cases. In static coverage control, the main objective is to find out an optimal configuration of sensors over the given domain. Practical limitations are usually taken into consideration. For example, a coverage algorithm for wheeled vehicles is proposed in [14], where the convergence of nonholonomic vehicle systems is guaranteed through locational optimization and Delaunay graph. The coverage control with a network of heterogeneous mobile sensors is addressed in [15], where a distributed control scheme with input saturation is developed to drive the sensors to the optimal configuration. In [16], a distributed coverage control law for vehicles with limited-range anisotropic sensors is proposed, in which an alternative aggregate objective function is defined to approximate the performance. Moreover, the coverage control problem for vehicles with various sensing capabilities is studied in [17]. In [18], a novel coverage control strategy is presented for a group of fixed-wing unmanned aerial vehicles. When there are measurement errors for the positions of agents, a distributed deployment strategy is provided by using the informations on error bounds in [19]. Some other related works can be found in [20]-[25].

For the dynamic coverage control problems, the agents have to explore the given domain instead of directly moving to the final optimal locations as in the static case. The key point of dynamiccoverage control is to obtain the information of interest over the given region in real time. The information of interest includes the boundaries of the mission region, the obstacles in mission region, the density function over the mission region, and so on. A large number of relevant results have been proposed in the past years. For instance, a dynamic path planning approach is presented for a group of sensor-based agents in [26], while considering the energy constraints of agents. In [27] and [28], a discrete region partition strategy is proposed for gossiping robots in a nonconvex region. A coverage control scheme is developed to increase the uncovered regions in [29], where a central controller is introduced to avoid collisions in the given region. In [30], a persistent awareness coverage control strategy is proposed for the mobile sensor network with certain sensing capabilities.

Particularly, an interesting challenge that remains in this field is how to perform the coverage control with unknown density function. A major means of dealing with this problem is to develop a spatial estimation algorithm for the density function. A decentralized, adaptive spatial estimation algorithm is developed for the coverage network using noise-free measurements in [31]. In [32], an adaptive control strategy is proposed such that the agents can accomplish the coverage task and learning task simultaneously. When the measurements are noise-corrupted, the Kalman filtering techniques can be exploited to achieve the spatial estimation. For instance, the discrete Kalman filter is employed to estimate a spatially decoupled scalar in [33], and in [34], a distributed Kriged Kalman filter is proposed to approximate the density function. To further proceed, an experimental examination of Kalman filter-based coverage control is presented in [35]. These Kalman filter-based approaches, however, assume that the state-transition matrices in the estimation systems are known *a priori*, which is usually not the case in practice. One can find some other approaches about the coverage control with unknown density function. For example, a novel spatial estimation algorithm is proposed by using the neural networks in [36]. However, the computational load of this approach is heavy. Moreover, in the literatures regarding the coverage control with a time-varying density function, the agents are assumed to know the time-varying density function *a priori* [37]-[39]. According to the above review, the dynamic coverage control with unknown density function, especially for the time-varying case, has by no means been fully studied, thus requiring further pursuits. Motivated by the above fact, we propose a novel Bayesian prediction-based coverage control strategy for the multiagent system. The main contributions of this paper are twofold.

1) The density function over the mission region is estimated through the Bayesian prediction approaches. In this Bayesian framework, a coverage-control-customized algorithm is developed to acquire the related parameters in Bayesian prediction. The main advantages of this paper lie in the consideration of measurement noise and the capability of approximating a wide range of density functions, including the time-varying case. Comparing with the existing results in [33]-[35], Bayesian prediction can approximate the density function without any assumption about the state-transition matrices. Moreover, since our proposed estimation algorithm employs the characteristics of Voronoi partition, the computational load of this algorithm is less than the spatial estimation methods in [36] and [40].

2) Due to the fact that the estimated density function from Bayesian framework is in a normal distribution, the cost function becomes a random variable. To ensure the convergence of coverage system, a discrete control scheme is proposed such that the agents can reach a near-optimal deployment. Moreover, we show that the proposed control law can guarantee the mean-square stability of coverage system. The remainder of this paper is organized as follows. The preliminaries and problem formulation are presented in Section II. In Section III, a Bayesian prediction-based spatial estimation algorithm is developed for the coverage network. Then, a novel discrete coverage control scheme is proposed in Section IV. In Section V, numerical simulations are provided to verify the proposed approaches. Finally, Section VI concludes this paper.

（该文发表在 *IEEE Transactions on Cybernetics* 2019 年第 49 卷第 1 期上，SCI 收录）

3.8 正文

3.8.1 正文的标题层次

正文是引言之后、结论之前的部分，是科技论文的主体和核心部分，是体现研究工作成果和学术水平的主要部分，占据全文的主要篇幅。作者论点的提出、论据的安排、论证的展开、过程的描述、结果和讨论等，都将在这里展现。不同的科研成果，在研究方法、实验观察过程、逻辑推理和结果表现形式等方面不同，需要用不同结构形式的科技论文来反映。正文写作中，若某一标题下包含的内容较多，通常需增加子标题以使论文结构更为清晰，从而形成层次化的标题。

（1）标题层次的形式

尽管研究工作的学科、选题、研究方法、工作进程和结果表达方式等有很大差异，对正文内容无法做统一规定，但正文的表现形式和标题层次是可以统一设定的。

正文分成几大部分（章）作为第一层次，其序号为 1，2，3，…后面写出概括该部分内容的标题，谓之一级标题；章下设节，序号如 2.1，2.2，2.3，…后面写出概括该节内容的标题，谓之二级标题；节下设条，序号如 2.1.1，2.1.2，2.1.3，…后面写出概括该条内容的标题，谓之三级标题。通常，一级标题用四号（或小四号）黑体和宋体，二级标题用五号黑体，三级标题用五号宋体。

（2）层次标题的拟定

根据《科技书刊的章节编号方法》（CY/T 35-2001），层次标题一般不超过 15 个字。层次标题通常用词和词组，应能够概括该章或该节的中心意思，其要求是准确得体、简短精练。同一级标题应讲究排比，即：词（或词组）类型相同或相近，意义相关，语气一致。

【例 3.12】

3 计算与分析

3.1 静力计算

3.2 温差内力分析

3.3 稳定性核算

3.8.2 正文的内容

作为一篇论文的主体，正文是该论文研究内容、研究方法和研究结果等的集中体现。对于不同类型的论文，其正文内容也略有不同。

（1）综述性论文

1）问题的提出。即说明作者写综述的原因和必要性。有这部分内容时，引言可省略。

2）历史的回顾。通过历史的对比（纵向对比），来表明目前的研究达到了什么水平。目的在于探索其发展规律。

3）现状的分析。客观地介绍和分析各国各学派的观点、方法和成就，这是横向的对比。

4）展望与建议。预测该课题未来的研究趋向，提出方案，起到导向作用。

撰写综述性论文应注意以下几点。

1）不应将作者自己的某一具体研究工作掺杂进去。综述的目的是对前人和他人的工作进行比较和评价，不是介绍作者自己的成果。

2）作者应在阅读大量原始文献的基础上来写综述性论文。文献要全，不是仅仅局限于某一方面；要新，最好是近 5~10 年的文献；不得在他人综述的基础上写“二次综述”。

3）应坚持材料与观点、理论与实践的统一。

4）作者通常是本学科领域的学术权威。那些缺少相当的实际专业经验和较高理论研究水平的人，不适宜写综述。研究生的开题报告属于综述性论文，但只宜作开题之用，而不宜在刊物上发表。信息工作者辑录有关文献、编译动态报道不在此列。

5）综述性论文应提纲挈领、抓住重点。

6）综述性论文不要求首创性，但必须具有导向性。

（2）论证计算型论文

这主要是指以数学分析、理论论证为主要研究手段的论文。

1）解析方法。即交代理论假说和理论分析的前提、研究的对象、使用的理论、采用的分析方法等。

2）解析过程。即由理论分析依据或方法来说明推导、运算、证明过程。

3）解析结果。即通过理论分析，证明了定理，导出了公式，建立了模型。

4）分析与讨论。即讨论上述解析结果的可靠性和适用性。

（3）研究报告型、发现发明型论文

这主要是指以实验为主要研究手段的论文。

1）实验原材料。即交代实验目的、实验材料（包括材料名称、来源、性质、数量、选取方法和处理方法）。

2）仪器及设备。若是通过实验设备，则交代其名称和型号即可；若是自制设备，则应详细说明，并画出示意图。

3）方法及过程。若是采用前人和他人的实验方法，则仅写出方法名称即可；若是自己设计的实验方法，则应详细说明。

4）结果及分析。将观察到的实验现象拍成照片，将测得的实验数据制成插图或表格。分析是以实验结果为基础的，用已有的理论进行解释。

3.8.3 正文撰写要求

（1）对主题的要求

主题，也称为基本论点或论旨，是指论文作者所要表达的总体意图或基本观点。它是作者思想和观点的集中反映，对论文的价值起主导和决定作用。主题好，论文的价值就大，作用就强；主题不好，即使结构很精巧、材料很丰富，也算不上是一篇好论文。科技论文的主题应体现“新颖、集中、深刻、鲜明”八字要求。

1）新颖。即论文应研究、解决、创立和提出前人未研究、未解决的课题。要使主题新颖，就应在选题时广泛搜集材料、查阅文献，了解国内外有关该课题研究的历史沿革和最新动态；在研究时，努力从新的角度去探索；在写作时，通过认真分析实验、观察、测试、计算、调查和统计结果，得出新观点、新见解。

2）集中。即一篇论文只能确定一个主攻目标。要使主题集中，就要避免处处兼顾、面面俱到。在选材料时，有利于表现主题则选取，无利的则抛弃；在写作时，不要涉及与主题关联不大甚至无关内容，以免喧宾夺主、淡化主题。

3）深刻。即论文应透过现象揭示本质，抓住主要矛盾。总结出事物在运动、变化和发展中的内在联系和客观规律。要使主题深刻，就不能简单地描述现象、堆砌材料、罗列实验（或观测）数据，而应“在调查中挖掘深一点，在实验中观察细一点，在分析时道理讲得透一点，在写作时表达要清楚一点”。在综合分析、整理材料和实验（或观测）结果的基础上，提出符合客观规律的新见解，得出有价值的新结论。

4）鲜明。即论文的主要地位突出，除了在题名、摘要、引言和结论的显著位置明确地点出主题外，在正文中更要突出主题。

（2）对材料的要求

材料，是指作者用于阐述论文主题的各种事实、数据和观点等。科技论文的材料应遵循“必要而充分，真实而准确，典型而新颖”的选取原则。

作者为了撰写论文，对材料往往是“博采约取”：写作前广泛收集材料，“以十当一”；写作中严格筛选材料，“以一当十”。这就涉及对材料的遴选问题。

作者选取材料应遵循以下三条原则。

1）必要而充分。

所谓必要，即所选取的材料必不可少，缺少它就无法阐述论文主题，那些跟主题无关紧要的材料，即使得来很不容易，也应予舍弃；否则，就会分散、冲淡甚至湮没主题。

所谓充分，即所选取的材料要数量充足，否则，即使材料很好，但若很单薄，也不足以支撑主题，难以让人信服。

材料的必要性与充分性的关系，是质与量的关系。质是根本要求，量是质的保证，两者相辅相成、缺一不可。

2）真实而准确。

所谓真实，即所选取的材料是客观存在的，并反映事物的本质，绝无半点虚假、篡改或主观臆断。只有真实的材料，才能有力地表现主题。假设一篇论文选取了 20 个材料，即使其中 19 个材料是完全真实的，但只要有 1 个材料不真实，那么就会让人对其他 19 个材料的真实性产生疑虑，进而怀疑整篇论文的价值。论文中采用的数据应反复核实、验证，既不能夸大或缩小，也不应凭空捏造。据媒体报道，有的硕士生为了得出“满意”的实验结果，有意篡改甚至捏造实验数据；有的博士生因伪造实验数据，毕业后东窗事发而被取消了博士学位。

所谓准确，包含两个方面含义。

① 文字表述明确、具体，不可使用模棱两可、含混不清的字词和句子。

② 材料无虚假，且数据采集、实验记录和分析整理均无技术性差错。

材料有误是科技论文之大忌。尤其是数据多一个 0 或少一个 0，或小数点位置弄错，或正负号弄错，都可能造成论文的重大错误，有时甚至导致严重损失。20 世纪 90 年代，某报载文，称给感染某病的鸡喂药，配方是每克水兑 0.25 克药。一养殖户按此配方给鸡喂药，造成数百只鸡当场死亡，原来是文章作者将“0.025 克”误写成了 0.25 克。药的质量浓度一下子扩大 10 倍，后果可想而知。

造成论文材料失真或有误的因素较多，但主要原因有三点：一是作者学术行为失范，有意弄虚作假；二是作者调查研究不深入，不明真假；三是作者学术作风不严谨，疏忽大意。

要使材料真实准确，论文作者应注意以下几点。

① 严肃认真，实事求是，尽量采用调研所得的第一手材料。

② 仔细观察，正确操作，实验记录应准确。

③ 核对原文，忠实原意，引用他人材料不能断章取义或歪曲原意。

④ 端正学风，求真务实，不用未经核实的材料，切忌以讹传讹。

3）典型而新颖。

所谓典型，即所选取的材料要有代表性，能够反映事物的特征，揭示事物的本质。那些可用可不用的材料，最好不用。典型性与必要性是一致的。必要的材料，均应具有典型性；非典型的材料，大多是不必要的，应予以舍弃。

所谓新颖，即所选取的材料是他人未见过、未听过和未用过的，因避免材料同质“撞车”。俗话说：“产品没有特性，就找不到卖点。”一篇论文的“亮点”在于主题新颖，而新颖的主题要靠新颖的材料来阐述。只有新颖的材料，才能支持新颖的观点。一篇论文即使结构再严谨、文字再流畅、格式再规范，如果没有新颖的材料，仍然不是好文章。

论文所选取的材料要兼顾典型性和新颖性。有的材料尽管很新，但欠缺典型性，表现不了主题，也不能选取。

（3）对结构的要求

科技论文的结构设计应遵循以下原则。

1）严谨自然，反映规律。科技论文应正确地反映客观事物的内在联系和发展规律。要反映这种联系，就要设计严谨的结构，使各部分内容衔接紧密，环环相扣，符合逻辑，无懈可击；要反映这种规律，就要使结构设计层次清楚，顺其自然，顺理成章。

2）完整协调，表现主题。所谓完整，就是论文的各部分应齐全，无残缺。例如，实验研究类论文包括引言、实验方法、结果与讨论、结论和参考文献五个部分。这五部分内容要齐全，缺一不可。所谓协调，就是根据表现主题的需要，来确定各部分内容的篇幅大小和详略事宜。例如，实验研究论文中，引言应简明扼要，结论应高度概括，而“实验方法”和“结果与讨论”部分则应充实丰满，篇幅较大。

3）灵活变化，适应体裁。由于论文所涉及的学科专业不同，表现的主题不同，其结构也应有所不同。论文结构应适应体裁而灵活变化，不可千人一面、千篇一律。

（4）对论证的要求

论证是指用论据来证明论点的推理过程，其作用是使读者相信作者论题的正确性，即“以理服人”。科技论文对认证有以下几点要求。

1）论题应清晰、确切，无歧义。论题是整个论证的“靶子”，只有立住靶子，打靶者才可能有的放矢；同时，只有论题清楚，论证才可能是有效的。作者论证时，首先要清楚自己的论题，然后选用意义明确的语言表述问题。必要时，对论题中的关键性概念应予诠释。

2）论题应保持同一性。一个论证中，论题只能有一个，并在整个论证过程中保持不变。若在同一论证过程中任意变化论题，便无法达到论证的目的，就会犯“偷换论题”的逻辑错误。

3）论据应是真实的判断。论据，即所选取的各种材料，它是论题的根据。在论证中，只有论据真实，才能推出论题的真实性。例如，“任何实数的平方都是正数”就不是真实的判断，不能作为论据使用。举一个反例就够了：0 是实数，但 0 的平方仍是 0。当然，论据虚假并不意味着论题也必然虚假，只是缺乏论证线，不可能有说服力。此外，也不能以真实性未被证实的判断“如捕风捉影的话、莫须有的事实”作为论据。

4）论据应是论题的充分条件。即论据是论题的充分理由，从论据的真实性可以推出论题的真实性；否则，就会犯“推不出”的逻辑错误。论证中应避免出现“论据与论题不相干”和“论据不足”的情况，并应遵守有关的理论规则或要求。若违背了推理规则或要求，则意味着论题不是从论据中推出的，亦即犯了“推不出”的错误。

3.9 结果

3.9.1 结果部分的内容

论文的核心部分就是数据，在论文中这部分称为“结果”（Results）。结果部分通常有两方面的内容。首先，对所做实验给出总体描述，但不要重复描述材料与方法部分已给出的实验细节；其次，给出实验数据，以图或表等手段整理实验结果，进行结果的分析和讨论，包括通过数理统计和误差分析说明结果的可靠性、可重复性、范围等；最后进行实验结果与理论计算结果的比较。需要注意的是，结果部分不应该用于描述在材料与方法部分遗漏的内容。

撰写结果部分并不容易。怎么样把实验数据展现出来呢？简单地把实验室笔记本上的内容搬到论文上显然行不通。在结果部分应该展示有代表性的数据，而不是重复性的数据。如果科技人员重复相同的实验 100 遍，并且取得的实验数据没有大的出入，那么项目负责人对此还可能颇为欣赏。但是，期刊编辑和期刊读者还是希望只看到有代表性的数据。Aaronson（1977）是这样说的："把所有数据都写到论文里并不意味着作者掌握了大量信息；相反，这意味着作者缺乏鉴别能力。"地理学家 John Wesley Powel 也表达了类似的观点："庸才罗列事实，智者甄别材料。"（"The fool collexts facts; the wise man selects them."）

3.9.2 数据的处理

结果部分如果只有几个数据，可以逐个给出这几个数据。但是，如果数据很多，应该用表格或图片来给出这些数据。

结果部分给出的数据应该都是有意义的。假设在一个特定的化学实验里，科技人员逐个测试了一些变量，那些能影响化学反应的变量就是有意义的数据，并且如果这些变量为数众多，应该用表格或图片的形式给出；而那些对化学反应没什么影响的变量就不用在结果部分给出。结果部分也可以指出实验结果不尽人意的地方，或者是在一定实验条件下该实验未能产生预期的结果，而其他科技人员很有可能在别的实验条件下得到不同的实验结果。

如果在结果部分要使用统计学方法来描述实验结果，就应该使用得恰如其分。Erwin Neter 是 *Infection and Immunity* 期刊的总编，他经常跟人讲述这样一个故事来强调要正确使用统计学方法，他嘲讽说某篇论文里居然有这样的话："实验中 1/3 的老鼠可以被该测试药剂治愈；1/3 的老鼠对该测试药剂没有反应，病得奄奄一息；还有 1/3 的老鼠在实验过程中跑掉了。"

3.9.3 结果的描述

描述实验结果时应力求简洁清楚而没有废话。Mitchell（1968）曾引用爱因斯坦的话："在描述事实真相的时候，把修辞工作留给裁缝去做吧。"结果部分是论文中最重要部分，但是这部分也经常是论文中最短小的部分，尤其是之前的材料与方法部分和之后的讨论部分都写得很好的时候。

因为实验结果就是作者的科研工作所要贡献的新知识，所以结果部分要叙述得很简洁清楚。论文的前面几部分（引言、正文）告诉读者，作者为什么开展这项科研工作，以及作者是如何开展科研并取得实验结果的；论文的后面部分（讨论）则告诉读者这些实验结果有什么意义。显然，论文全文都是因为结果部分的内容才得以立足。所以，结果部分务必要做到意思清楚。

在引用表格和图片时不要啰唆，不要说"It is clearly shown in table 1 that nocillin inhibited the growth of N. gonorrhoeae"，而应该说"Nocillin inhibited the growth of N. gonorrhoeae (Table 1)"。不过有些作者在写作时又过分简略，经常忘记指出代词指代的是什么，特别是忘了指出"it"指代的是什么。在一篇医学论文上有这样的句子："The left leg became numb at times and she walked it off… On her second day, the knee was better, and on the third day it had completely disappeared."读者可以大致推断句中的两个"it"指代的都是"numbness"，但是由于叙述过分简略，两个"it"都指代不清。

3.10 结论

3.10.1 结论的重要性

结论（Conclusion）是经过严密的逻辑推理所做出的总体观点总结，有些论文也称为结论与讨论（Conclusion and Discussion），除作者做出的总体观点外，还可以提出建议、研究设想、仪器设备的改进意见、有待解决的问题等。结论既不是观察和实验的结果，也不是正文结果部分各种意见的简单合并或重复，而是作者对结果和各种数据材料经过综合分析和逻辑推理而形成。可以把结论写成简练的几条，有时得不出明确答案的结论，可以写成结语。

3.10.2 结论的内容

作为对论文研究工作的总结，结论在写作过程中应涵盖以下内容。

1）研究结果说明了什么，解决了什么问题，得出了什么规律。

2）对前人、他人或自己先前的研究结果做了哪些验证、修改、补充、扩展、发展或否定。

3）本项研究有无意外发现（如反常现象）或不足之处，以及暂时无法解释和解决的问题。

4）本项研究的理论意义和应用价值。

5）对后续研究的建设和展望。

结论的内容较多时，可以逐条来写，并编列序号，每条自成一段（可以是一句话或几句话）；内容较少时，可以仅写成一段话，而无须分条。上述的2）~5）项不是结论的必备项，有则写，没有则不写；而1）则是必不可少的，否则论文就失去了价值，没有发表的必要。

3.10.3 结论撰写要求

结论撰写过程中，通常需要遵循以下要求。

1）明确具体，简短精练。结论应根据明确而具体的定性和定量信息，不应使用抽象、笼统的语言；可读性要强，通常使用量名称（而不是量符号），例如说“xx温度与xx压力成正比关系”，而不说“T与P成正比关系”；行文要简短，不必展开叙述；语言要锤炼，可有可无的词语应删，像“通过理论分析和实验验证，可得出如下结论”等可以删除。

2）概念确切，推理严密。概念要准确，经得起事实的考验；推理要符合逻辑。

3）观点鲜明，重点突出。结论的语句要像法律条文那样只能做一种解释，不能含糊其辞、模棱两可，切忌使用“大概”“可能”“也许”之类的词，以免给人似是而非的感觉，从而怀疑论文的真实价值；此外，要分清主次、突出重点，仅写出最重要的几条。

4）实事求是，慎用否定。评价自己的研究成果时不要言过其实，尤其是使用“国际先进水平”“国内首创”“填补国内空白”之类的词语要慎重；要尊重他人，不应轻易否定他人的观点，不要轻易批判他人。

3.10.4 结论撰写示例

【例 3.13】 张化光等撰写的 "Fuzzy H-infitnity Filter Design for a Class of Nonlinear Discrete-Time Systems With Multiple Time Delays"(发表在美国 *IEEE Transactions on Fuzzy Systems*, 2007 年第 3 卷上) 一文的结论如下。

VI. CONCLUSION

In this paper, based on the T-S fuzzy model, a fuzzy H_∞ filter is designed for a class of nonlinear discrete-time systems with multiple time delays.

The advantages of the present fuzzy H_∞ filter over the Kalman filter are as follows.

1) No statistical assumption on the external disturbances and measurement noise is needed.

2) The proposed fuzzy filter for the nonlinear system can tolerate approximation errors based on the model error bounds, which can be regarded as the worst case approximation error.

3) Fuzzy filters are more robust than the Kalman filter in the case of uncertain external disturbances and measurement noise.

4) The problem of fuzzy filter design is converted into a linear matrix inequality problem that can efficiently be solved using convex optimization techniques, such as the interior point algorithm.

It should be noticed that the fuzzy filtering method of Theorem 3. 1 can be used in a number of important problems in signal processing, where delays are unavoidable and must be taken into account in a realistic filter design such as echo cancellation, local loop equalization, multipath propagation in mobile communication, array signal processing, and congestion analysis and control in high-speed communication networks [17].

【例 3.14】 李力等撰写的《海底机器人自动跟踪预定开采路径控制》(发表在《机械工程学报》, 2007 年第 1 期上) 一文的结论如下。

4. 结论

1) 海底机器人左右履带打滑率分别为 0~15%和信号采集处理延迟时间 1s 时, 海底机器人自动跟踪预定开采路径的位置和方位角精度均大大超过多金属结核采矿系统的开采路径技术指标, 其最大打滑率应为 15%。

2) 海底机器人在直线和转弯过程中车体和履带速度响应特性符合实际工程, 其建模和仿真真实可靠, 为我国深海多金属结核采矿系统的海底机器人在深海底自动行走控制提供了技术依据。

3.11 致谢

3.11.1 致谢对象

现代科学技术研究通常不是一个人或几个人单枪匹马所能完成的, 往往需要他人的合作与帮助。因此, 当研究成果以论文形式发表时, 作者应对曾经在研究过程中及论文撰写中给予指导和帮助的组织和个人表示感谢。致谢 (Acknowledgement) 排在结论之后。

国家标准 GB/T 7713—1987《科学技术报告、学位论文和学术论文的编写格式》明确规定，下列对象可以在正文后致谢。

1）国家科学基金，资助研究工作的奖学金基金，合作单位，资助或支持的企业、组织和个人。

2）协助完成研究工作和提供便利条件的组织或个人。

3）在研究工作中提出建议和提供帮助的人。

4）给予转载和引用权的资料、图片、文献、研究思想和设想的所有者。

5）其他应感谢的组织或个人。

综上可见，作者的致谢对象可分为两类：一是在研究经费上给予支持或资助的机构、企业、组织或个人；二是在技术、条件、资料和信息等工作上给予支持和帮助的组织或个人。据此可知，以下组织或个人应予致谢：参加过部分工作者，承担过某项测试任务者，对研究工作提出过技术协助或有益建设者；提供过实验材料、试样、加工样品或实验设备、仪器的组织或个人；在论文的撰写过程中曾帮助审阅、修改并给予指导的有关人员，帮助绘制插图、查找资料等有关的人员。

3.11.2 致谢撰写要求

致谢的撰写，通常需遵循以下原则。

1）直书其名，可加职务。对于被感谢者，可以在致谢中直书其名（若是个人，则还应写出其单位名称），也可以在人名后加上“教授”“高级工程师”等技术职务或专业技术职称，以示尊敬。

2）言辞恳切，实事求是。言辞恳切，应对被感谢者曾给予的支持或帮助表示诚挚的敬意；实事求是，切忌为突出自己而埋没他人。

3）端正态度，不落俗套。切忌借致谢之名而列出一些未曾给予过实质性帮助的名家姓名，行拉关系之实；切忌以名家的青睐来抬高自己论文的身价，或掩饰论文中的缺陷和错误；切忌强加于人，即论文未被感谢者审阅，或者论文虽经审阅但与审阅者观点相左，而强行“致谢”。

3.11.3 致谢撰写示例

【例 3.15】 D. P. Field 等撰写的“The role of annealing twins during recrystallization of Cu”（发表在美国 *Acta Materialia*，2007 年第 55 卷上）一文的致谢如下。

Acknowledgements

The authors acknowledge the experimental and analytical support provided by P. Trivedi of WSU and S. I. Wright of TSL/EDAX. This work was partially performed using an instrument purchased under the NSF IMR program (Award No. DMR-0414294). A portion of this work was also supported by the US Department of Energy, Office of Energy Efficiency and Renewable Energy, Freedom-CAR and Vehicle Technologies Program Office, under DOE Idaho Operations Office Contract DE-AC07-05ID14517.

3.12 参考文献

3.12.1 参考文献的作用

参考文献（References）是指作者在著述过程中曾经参考引用过的文献资料。参考文献排在致谢之后；无致谢时，排在结论之后。科技论文之所以要著录文后参考文献，是因为它有以下四个作用。

1）著录文后参考文献，可以反映作者的科学态度和求实精神，体现对前人及其劳动成果的尊重。同时，可使读者看出哪些是前人已有的成果，哪些是作者劳动的结晶。否则，引用他人的观点、数据或成果而不在参考文献中列出，就难免有剽窃、抄袭之嫌。

2）著录文后参考文献，可以省去诸多不必要的重复性叙述，以节省书刊篇幅。同时，提高作品的文字水平，使其结构紧凑，核心突出。

3）著录文后参考文献，可以表明作者对该学科领域了解的广度和深度，便于读者掂量该论著的水平与价值。

4）指明所引用文献的出处及其依据，便于读者溯本求源，进一步学习和研究。

3.12.2 参考文献的引用原则

参考文献引用过程中，需遵循以下原则。

1）凡是引用他人的数据、观点、方法和结论，均应在文中标注，并在文后参考文献中列出。

2）所引用文献的主题应与论文密切相关，可适量引用高水平的综述性论文。

3）引用的文献应尽量是新近的，能够反映当前某学科领域的研究动向和水平（应优先引用著名期刊上发表的论文）。

4）引用的文献首选公开发表的，不涉及保密等问题的内部资料也可以列入参考文献。

5）只引用自己直接阅读过的参考文献，尽量不转引；不得将阅读过的某一文献后所列的参考文献作为本文的参考文献。

6）应避免过多地（甚至是不必要地）引用作者本人的文献。

7）严格按照国家标准 GB/T 7714—2015 规范的格式著录文献，确保各著录项目正确无误。

3.12.3 参考文献的著录格式

论文后的参考文献有两种组织形式，即可以按顺序编码制组织，也可以按著者-出版年制组织。不同的组织形式，其著录格式是不同的。

（1）顺序编码制参考文献著录格式

1）专著的著录格式。这里所说的专著包括普通图书（如单本书、多卷本书、丛书、译著、有副书名或说明书名文字的图书）、会议录、汇编、标准和古籍等。

专著的著录格式如下：

主要责任者．题名：其他书名信息［文献标识类型标识/文献载体标识］，其他责任者．

版本项．出版地：出版者，出版年：引文页码［引用日期］．获取和访问路径．数字对象唯一标识符．

2）专著中析出文献的著录格式。

析出文献主要责任者．析出文献题名［文献类型标识/文献载体标识］．析出文献其他责任者/专著主要责任者．专著题名：其他题名信息．版本项．出版地：出版者，出版年：析出文献的页码［引用日期］．获取和访问路径．数字对象唯一标识符．

3）连续出版物的著录格式。

主要责任者．题名：其他题名信息［文献标识类型标识/文献载体标识］．年，卷（期）-年，卷（期）．出版地：出版者，出版年［引用日期］．获取和访问路径．数字对象唯一标识符．

4）连续出版物中的析出文献的著录格式。

析出文献的作者．析出文献题名［文献标识类型标识/文献载体标识］．连续出版物题名：其他题名信息，年，卷（期）：页码［引用日期］．获取和访问路径．数字对象唯一标识符．

5）专利文献著录格式。

专利申请者或专利权人．专利题名：专利号［文献标识类型标识/文献载体标识］．公告日期或公开日期［引用日期］．获取和访问路径．数字对象唯一标识符．

6）学位论文的著录格式。

学位论文撰写者．学位论文题名［文献类型标识/文献载体标识］．保存地点：保存单位，年份：引文页码［引用日期］．获取和访问路径．数字对象唯一标识服务．

7）报告的著录格式。

报告撰写者．科技报告题名：其他题名信息［文献类型标识/文献载体标识］．保存地点：保存单位，年份：引文页码（更新日期）［引用日期］．获取和访问路径．数字对象唯一标识服务．

8）档案的著录格式。

档案的主要责任者．档案的题名：其他题名信息［文献类型标识/文献载体标识］．出版地：出版者，出版年：引文页码（更新或修改日期）［引用日期］．获取和访问路径．数字对象唯一标识服务．

9）电子公告的著作格式。

电子公告的主要责任者．电子公告的题名：其他题名信息［文献类型标识/文献载体标识］．（更新或修改日期）［引用日期］．获取和访问路径．数字对象唯一标识服务．

（2）著者-出版年制参考文献标注法

1）正文引用的文献采用著者-出版年制时，各篇文献的标注内容由著者姓氏与出版年构成，并置于“( )”内。如果只标注著者姓氏法识别该人名，可标注著者姓名，例如中国人、韩国人、日本人用汉字书写的姓名。集体著者著述的文献，可标注机关团体名称。若正文中已提及著者姓名，则在其后的“( )”内只著录出版年。

2）在正文中引用多著录文献时，对于欧美著者，只需标注第一个著者的姓，其后附“et al.”；对于中国著者，应标注第一著者的姓名，其后附“等”字。姓氏与“et al.”“等”之间留适当空隙。

3）在参考文献表中著录同一著者在同一年出版的多篇文献时，出版年后应用小写字母 a，b，c，…区别。

4）多次引用同一著者的同一文献，在正文中标注著者与出版年，并在“( )”外以上角标的形式注入引文页码。

（3）著者-出版年制参考文献著录格式

参考文献表采用著者-出版年制组织时，各篇文献首先按照文种集中，可分为中文、日文、西文、俄文、其他文种五部分；然后按著者字顺和出版年排列。中文文献既可以按著者汉语拼音音节顺序排列，也可以按著者的笔画笔顺排列。

无论是顺序编码制，还是著者-出版年制，一篇科技论文中只能采用一种形式，不应两者混用，也不应两者并用（即前面已按顺序编码制标注，后面又加括号注明出版年份）。

3.12.4 参考文献著录中的常见问题

参考文献的引用与标注是最容易被作者忽视的环节，文献标注经常存在各种不规范问题，主要表现在以下几个方面。

1）引用别人的重要研究成果而不注明，致使读者分不清哪些是作者的成果，哪些是别人的成果。

2）罗列了一些无须著录的参考文献（如教科书、最普通的常识等），且有的文献太陈旧，不能反映前沿水平和最新成果，没有参考价值。

3）引用了内部资料或保密资料（如内部期刊、会议资料、成果论文、技术鉴定、试验报告和私人通讯等），由于这些资料不是公开发表的，因而使读者无法查阅和使用。

4）有些参考文献的著录项目不齐全、不规范，有的文献甚至用了“同上”或“ibib”的字样。

5）将没有直接阅读过的参考文献也作为自己论文的参考文献。

6）对于正文内容紧密呼应的参考文献，未按照文献出现的先后顺序编码，不便于读者查阅和使用。

3.13 附录

附录是科技论文主体部分的补充项。它并非必备项，多数论文无此项。如有附录，应排在参考文献之后。

附录包括以下五类内容。

1）能对正文内容起补充作用，但放在正文中有损于编排的条理性和逻辑性的材料。

2）因篇幅过大或取材于复制品而不便于编入正文的材料。

3）不便于编入正文的珍贵材料。

4）对一般读者并非必要阅读，但对本专业同行有参考价值的资料。

5）某些重要的原始数据、数学推导、计算程序、框图、结构图、注释、统计表和计算机打印输出件。

3.14 本章小结

本章详细介绍了科技论文的构成和写作要求，包括科技论文的题名、作者署名及工作单位、摘要、关键词、中图分类号、文献标识码、注释、引言、正文、结果、结论、致谢和参考文献等各部分的写作规则和要求，并给出注意事项和示例，便于读者理解和掌握。

第4章　科技论文的写作规范

科技论文的规范化、标准化是科技论文写作的基本要求，也直接影响着科技创新成果的传播效率。科技论文除应立论正确、科学严谨外，还应严格遵守和执行撰写规范，使复杂多元的科学技术体系在同一标准下统一起来，从而有助于提高论文的质量和可读性，也有利于信息的储存、交换与共享。本章介绍科技论文的写作规范，主要包括语言的规范、图形和图表的规范、量和单位的规范、式子的规范以及参考文献的规范等内容，为读者在后期的科技论文写作规范化奠定基础。

4.1　语言的规范使用

4.1.1　科技论文语言特点

科技论文语言具有言简意赅、朴素自然及专业规范的特点，有利于向读者传达清晰的科技信息。科技论文写作语言中出现的问题，主要包括文字信息重复、口语化、意思模糊不清以及科技名词术语使用不规范等。

科技论文区别于其他文学作品的特点在于它要求采用科技语言和专业名词术语，且语言表达必须精炼准确，具有可靠的数据、充分的论据以及明确的结论。科技论文的特点决定了其写作语言的特殊性，即除了具有用词准确、语句通顺等一般论文语言特点外，还应当具有如下特点。

（1）科技论文语言表达要求言简意赅

科技论文写作一般要求文字简练，以最简短的文字表达最丰富的内容，增加文章的信息密度。要做到这点，首先要求作者明确论文的主题内容、思维逻辑，能准确抓住问题的本质和重点，从而一语中的。其次要求作者对语言进行反复凝练、删繁就简，能用一个词语表达就不用两个词语，文章内容能用表格列举就不用文字，尽量提出最精练的语言。但需要注意的是，简练不等于简单，对语言进行简化时不能影响内容的完整性。

（2）科技论文语言表达要求朴素自然

科技论文不同于语言优美、辞藻华丽的散文或者诗词等文学作品，其目的在于客观地叙述事实，阐明道理。所以，科技论文应当采用朴实无华的文字，不加造作和修辞，一般采取平铺直叙的方式，通俗易懂。

（3）科技论文要采用专业规范的科技名词术语

在科技论文写作中，应当注重科技名词的正确运用，使用本行业内规范、统一的科技名词。由于每个科技名词都有其特定的含义，使用时不会造成混淆和模糊。使用规范、统一的专业科技名词术语有利于国内外科技知识的交流和传播，有利于新学科、新理论的创建以及科技成果的推广和应用。

4.1.2 科技论文写作语言常见问题

对于科技论文初学者而言，其往往无法用最简练精准的语言对想要表达的内容进行描述，普遍存在以下问题。

（1）语言不精炼，文字信息重复

很多作者的文稿都存在这个问题，明明前文已出现或表达了的信息，在后文又重复提及，该现象不符合科技论文语言表达言简意赅的要求。

【例 4.1】 从宏观形貌上看，这种缺陷为各种长方形或正方形凹坑，规律地分布在钢板镀层表面，形状较为规则。

前文既然提到“这种缺陷”形状是规则的意思，后面可不必再提及，若需强调“各种长方形或正方形凹坑”是规则的，那么可以将语言修改为“这种缺陷为各种规则的长方形或正方形凹坑”，如此语句表达才显得精炼，意思也很明确。

（2）口语化现象严重，词不达意

由于科技论文的作者包括长期工作在生产现场的技术人员，这类作者在写作过程中，难免把日常工作交流用语带入文中，出现严重的口语化问题，不能明确表达语句意思。

【例 4.2】 自适应巡航系统以其独有高性能受到各厂家的关注。

对于这句话中“高性能”一词，虽然可以理解到其意思为优良的性能，但这种表达方式不妥当，可以修改为“自适应巡航系统以其独有的优异性能受到各厂家的关注”。

（3）使用不常见的词语，语句造作、不朴实

科技论文具有朴素自然的语言特征，无须刻意展现作者的文字功底，应当使用通俗易懂的语言，避免使用生僻的古语或成语，以及已过时、废止的词语。

【例 4.3】 42CrMoS 钢以劈裂方式裂成两半的现象，过去甚为少见。

这句话中“甚为少见”一词略显造作，应当修改为“比较少见”。

【例 4.4】 针对定速巡航不能自动跟踪前车的问题，自适应巡航系统应运而生。

这句话中“应运而生”一词源于古语，旧时指的是天命而生产，现在一般指适应时机而产生，类似这种不常见的成语应该避免出现在科技论文中。

（4）采用不规范的科技名词术语

由于我国大量科技名词是由国外科技名词音译过来的，因此译名不准确、称谓不一致等现象比较普遍，而其至今仍未得到很好的解决，有的文稿甚至还出现前后科技名词不统一的问题。

【例 4.5】 取向硅钢分为一般取向硅钢（Common Grain Oriented Silicon Steel，CGO）和高磁感取向硅钢（High Grain Oriented Silicon Steel，CGO）。

这里的“一般取向硅钢”很明显由“Common Grain Oriented Silicon Steel”翻译而来。但是，笔者查阅大量相关文献，发现也有不少文章将“Common Grain Oriented Silicon Steel”译为“普通取向硅钢”。哪一种译名更合适，需要行业专家给一个标准规范。

4.1.3 科技论文语言的使用要求

科技论文语言的使用，一般需遵循以下要求。

(1) 准确、简明、生动

准确，指语句能客观地描述事物存在、运动、变化的性质和特征；简明，指用尽可能少的文字表达出比较丰富而清晰的内容；生动，是指科技论文的语言要流畅，符合习惯，长短句交替，读起来不拗口，不枯燥。

(2) 朴实无华、具体、不空泛

科技论文要求语言朴实，阐述事物不宜渲染，但是对事物的表达要具体，避免抽象、笼统。

(3) 用书面语

科技论文的写作要用书面语，不要用口语，更不要用土语或方言。

4.1.4 科技论文常见语病

语病，指的是句子存在语法方面、修辞方面和逻辑方面的毛病。以下从多个方面对科技论文的常见语病进行归纳、总结，并结合例句进行分析，给出修改方案。

(1) 用词错误

1) 词类词义错用。

词类词义错用主要是由于没有掌握词的词性、用法和语义造成的。词有若干类，如名词、动词、形容词、副词、介词和连词等。每一类词都有自身的使用规则，如不及物动词不能带宾语、副词不能修饰名词、名词一般不能做状语等。

【例 4.6】某个角度上讲，北京的中关村缩影着整个中国的高科技。

此句中将名词“缩影”误作动词，可改为“……中关村是整个中国高科技的缩影。”

【例 4.7】数值分析了控制参数对系统稳定性的影响。

此句中“数值”是名词，不能做状语。原句可改为“对控制参数对系统稳定性的影响进行了数值分析。”

2) 数量词使用不当。

常见的数量词误用的情况有以下几种。

① 数不明确。一般容易把表示约数的词语重复使用。

【例 4.8】大致为 50kg 左右。

“大致”和“左右”，两者只用其一即可，两者同时用反而使约数不明确。

② 定数与约数混在一起，自相矛盾。

【例 4.9】测试结果表明，该膨胀机的效率在 5%~20%左右。

“5%~20%”与“左右”矛盾，应将“左右”去掉。

③ 不按名词、动词的要求选择量词。

3) 代词使用不当。

【例 4.10】从这株茶树上摘下几片叶子，将其做成标本。

此句中，代词前缺前词而造成指代不明。句中“其”应改为“它们”。

4) 副词使用不当。

副词使用不当主要体现在错用、位置不当、多余、混杂和短缺等多个方面。

【例 4.11】再这样滥砍滥伐，在保护区外，神农架林区的成材林将在 5 年后荡然无存。

此句最后一分句属“副词+介词词组+中心语”格式，副词“将”放在介词词组“在 5

年后”前不妥，应将“将”移至“5 年后”后。

5）介词使用不当。

介词用在名词、代词或名词性词组前边，组成“介词+介词宾语”这种结构的介词词组，在句中做状语，表示动作行为的方向、对象、方式、时间、处所、原因、目的和条件等。介词使用不当的情况有下列几种。

① 介词词组不完整，或者缺介词，或者缺介词宾语。

【例 4.12】 凡是符合并网条件的风力发电站通通并网都不能满足国家电力的需要。

句中介词宾语“电力”缺介词“对”，造成文理不通。

② 介词与介词宾语不搭配。每个介词都有一定的管辖范围，每个介词宾语都有一定的依靠对象，两者应相互配合，否则会造成语病。

【例 4.13】 用滑模技术和自适应技术结合设计控制器，效果很好。

此句中“用”后边应当是工具或手段，有时可以是材料，但“滑模控制技术和自适应技术”是“结合”的对象，而不是工具、手段，所以“用”应改为“把”。

6）助词使用不当。

助词使用不当主要体现在结构助词“的、地、得”的误用（多余）、混淆和短缺（助词短缺实际上属于苟简），以及对时态助词“了、着、过”语义把握不好等方面。

【例 4.14】 通过实验表明，该方法仿真结果与实验数据吻合。

句中的介词“通过”使用不当，使句子本来的主语变成了介词的宾语。去掉介词后，其后的宾语就变为全句的主语，句子就通顺了。

7）连词使用不当。

连词使用不当主要体现在未区分含义相近的连词在用法上的差异，未根据逻辑关系选用合适的连词，以及连词多余等方面。

【例 4.15】 安全距离和车辆类型及速度变化的关系。

此句中的连词“和”、“及”使用不当，没有表达清楚是“安全距离”与“车辆类型、速度变化”的关系。可改为“安全距离与车辆类型、速度变化的关系。”

8）偏正词组使用不当。

偏正词组使用不当主要体现为定中词组错误地表述为动宾（或主谓）词组，修饰语所修饰成分欠妥，以及修饰语和中心语组合不当等方面。

【例 4.16】 经文物工作者考证，这座辽代古墓距今已有 880 多年，墓中壁画是目前在全国发现辽代古墓中保存最完整、内容最丰富的壁画。

此句中将定中词组表述为动宾词组不妥。应将“发现辽代古墓”（动宾词组）改为“发现的辽代古墓”（定中词组）。

9）联合词组使用不当。

联合词组是指由地位平等的若干词语（并列项）所构成的词组。它使用不当的情况通常有下列情况。

① 并列项的语法结构不一致。

【例 4.17】 赋予机器以智能，使机器与人的关系协调、统一、和谐、高效，应该成为研制现代机械产品的一个重要任务。

句中说机器与人的关系“协调、统一、和谐”可以，而说机器与人的关系“高效”则不通，原因是“协调、统一、和谐”都是形容词，而“高效”不是，词性不同不能并列。原句可改为“赋予机器以人性，使机器与人的关系协调、统一、和谐，并使机器具有高的效率，应该成为研制现代机械产品的一个重要任务。”

② 并列项有包含关系的大概念（属概念）和小概念（种概念）。

【例 4.18】 这也是鸟类对外界生活条件和季节变化的一种适应。

句中“外界生活条件”包含了“季节变化”，二者不能并列，“和”应改为“，如”。

③ 并列项未都包括在类义词之中或类义词选用不当（若有类义词）。

【例 4.19】 样本取自北京、天津、上海、陕西、广西等省市。

句中“广西”不是“省”“市”，未包括在类义词之中，类义词应改为“省市自治区”。

④ 联合词组内外界线不明确。

【例 4.20】 板料冲压成形数值模拟的精度主要取决于：材料的力学性能参数的精度、模具和板料的网格划分、本构模型、单元类型和动力效应的问题。

此句中的并列项存在语法结构不一致、内外界线不明确等语病，表达混乱，令人费解。可改为“……取决于以下方面：材料力学性能参数的精度、模具和板料的网格划分、本构模型、单元类型、动力效应问题。”

⑤ 联合词组之后随意使用助词“等、等等”。不少科技论文中，不管需要与否，也不管情况如何，在联合词组的末尾随便加上“等”或“等等”，以示并列项的结束。正确用法应是，表示列举未尽，用在并列的词语之后。若已列举完，则无须用“等”；如果要用“等”，那么必须写出列举项的概括数；“等”还可以用于列举未尽，但有复指的场合。另外，“等”和“等等”前面都不用省略号。

（2）成分残缺

成分残缺是苟简语病的主要形式，指句子里缺少某一或某些必要的成分，使得句子的结构不完整，表意不完全。科技论文中常见的成分残缺有以下方面。

1）主语残缺。

主语残缺是针对主谓句讲的，非主谓句本来就没有主语。这种病句因缺少必要的主语，容易产生歧义。但是，无主语句并不一定是主语残缺句。如存在句、泛指句、祈使句、省略主语句和自述省主句等无主语句，虽然没有出现主语，但并不影响阅读，因为这种句子的主语是明显的，写出来反而会使表达变得啰唆。

① 现代汉语中，无主语句主要有以下三种。

a）存在句。其结构形式为状语+谓语动词+宾语。状语表示处所、条件或时间；谓语一般为表示“存在”，“出现、发生、形成”或“消失”这类意义的动词；宾语是由名词或名词性词组构成的。

【例 4.21】 在贝氏体晶粒内发生了某些碳化物颗粒的聚集和溶解。

此句中的“在贝氏体晶粒内”为状语；“发生了”为谓语动词；“某些碳化物颗粒的聚集和溶解”为名词性词组做宾语。

b）泛指句。往往蕴含着主语，一般都指人。由于不必要交代事情具体是谁做的，就无必要写出施动者。当然，如果需要，也可以补充出主语。

【例 4.22】 1820 年发现了电流的磁效应。

这句话只为说明电流磁效应是在 1820 年发现的这一事实，而无须交代发现者是谁。

c）祈使句。一般是没有主语的。

【例 4.23】请注意该曲线上的拐点。

② 现代汉语有以下四种省略主语的方式。

a）主承前主。前后分句的主语相同时，后面分句将前面分句的主语承接过来做主语，从而省略后面分句的主语。

【例 4.24】发动机是该系统的主要设备，是我国自主研发设计的。

此句中，后一分句的主语也是“发动机”，承前省略了。

b）主语蒙后。前后分句的主语相同时，前一分句的主语可以蒙后省去。

【例 4.25】如果装上调节器，磁电机就能正常工作。

此句中“装上”之前的主语“磁电机”被省略了。

c）主承主定。后一分句的主语与前一分句主语的定语相同时，后一分句的主语可承前一分句主语的定语而省略。

【例 4.26】种子的湿度合适，贮藏中才不会霉烂变质。

此句中，“贮藏中才不会霉烂变质”的主语是前一分句主语“湿度”的定语“种子”，后一分句的主语“种子”可以省略。

d）主承主宾。后一分句的主语与前一分句的宾语相同时，后一分句的主语可承前一分句的宾语而省略。

【例 4.27】烟草中含有生物碱，多为 3-吡啶衍生物。

此句中，后一分句的主语是前一分句的宾语“生物碱”，此时后一分句的主语“生物碱”可以省去。

此外，对于科技论文，还可采用“自述省主”的方式，即在很多情况下主语“我们”“笔者”或“本文”可以省去，但应以不致引起误解，读者很容易想到或补充出主语为前提。

③ 除了以上三种无主语句和按上述四种省主语方式的省主语句之外，其他没有主语的句子，就是主语残缺病句。科技论文中的主语残缺主要有以下情况。

a）后句暗换主语。前句有主语，中途更换了主语但未把新主语写出来，使后面的句子缺主语。

【例 4.28】环境问题引起了有关专家的注意，并开展了研究工作。

此句中，连词“并”表明前后分句的主语相同。然而，前一分句的主语是“环境问题”，后一分句的主语是“有关专家”，但没有写出来，造成主语残缺，使得语义有冲突。后一分句可改为“专家们已就此问题开展了研究工作”。

b）介词词组淹没主语。句子本来有主语，但因为把主语置于介词后面而形成介词词组，使得整个介词词组变成了句子的状语，原有的主语被“淹没”了。

【例 4.29】随着物联网产业的发展，为增加智能家居系统的功能提供了条件。

此句中，删去“随着”，原来的宾语（介词宾语）就是全句的主语了。

c）动词“使”或“使得”缺主语。介词词组后用动词“使”或“使得”做谓语，造成主语残缺。

【例 4.30】由于高科技的投入，使这个开发区的发展潜力很大。

此句中，谓语动词“使”缺主语，删去介词“由于”，谓语动词就有了主语“高科技的投入”。

d）随意省略主语。随意省略句子的主语，造成主语残缺，致使对陈述对象交代不清，作者自己可能明白陈述的对象是什么，但读者不一定明白。

【例 4.31】 要完成此项目并不是唯一的，可以使用多个技术方案。

句中没有交代清楚什么“不是唯一的”，应补充主语。可改为“要完成此项目，这个技术方案并不是唯一的，可以使用多个技术方案”。

e）自述省主不当。为使句子简洁，可适当地使用自述省主的方式把主语省去，但是使用不当会造成语病。

【例 4.32】 为了推动自适应巡航系统向更高新技术方向发展，加快自适应巡航系统向科学化方向迈进的步伐，展开了大量基础性实验和理论研究，并做了相应的归纳和总结。

此句中，在“展开”前省去了必要的主语，造成主语残缺，使读者很难搞清楚省去的主语是指作者还是作者以外的别人。

f）中心语残缺。主语部分省去了必要的中心语，使主语结构不完整，造成语义不完整或逻辑讲不通。

【例 4.33】 政府应该采取必要的措施来保证粮食不断增长。

此句中的“粮食不断增长”为主谓结构，从逻辑上讲不通，因为“粮食”是不能“增长”的，其后缺中心语“产量”，即应将“粮食”改为“粮食产量”。

2）谓语残缺。

谓语作为句子的重要成分通常不能省略。科技论文中谓语残缺主要有以下情况。

① 把某些词语误认作谓语。

【例 4.34】 从图中可看出各机械臂杆的转角逐渐拟合期望值，同时存在着不同程度的微量波动。

此句中，后一分句中有谓语“存在着”，但联系到上文“可看出……”，后一分句中的真正谓语并未出现。可改为“从图中可以看出，各机械臂杆存在着不同程度的微量波动，其转角逐渐拟合期望值”。

② 不适当地省去了主要的谓语动词。

【例 4.35】 疲劳损伤主要由循环载荷引起的。

此句不适当地省去了主要动词“是”，造成谓语不完整。“由”前面应补充“是”。

③ 复句中前面的分句未写出谓语。

【例 4.36】 用线电极电火花磨削技术，由于线电极和工件为点接触，故放电面积小、加工速度低。

此句中，“用线电极电火花磨削技术”是一个介词词组。根据想要表达的意思，此部分应该是一个单句，缺少必要的谓语，可改为“用线电极电火花磨削技术进行磨削”(“进行磨削”为谓语）。

④ 谓语动词后缺乏必要的助词。

【例 4.37】 数值仿真的结果充分证明该车辆队列控制算法的正确性和可行性。

句中的谓语动词“证明”后缺助词“了”，本应有的“已完成”之意未表达出来，使谓语表意不完整，语气不顺畅。

3）宾语残缺。

宾语残缺指句子在结构上该有宾语而没有。一般是由以下两个原因引起的。

① 误将谓词性宾语用作要求名词性宾语的动词的宾语。按所要求宾语的不同性质，动词可以分为两类：一类是要求名词或名词性词组做宾语的动词，常见的如“解决、克服”“造成、制成、做成”“使用、采用、应用”“推广、扩大”“引起、发生”等，它们后边能用“什么”提问，如“解决什么”“使用什么”；另一类动词是要求谓词（动词、形容词）或动宾词组、主谓词组等做宾语的动词，常见的如“企图”“打算”“认为”“感觉”“开始”“想”“进行”“准备”等，它们后边能用“怎样”提问，如“打算怎样”“认为怎样”。前一类动词的宾语如果给的是谓词性，就会出现宾语残缺的情况。

【例 4.38】……否则往往出现模型的结果相互矛盾。

句中的“出现”要求名词性宾语，而“相互矛盾”是状心词组（状语+中心动词），是谓词性的，所以“出现”没有宾语。应在句末加上“的情况”或“的现象”等。

② 小宾语挤掉大宾语。

【例 4.39】笔者提出的虚拟制造单元（VMC）生成的框架及设计，是 VMC 中 3 件运送路径生成方法的基础。

句中“框架”的后面缺中心词“模型”，“设计”的后面缺中心词“方法”。

4）定语残缺。

定语残缺指句子该有定语而没有，或虽有定语但其结构不完整。定语残缺通常不影响句子结构的完整性，但有可能使语义表达不够清楚而增加阅读障碍。

【例 4.40】活性炭在医药、化学、化工等工业部门及废水处理中的应用日益广泛。总的趋势是，改进生产和再生产工艺过程……

此句中，“总的趋势”会产生这样一个问题：谁的趋势？是活性炭应用的总趋势，还是别的什么总趋势？往下读完全句子之后才知道是“活性炭研究的总趋势”。这属于定语不完整的语病。“总的趋势是”应改为“活性炭研究的总趋势是”。

（3）成分冗余

成分冗余是冗余语病的主要形式，是指句子里存在某一或某些不必要的成分，使句子的结构臃肿，表意啰唆。科技论文中常见的成分冗余有以下几种情况。

1）主语冗余。

主语冗余指句子中存在多余的主语。

【例 4.41】神经网络技术作为一种新的智能控制方法具有概括能力强、解决复杂问题能力强等优点，它不仅适用于线性系统控制，也适用非线性系统控制。

此句为主从句式，用“它”复指主语“神经网络技术”，但将“它”去掉后，语气更通畅，表达更简洁。也可将介词短语置于句首：“作为一种新的智能控制方法，神经网络技术具有概括能力强、解决复杂问题能力强等优点，不仅适用于线性系统控制，也适用非线性系统控制。”

2）谓语冗余。

谓语冗余指句子里存在多余的谓语，或谓语中有多余的同义词或近义词。

【例 4.42】此类文章的阅读对象，主要是面向电子信息专业的学生、教师及其他相关专业的科研工作者。

该句的谓语是“是面向”，其中“面向”是多余的谓语动词，导致语句不通顺，需去掉。

3）宾语冗余。

宾语冗余指句子里存在多余的宾语，或宾语中有多余的中心语。

【例 4.43】 为了使信息在企业管理中有效地发挥作用，高层管理者要求在信息处理过程中做到及时、准确、适用和经济的要求。

此句中“做到”的宾语部分里的“(的）要求”多余，因为此意思用前面的谓语“要求”表达过了，不必重复表达，况且“做到”与“要求”不搭配，“的要求”应去掉。

4）定语冗余。

定语冗余指句子里存在多余的定语，或定语表达不简洁。

【例 4.44】 新型内外组合搅拌浆的开发及其流场特性研究。

此句中的定语“其”明显指“新型内外组合搅拌浆”，复指反而啰唆，应去掉。

5）状语冗余。

状语冗余指存在多余的状语，或状语中有多余的近义词、同义词或助动词。

【例 4.45】 或许一棵树对已经沙漠化的土地可能并不起什么作用。

此句中，“或许”“可能”做状语，但意思重复，可将二者之一去掉。

6）补语冗余。

补语冗余指句子里存在多余的补语。

【例 4.46】 为精简篇幅，这篇论文需要略加删改一些。

此句中，补语“一些”与状语“略加”表意重复，可将二者之一去掉。

（4）搭配不当

句子中任何两个相关成分能否搭配，搭配恰当与否应主要从是否符合事理、语法规则和语言习惯三个因素来考虑，其中任何一个因素不满足都会造成语病。科技论文中常见的搭配不当主要有以下情况。

1）主语和谓语搭配不当。

主语和谓语搭配不当主要有不符合事理、词义不对应、联合词组部分项不匹配、主语和谓语部分中的某个成分不搭配等。

【例 4.47】 许多文献都对它做详尽的研究。

句中的主语“文献”指文章，不可能发出或具备“做”的动作和行为，主谓搭配不合事理。可改为“许多文献对有关它的研究进行了报道”。

2）谓语和宾语搭配不当。

谓语和宾语搭配不当指谓语同宾语因语法关系而不能相互配合，体现在用词不当、宾语结构不完整、联合词组部分项不匹配、特殊动词使用不当等方面。消除这类语病的方法是更换谓语、宾语或改变句子原有结构。

【例 4.48】 航空公司新近开辟了从北京直达柏林的航班。

此句中，谓语“开辟”与宾语“航班”搭配不当，可将“航班”改为“航线”。

3）主语和宾语搭配不当。

主语同宾语的配合问题主要涉及“是字句”（一种由“是”做谓语动词的句子）。主语同宾语搭配不当一般是由下列原因引起的。

① 在“甲是乙”这类是字句中，“甲”与“乙”不同类，“甲”与“乙”在范围上不相当。所谓“甲”与“乙”不同类，指二者既不是同一关系，又不是从属关系。

【例 4.49】 锌基合金冲模是有间隙冲裁。

句中“冲模”是一种模具（物件），而“冲裁”是一种加工工艺（方式方法），二者没有同一性，又无从属关系，用在“是”的两边，判断不成立，使主语同宾语不配合。可以改为“用锌基合金冲模进行的冲裁是有间隙冲裁”。

② 在谓词宾语“是字句”中句末未用“的”。“是字句”分为三种：名词性宾语是字句；谓词性宾语是字句；混合式宾语是字句。这三种是字句的句末用不用“的”，是很讲究的。

【例 4.50】 镍氢电池智能充电器是利用脉宽 PWM 法来实现电压与频率协调变化。

句末应加“的”。

③ 主语用的是谓词性短语，宾语则用的是名词性短语，或者相反。

【例 4.51】 在智能交通中一个极为活跃的领域是研究车辆队列控制器的设计。

此句中主语是名词性的，宾语是谓词性的，使主宾不搭配。宾语部分应改为“车辆队列控制器设计的研究”。

4）修饰语和中心语搭配不当。

【例 4.52】 目前，3D 打印技术正在引起机械工程界越来越多的兴趣。

此句中的定语“越来越多”与中心语“兴趣”搭配不当。“兴趣”不能用“多”或“少”修饰，可将“越来越多”改为“越来越大”。

5）语序不当。

汉语中词与词间的关系不是依靠词形变化而是依靠词序来表示的，词序不同所表达的语法关系和语义就会不同。科技论文中常见的语序不当主要有以下方面。

① 主（宾）语位置不当。是指主（宾）处于句中不恰当的位置，有可能会引起句子在语法、逻辑和语义上的错误。

【例 4.53】 通过该结构的改善，从压缩机吸气口传播的速度脉动可以缓解。

此句中的“速度脉动”应是宾语，但由于位于谓语“缓解”前，就成为主语。若将“速度脉动”放到“缓解”后，还应将句首的介词“通过”去掉，使“改善”成为主语，即改为“该结构的改善可以缓解从压缩机吸气口传播的速度脉动”。若保留句子原有结构，则可在“缓解”之前加上“得到”。

② 定语位置不当。指定语和中心语的位置颠倒及多项定语的顺序欠妥的情况。

【例 4.54】 作为一种车贷的消费信贷，市场潜力很大。

此句中，定语和中心语的位置颠倒，“车贷”属于“消费信贷”的一种，因此应将两者调换顺序。

③ 状语位置不当。即指状语处于错误的位置及多项状语的顺序欠妥的情况。

【例 4.55】 借助图论这一工具，到目前为止，大量多智能体控制算法被相继提出来，大大丰富了多智能体的控制理论。

此句中存在限制性状语位置不当问题，可改为“到目前为止，借助图论这一工具，已提出大量多智能体控制算法，大大富了多智能体的控制理论”。

④ 定语误用为状语。指将句中的定语成分误作状语成分。

【例 4.56】 在惯性力与摩擦力交替作用下，研制一种显微注射用数字化进退装置。

此句中的“在惯性力与摩擦力交替作用下”为句首状语，按语意应改为宾语“装置”的定语。可改为“研制一种在惯性力与摩擦力交替作用下的显微注射用数字化进退装置”。

⑤ 状语误用为定语。指将句中的状语成分误作定语成分。

【例 4.57】 固体氧化物燃料电池-燃气轮机（SOFC-GT）的混合发电系统是未来高效、清洁的发电技术之一。

此句中的联合词组“高效、清洁”做宾语“发电技术之一”的定语，按语意将其改为动词“发电”的状语更妥当。可改为“……的混合发电是未来高效、清洁发电的技术之一”。

（5）句式杂糅

句式杂糅是句子结构混乱的典型形式。它分为混杂和粘连两种，前者指本应该用一种结构而用了几种结构，后者指本应该用分开的几种结构却将这几种结构粘在了一起。

1）混杂。

同一内容往往可以采用不同的结构，但只应该选用一种结构，不必将几种（常为两种）结构硬套（糅）在一起，前后交叉错叠，使得整个句子结构混乱，这种语病即为混杂。

【例 4.58】 截止到目前为止，经国家批准，全国已有 100 多本杂志相继开展了网络出版试点工作，网络发表论文数量日益增加。

此句中，“截止到目前”与“到目前为止”为两种不同的结构，不能混用，选取一种结构即可。

2）粘连。

一个句子的结构已经完整，却把其最后的某个成分甚至整个句子作为下一个句子（或几个句子）前面的某个成分。即把后面的句子硬往前面的句子上粘，前后交叉错叠，形成连体句子，造成句子结构混乱，这种语病即为粘连（又称黏合、牵连或焊接）。

【例 4.59】 该值的测定方法有多种，最好是用测水传感器埋在滴头正下方。

此句中，可在“传感器”之后加逗号，将后句分离出来，并在分离出来的语句的前面补上“将其”或“将它”。

（6）详略失当

详略失当主要分为冗余（又称多余、赘余）和苟简，冗余又有重复性冗余和非重复性冗余两类。成分残缺是苟简的主要形式，成分冗余是冗余的主要形式。

1）重复性冗余。

重复性冗余包括字面重复和语义重复。前者指对句中前面已用过的词语，在后面再次不必要地使用；后者指对句子中前面已表达过的意思，在后面再次不必要地表达。

【例 4.60】 纳米晶体材料是近年来发展起来的一种新型材料。由于其结构上的特殊性使纳米晶体材料具有许多优于传统多晶体材料的性能，如高强度、高比热容、高电阻率、高热膨胀系数及良好的塑性变形能力等。

此句中，后一组句中的代词“其”与后面的“纳米晶体材料”重复，而且应先说“纳米晶体材料”，再说“其”。可改为“……。它由于在结构上具有特殊性，因此具有许多优于……”。也可改为复句：“……，其结构上的特殊性使其具有许多优于……”。

2）非重复性冗余。

非重复性冗余指句中虽未出现字面或语义重复，但出现了不该有或可有可无的词语，这种词语破坏了句子的正常结构，妨碍了语义的正确表达。

【例 4.61】高温技术的飞速发展促使越来越多的复合材料被用于高温构件的生产制造。

此句没有必要用被动句式，介词“被”多余。可改为“高温技术的飞速发展促使越来越多的复合材料用在各类高温构件的生产制造中”。

3）苟简。

苟简指句中该出现的词语未出现所造成的语病。

【例 4.62】目前，大气中可吸入颗粒物已成为环境污染的突出问题，并日益引起世界各国的高度重视。

此句的主语“大气中可吸入颗粒物”中省去了应该出现的词语“含有”，读起来明显不通，表意不完整，可改为“大气中含有大量可吸入颗粒物”。

（7）复句错误

复句中的错误有的和单句相同，有的和单句不同，以下主要从和单句不同的几个方面来讲述复句中的错误。

1）分句间意义不紧密。

【例 4.63】因为所研究的对象相同，所以物理模型如图 1 所示。

此句中，前一分句与后一分句不是因果关系，需将“物理模型如图 1 所示”改为“可以用图 1 来表示其物理模型”。

2）分句间结构关系混乱。

复句尤其是多重复句中，分句之间的结构比较复杂，容易出现层次不清、关系混乱的问题。

【例 4.64】此研究成果不仅在国际上处于领先地位，而且填补了国内这方面研究的空白。

此句中，“国际”比“国内”所表达的意义更进一步，此句颠倒了分句间的递进关系，可改为“此研究成果不仅填补了国内这方面研究的空白，而且在国际上也处于领先地位”。

（8）歧义

歧义指句子存在某种（或几种）语病，使得对其有几种不同的解释或理解，让读者很伤脑筋，不知道作者究竟想表达什么意思。前面介绍过的各种语病类型中，已列举过一些有歧义的句子，这里将歧义单独列为一个类，是为了让作者和编辑提高对消除歧义的重要性的认识，设法消除歧义语病。

【例 4.65】近年中国科学技术协会对 100 多个全国学会主办的期刊进行了分类资助。

此句有歧义，定语位置不当，未表达清楚数量词组（定语）“100 多个”修饰的对象，是“100 多个全国学会所主办的期刊”还是“全国学会所主办的 100 多个期刊”。

4.1.5 措施及建议

科技论文写作中，要做到语言简洁、准确、规范，绝非一日之功，需要作者长期的积累和练习，逐步掌握科技论文语言的使用方法。

1）加强语言学习，培养自身文化修养，做到多阅读、多思考、多写作，从而整体提高语言表达水平。

在阅读科技论文时，除了了解信息和吸取知识，还应当借鉴作者的语言表达方式和技巧，思考并揣摩其优缺点，取长补短。平时也应当勤加练习，在实践中提高自身写作水平。此外，还要善于修改，在修改中发现问题，解决问题。

2）培养逻辑思维和整体架构驾驭能力，做到中心突出、主次分明，简明扼要地用语言表述观点。

科技论文不同于其他文学作品，不是有感而发、信手拈来的产物，科技论文的语言必须具有严密的逻辑性，在写作之前应该经过深思熟虑，确保符合逻辑思维的基本规律。只有逻辑思维清晰，才能在分清因果和主次的同时把握好整体结构，提炼出最精粹的语言。

3）了解并执行国家及行业标准和规范，使用规范、统一的科技名词术语。

科技名词术语具有专门的学科范围和很强的规定性，科技论文作者应当及时了解最新的国家及行业标准和规范，并严格执行，这也有利于文献检索和科技信息的传递。

语言表达是科技论文写作的基本手段，直接影响论文的写作质量。作者应当勤于阅读和写作，提高自身语言水平，培养逻辑思维能力；能够主次分明、简明扼要地用语言表述自己的观点；同时及时了解并执行最新的国家级行业标准和规范，使用规范、统一的科技名词术语。

4.2 图形和表格的规范使用

4.2.1 科技论文插图概述

插图是科技论文的重要组成部分。在科技论文写作中，恰当地使用插图可以清楚、直观地帮助读者理解论文的内容，增加其被引用的机会。

（1）插图的特点

插图在科技论文中被广泛使用，可以配合论文的内容，补充文字或数学式等所不能表达清楚的问题，利于节约、活跃和美化版面，使读者阅读论文有赏心悦目之感，提高读者的阅读兴趣和效率。科技论文插图的特点体现在以下方面。

1）图形的示意性。插图的主要作用是辅助文字表达，特别是展示论文中难以用文字表达清楚的内容。为了简化图面，突出主题，插图的表达通常是示意性的，即一般不使用具体的结构图，通常采用结构示意图；函数曲线图大多采用简化坐标图的形式。

2）内容的写实性和科学性。科技论文的插图要求真实地反映事物的本质，注重科学性、严肃性，不能臆造和虚构，插图必须反映事物真实的形态、运动变化规律、有序性和数量关系，不允许随意做有悖于事物本质特征的取舍。引用材料要有据可查，同时需要严格尊重和保护知识产权。

3）取舍的灵活性。科技论文的插图既可以是原始记录图、实物照片图和显微相片图，又可以是数据处理后的综合分析图，其取舍范围较为广泛，其类型选用完全取决于内容表达。凡能用文字表达清楚的内容，就不用插图表达；凡能用局部符号表达的就不用整图、照片图等写实图。

4）表达的规范性。插图是形象的语言，语言本身是交流思想的工具，要交流思想，论文作者、书刊编者和读者就应有共同语言，有关国家标准对图的规范制作已做了规定，其中未做规定的多数也已约定俗成。

5）印制的局限性。采用套色图或彩色照片，能够清晰丰富地表达作者意图，但由于书刊印制费用和制版技术的限制，一般科技论文多用墨线图或黑白照片图。随着网络出版的发展，套色图和彩色照片也慢慢地被广泛应用。

（2）插图的分类

科技论文的插图多种多样，可以从多个角度来分类。按制版技术，可分为线条图、网纹图、黑白版图和彩色版图等；按构图方式，可分为坐标图、结构图、线路图、功能图、机械图、建筑图、记录谱图、透视图、计算机输出图和照片图等；在表现手法上多为力求清楚准确且能够说明问题的技术图解性插图，一般分为线条图和照片图等。

线条图，又叫墨线图，指用墨线绘制出来的图形。其种类非常丰富，可分为坐标图（包括线形图、条形图、点图）、示意图、构成比图、地图等。照片图多用于需要分清深浅浓淡、层次变化的场合，但它不能描述抽象的逻辑关系。照片图可分为黑白照片图和彩色照片图两种，前者印制简单、制作费用较低，能满足一般要求；后者色彩丰富、形象逼真、效果较好，但印制费用较高。

（3）插图的构成与规范表达

科技论文的插图一般由图序、图题、图例、图注和主图等构成。线形图（也叫函数曲线图）的主图通常包括坐标轴、标目、标值线和标值等，如图 4.1 所示。

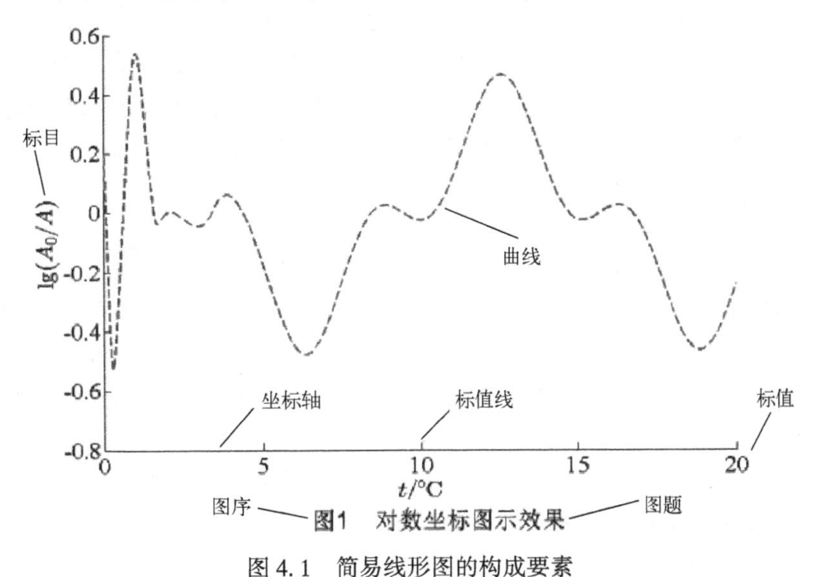

图 4.1 简易线形图的构成要素

1）图序和图题。

图序指插图的序号。根据插图在论文中被提及的顺序，用阿拉伯数字对插图连续编码，如“图 1”“图 2”等，尽量将插图安排在第一次提及它的段落后面。当论文中只有一幅插图时，可用“图 1”或“图”字样。

图题指插图的名称。图题要求能准确表达插图的特定内容，应具有较好的专指性。缺乏专指性的图题不便理解，如“结构示意图”“函数曲线图”“框图”。当一张插图存在分图时，需按 a)、b) 等为每幅分图编分图序，必要时需要在分图序后加分图题。若在正文中提及某分图时，应当提及分图序而不是整个插图的图序，例如，提及图 4 中的 c) 图时，应写成“图 4c)”或“图 4c”的形式，是否加括号，与图中一致。

图序与图题之间空一格字距。图序和图题放置于插图的正下方，左右居中，其总体长度一般不宜超过整个图面的宽度，若整体长度过长时可将图题转行。

2) 图例。

当图中的变量、曲线或其他类别需要用不同的符号进行刻画时，要采用图例的形式对符号进行解释说明。图例通常放置于图内的角落空白处，不能影响插图内容，图例的字体和字号与图的其他部分应该相同。坐标图中的图例最好放置于坐标轴区域之内。

3) 图注。

图注是用简短的文字表达插图中所标注的符号、标记、代码及所需说明事项。图注的位置要合理安排，既可处于图外（即图题下方），也可处于图中。图注安排在图外还是图中，要根据图面空余空间、图注文字所占空间及实际的简洁、美观效果来确定。图注的字号通常与图题的字号相同。

4) 标目。

标目通常是用量名称、量符号及单位符号来说明坐标轴的含义。标目的量符号与单位符号间用“/”分隔，如“p_c/MPa”“I_{max}/A”等。在不致引起混淆的情况下，标目中除单位符号外可以只标识量名称或只标识量符号，而无须同时标识量名称和量符号，但应该优先标识量符号，例如，“密度 $\rho/(\mathrm{kg}\cdot\mathrm{m}^{-3})$”可标识为“$\rho/(\mathrm{kg}\cdot\mathrm{m}^{-3})$”或“密度/$(\mathrm{kg}\cdot\mathrm{m}^{-3})$”。标目应与坐标轴平行，居中排列。对于下横坐标，标目排在标值的下方；对于上横坐标，标目排在标值的上方；对于左纵坐标，标目需逆时针旋转 90°，排在标值的左方；对于右纵坐标，标目需逆时针旋转 90°，排在标值的右方；对于形如 x、y、z（非定量、只有量符号）的简单标目，通常排在坐标轴尾部的外侧。

5) 标值线和标值。

标值线，通常称为坐标轴的刻度线。标值线对应的数字为标值。标值线和标值应避免过度密集，标值的数字应一般不超过 3 位数，例如，可将“0.385，0.770，1.115，…”改为“0.4，0.8，1.2，…”；同时需选取规则的标值，例如，可将“62.5，78.3，101.4，…”改为“60，80，100，…”，并相应平移标值线，但不能变动图面内的数据点或曲线。

6) 坐标轴。

若具有具体的标值时，因标值的大小和方向已清楚表明，可不画箭头；若坐标轴表述的是定性变量，即未给出标值线和标值，则在坐标轴的尾端按变量增大的方向画出箭头，并标注变量，如 x、y 及原点 O。

4.2.2 科技论文插图的规范使用

科技期刊插图的形式，对论文内容的表达和整个版面的美化均有重要的影响。在科技论文中使用插图时，通常需遵循以下规范。

(1) 插图规范使用的一般原则

1) 严格精选插图。

精选有两方面含义：一是根据插图的功能是否能够表述对象来决定是否采用插图；二是

类比分析同类插图是否能够进行合并甚至删减。

2）恰当选择插图类型。

根据表达对象的性质、论述的目的和内容，并考虑印制成本来选择最适宜的插图类型。例如，线条图清晰、简明，适于表达说理性和假设性较强的内容，制作方便，成本低；照片图立体感较强，层次变化分明，适于要求较高的原始资料。其中彩色图照片形象逼真、色彩丰富，适于只有用色彩才能表达清楚的场合，但制作成本很高。

3）合理选择图形形式。

科技论文中的插图多为说明原理、结构、流程或实验结果的原理图或抽象图，不宜把未经简化、提炼的原始图或实际图（如施工图、装配图等）原封不动地搬到论文中来，必须在原图的基础上加以简化、提炼、提高和抽象。尽可能突出所要表达的主题，最终提高实际表达效果。

4）规范合理表达插图。

插图中图序、图题、图形的画法和幅面尺寸，图中数字、文字、符号、标目、标度、标值、线型、线距、计量单位以及说明、附注等，均须符合有关规定和惯例。提供的照片要真实、主题鲜明、重点突出。

5）插图幅面和布局。

插图的幅面须限定在所要求的版心之内，同类型或同等重要的插图幅面应尽可能保持一致，图例应放置于图形区内。合理布局插图是指要按照插图的幅面及其表达内容来合理安排和布置插图中各组成部分、要素的位置、大小及其关系而达到最佳表达效果。

6）正确配合文字表达。

正确配合文字表达指插图与文字的表达要恰当配合，表现为插图位置合理安排与图文表达一致两个方面。插图位置合理安排通常是先出现文字叙述后出现插图（先见文，后见图）。

（2）插图的规范设计制作

1）一般要求。

① 插图的设计制作要符合国家标准、行业标准及其他有关标准和规定。引用国外文献中的插图时，被引用插图的画法也应符合我国现行有关标准。

② 插图中的文字多采用 6 号或小 5 号字，在特殊情况下可以改变字体、字号。例如，为突出某些文字，可以增大字号和（或）改变字体；为突出层次、类属，也可以减小字号或改变字体。

③ 插图中指引线的长短和方向要适当。线条要干净利落，排列整齐、均匀、有序。不可互相交叉，而且不要从图中的细微结构处穿过。两端不要用圆点、短横线和箭头等，即用直线段直接作指引线。

④ 插图中箭头的类型要统一。箭头的大小及其尖端和燕尾宽窄应适当，同一图中的箭头的类型、大小等要一致。

⑤ 插图中线条的粗细要分明，同类线型粗细应一致。曲线过渡要光滑，圆弧连接要准确。插图中用于放置图注的地方若放不下图注内容，可考虑减少图注内容中的文字数量，或将图注放于图题的下面。

⑥ 要善于利用不同的图案来区分插图中性质不同的部分。例如，在条形图中，要用有

明显区别的线条图案来区分不同的条，如果必须使用灰度来区分，则不同条的灰度通常应有较为明显的差别。

⑦ 条形图、构成比圆形图构成部分的数量不宜太多，如果构成部分数量很多，则考虑使用表格，表格可能是更好表达数据的方式。

⑧ 对于线形图，确定同一幅图内放置曲线的数量，应以可辨性作为原则，曲线的数量不宜太多，曲线布置也不宜太密。

⑨ 尽量采用清楚、简单的几何图形来表示不同的数据类型，最好选择空心圆圈、实心圆圈、三角形、正方形或菱形等图形来表示。

⑩ 通常宜将纵坐标轴长度设计为横坐标轴长度的2/3~3/4（特殊情况除外）。

2）插图中线型的选取。

线型指插图中线条的粗细，应根据图的幅面、使用场合和图面内线条的疏密程度来确定。粗线一般用于函数图中的曲线、工程图中的各种实线（主线），粗细通常为1磅；其他地方均用细线（辅线），如坐标轴线，示意图中的线条，工程图中的点画线、虚线以及各种插图的指引线等，粗细一般为0.5磅。还须考虑用线条的粗细和线条间的密度来突出要素。线型选取可参照有关制图的国家标准以及出版物对制图的要求。

3）插图中图形符号。

图形符号是把具体事物经过简化但又能保持其特点，从而简明、直观、形象地表现事物特征的一种图形语言，其基本构成是符号的名称、形态、含义及画法。各学科领域中用的图形符号在相应国家、行业标准中均做了规定，使用时可查阅有关资料。

4）插图中图形布局的设计。

插图中图形布局的设计主要包括以下方面。

① 图间布局设计。图间布局设计指在设计多个具有某些共性的插图时通过调整其共性部分、要素的内容、幅面及其间排列顺序等进行的布局设计。对两幅或两幅以上横纵坐标内容和标值相同的坐标图，可考虑将其组合在一起共用一个图名。对标值相同的一组坐标图，若每幅图的线条单一，也可将此组图合并成一幅图；若横纵坐标中一个相同而另一个不同，则可用双坐标轴表示。曲线图中的曲线过多、过密而难以区分时，可以将插图分解成两幅或两幅以上的分图。这样调整后的插图，既能够节约版面、扩大容量，又便于在同一变量条件下对曲线所对应的数据和形态进行对比。

② 图内布局设计。图内布局设计指在设计某一插图时通过调整其各组成部分、要素的内容、幅面及其间排列顺序等进行的布局设计。为使插图布局合理均衡，有稳定的视觉效果，要对插图的各个组成部分进行合理布局，可采取并排、叠排、交叉排和三角形排等多种排版形式，既要考虑论文段落、插图形态、幅面大小，又要考虑排版要求、美观协调、节约版面等因素。对布局不合理或存在较大空白的插图，在不影响插图内容表达的情况下，要对其进行适当调整，使其布局、大小合适。

总之，插图的设计要富于变化，版面上要美观协调，达到多样的统一；幅面要适中，线条密集时幅面可大些，稀疏时幅面可小些，这样的布局能给人以舒适的感觉。插图中线条的粗细要搭配，如线形图的坐标轴线和标值线用细线表示，而主图的线条用粗线表示，这样的布局可产生层次感和美感。科技论文中的插图多为墨线图，通常采用的线条比工程制图规定的线条要细一些。

5）幅面尺寸的确定。

① 版心尺寸：书刊幅面内除去四周的白边，剩余的排版范围（包括排文字和图表）称为版心。插图幅面不宜超过版心，双栏排版时不宜超过栏宽。目前国内的学术性期刊一般都采用 16 开本（即 A4 纸幅面）：幅面为 210 mm×297 mm，版心约为 174 mm×262 mm，正文多为双栏排版，栏宽一般为 80～85 mm；论文中的插图，其幅面宽度的最大值，双栏排时通常在 80～85 mm，通栏排时通常不应超过版心宽度。

② 缩尺比例：科技论文插图的幅面通常较小，小尺寸插图的制作较为困难，有时为了掩饰制图造成的缺陷，通常将幅面稍大的原图作为制图的底图，而在排版时再把制好的图（简称制图）按相应的缩尺比例缩小，缩小时采用的比例称为缩尺比例。

缩尺比例的概念是在基于硫酸纸描图的传统制图模式下出现的，而在基于计算机制图软件的直接设计制作模式下已没有多大意义。

③ 插图自身情况：确定插图幅面还应考虑插图自身情况，比如，图形很简单，若画得太大，不仅不匀称，而且浪费版面；相反，图形比较复杂，或者说明文字或符号较多，若画得太小，图面就会拥挤。

4.2.3　科技论文表格概述

表格是对实验数据、统计结果或事物分类情况的一种有效表达方式，是对文字叙述的补充和辅助。合理的表格不仅能够系统、简洁、集中地表述科学内容，还可起到美化与节省版面的效果。

（1）表格的类型

1）按结构分类。

科技论文的表格按结构一般可分为卡线表、三线表、二线表和无线表等。

① 卡线表。卡线表是一种用栏线、行线将整个表格分隔为小方格来分类数据的表格。卡线表的优点是数据项隶属关系清楚，读起来不易串行，被广泛应用；缺点是横竖线多，项目头中还有斜线，不够简练，显得有些复杂，排版较烦琐，占用版面较多，故在科技界多采用三线表。卡线表经过精心设计，一般都能将其转化为三线表。

② 三线表。三线表是一种经过简化和改造的特殊类型的卡线表，在科技书刊中得到普遍使用，其形式见表 4.1。

表 4.1　部分提交文献分布状况以及所属数据库列表

文献所属数据库	分布的文献数量/篇	所占比例（%）	排名情况
Elsevier	422	20.01	1
Wiley	164	7.42	2

三线表几乎保留了传统卡线表的全部功能，又克服了卡线表的缺点，且更为简洁，减少了排版制表的困难，这是科技论文中普遍使用三线表的重要原因。但它也有缺点，当内容复杂时，读起来容易串行（或串列），甚至引起内容上的混淆。

③ 二线表。二线表是一种只保留顶线和底线的特殊类型的卡线表，适用于表格较为简单、没有横表头的情况。

④ 无线表。无线表是一种整个表中无任何线即以空间来隔开的表格，常用于项目和数

据较少、表文内容简单的场合。

2）按内容分类。

科技论文的表格按内容可分为数据表和文字表等。

① 数据表。数据表主要用数字来表述。表的说明栏内为一组或多组实验或统计数据。

② 文字表。文字表主要用数字以外的文字来表述。表的说明栏内为数字以外的文字。

3）按用途分类。

科技论文的表格按用途一般可分为对比表、研究表和计算表等。

① 对比表。对比表是一种为对比各种情况优劣而将相应事实或数据加以排列，以寻求科学、经济、合理方案，或进行对比分析而设计的表格。

② 研究表。研究表是一种将各类有联系的事物按一定方式和顺序加以排列，为科学研究提供资料而设计的表格。

③ 计算表。计算表是一种根据变量之间的关系，将其数值按一定位置排列起来，用作计算工具而设计的表格。

4）按版式分类。

科技论文的表格按文字排版方向或表的排版形式可分为以下类别。

① 横排表。横排表是一种顶线、底线与书刊的上下边线平行，宽度大而高度小的表格，适用于横向栏目较多而竖向栏目较少的场合。

② 竖排表。竖排表是一种顶线、底线与书刊的上下边线平行，宽度小而高度大的表格，适用于竖向栏目较多、横向栏目较少、不适合横排的场合。

③ 侧排表。侧排表是一种顶线、底线与书刊的侧边线（即左右边线）平行，且宽度大而高度小的表格，适用于表的宽度超出版心而又不宜分段排的场合。

④ 跨页表（也称接排表）。跨页表是一种同时占有两个以上（含两个）版面的表格，即从某页开始起排，转至下页或连续再转几页才可排完的表格。它常以“续表”的形式出现，可能从双页码跨到单页码（双跨单），或从单页码跨到双页码（单跨双），或者继续往下跨，不论单页码还是双页码都可接排，适用于高度较大的表。

⑤ 对页表（也称合页表）。对页表是一种处于同一视面内的双单页的表，即指宽度太大以致排在同一视面内的相邻两页上的表格。这种表本质上也是一种跨页表，但只需跨一页即排完，而且只能是双跨单，适用于表格幅面较大、需跨两个页面排的情况。

⑥ 插页表。这是一种宽度或高度太大，又不能排成对页表或跨页表而需另外排印在插页上的表格。插页表折叠后与书刊装订在一起，不受版心尺寸的限制，其宽度（或高度）最好是版心宽度（或高度）的2~3倍，这样插页就可一边折叠，且折叠次数一般控制在两次以内。此表是鉴于表格幅面超过版心而不得已为之的，不利于阅读、排印和装订，所以在科技论文中除确无变通办法外应尽量避免使用这种表。

应多使用横排表、竖排表（横排表半栏排不下时，可通栏排或转为半栏竖排；通栏排不下时，可转为通栏竖排），能用单页表清楚表述的就用单页表，最好不用对页表，尤其不要用插页表。如果表述内容实在太多，而省略部分内容又能表述清楚时，则可以使用“简易表”的形式将表格设计为单页表。当表中栏目和内容大量重复，而且在一页中不能编排出来时，就应该采用在表中画上双曲线的形式（用省略号表示这种省略也是可以的），表示省略了表中大量明显内容相同或相似的部分。

（2）表格的构成与规范表达

科技论文的表格通常由表序和表题、表头、表体、表注等部分构成。

1）表序和表题。

表格在多数情况下有表序和表题，表序和表题是表格的重要部分。

表序是表的编号。根据表格在论文中出现的顺序，用阿拉伯数字对表格排序，全文表格连续编号，如“表 1”“表 2”等，并尽量把它放在文中首次提及它的段落后面。一篇论文只有一个表时，仍应该命名为“表 1”，有的出版物要求只用“表”字样。表序不宜采用数字加字母的形式，如“表 2a”“表 2b”，这样的表序是不规范的，但对附录中的表格，其表序可以采用大写字母加阿拉伯数字的形式。例如，附录 A 第一个表格的表序可以表示为“表 A1”。如果仅有 1 个附录，则表序中可以不使用字母而写成“附表 1”“附表 2”的形式。

表题是表格的名称，表题应当准确得体，简短精练，能确切反映表格的特定内容，通常用以名词或名词性词组为中心词语的偏正词组。避免单纯使用泛指性的公用词语作表题，如“数据表”“对比表”“计算结果”“参量变化表”等表题就显得过于简单，缺乏专指性，不便于理解，同时也不要凡是表题都用“表”字结尾。表题一般用黑（加粗）体，其字号应小于正文字号，大于表文字号（若正文用 5 号字，则表题通常用小 5 号字，表文用 6 号字）。

表序与表题之间空一格字距。表序与表题放置于表格顶线的上方，左右居中，其总体长度一般不宜超过整个表格的宽度，若整体长度过长时可将表题转行。

2）表头。

表头指表格顶线与栏目线之间的部分，也称为项目栏。栏目就是栏的名称，即标识表体中栏目信息的特征或属性的词语，有的栏目相当于插图中的标目，由量名称、量符号及单位符号组成，量符号与单位符号间用“/”分隔，因此，由量名称、量符号及单位符号组成的栏目，也称为标目。栏目确立了表格中数据组织的逻辑以及栏目下数据栏的性质，与表题一样应当简单明了。应尽量减少栏目中再分栏目的数目，能紧缩的尽量紧缩，这样既可减少栏目数，又使读者易于理解，同时还可简化排版工作。

① 横表头分为单层表头和双层表头，前者的栏目只有单一含义，后者的栏目有两个以上（含两个）含义，复分为多于一个的栏。横表头内的文字通常横排，当表头宽度小、高度大而不适合横排时可改为竖排；转行应力求在一个词或词组的末尾处进行，而且下行长度最好不要超过上行。当横表头的栏目较多，甚至左右方向超过版心，或格内出现较多长的文字时，可考虑将表格转换为侧排，即将表格按逆时针方向转 90°来排版，不论表格所在页面是双页码还是单页码，均要达到“顶左底右”，即“表顶朝左，表底朝右”，但不能超过版心。

② 竖表头表格中最左侧的部分，对右方表文有指引性质时属于竖表头，若它本身也属于表文内容就不应视为竖表头。竖表头内的文字横排、竖排均可，取一种排法为好，在特殊情况下，例如，竖表头的文字存在复分情况，两种排法可以混用。

③ 项目头可视为表头的一个组成部分。简单的表格通常无须设计项目头。项目头中的斜线以不多于一条为宜，而且斜角内的文字越少越好；斜线超过一条时，不容易排，容易出现字压线的情况，在不得已出现两条斜线的情况下，要务必做到斜线交点的标识正确。项目

头中不排斜线时，其内不宜空白，最好加上适当的文字（该文字可视为横表头的组成部分——管下方而不管右方）。对于三线表，顶线与栏目线构成的行称为项目栏。三线表的项目栏为横项目栏。

3）表体。

表体（表身、表文）指表格中底线以上、栏目线以下的部分，容纳了表格的大部分或绝大部分信息，是表格的主体。一个表格应能规范地对相关内容归类，使读者能够清楚地进行比较，其规范性主要体现在表体排式、栏目处理和数值表达等多个方面。

4）表注。

表注通常指排在表格底线或表题下方的注释性文字，排在底线下方时又可称为表脚。表格的内容即使比较丰富，但由于对其表达简洁性、排版格式的要求非常高，有时需要对整个表格进行说明，或对表格中某些部分、内容（如符号、标记、代码以及需要说明的事项）用最简练的文字进行注释、补充，这种注释、补充性文字即为表注。使用表注最突出的优点是可以减少表体中的重复内容，使表达更加简洁、清楚和有效。

表题下方的表注一般以括号括起的形式排在表题的下方（以表题为准左右居中排）。表格底线下方的表注分为“注”和“说明”两类。“注”是一种与表内某处文字相呼应的专指性注释，被注释文字的右上角及表格下方的注文处都用阿拉伯数字［一般带后圆括号如1）、2），或直接采用阳码如①、②，通常不用＊或字母符号］；注文处引出注释文字，注文有多条时，既可分项接排，每项之间用分号分隔，最后一项末尾用句号，也可编号齐肩，每条注文排为一段，除最后一项的末尾用句号外，其他每项的后面用分号或句号，句首不必写出“注：”字样。“说明”是对表格整体或其中某些信息做统一解释、补充和交代而采用的一种综合性注释，前面应贯以“说明：”字样。如果表格同时有“注”和“说明”，则“说明”应排于“注”之后，而且均应以表格宽度为限，首行左边缩进一至两格，其上方与表底线间一般保持半行距离，下方与正文间一般保持一行距离。

表注的规范处理有以下原则。

① 表注宜简短，尽量避免使用过长的表注，对较长的表注，应该根据具体情况将其简化，或将其改作行文处理。

② 对既可在表体又可在表注中列出的内容，要考虑选用更加清楚有效的组织方式，优先采用表体中列出的方式。

③ 对表格中某些横栏或竖栏的内容单独注释或说明时，可以考虑在表体内加“备注”栏的形式，这样就可避免使用表注的形式。

4.2.4 科技论文表格的规范使用

表格在科技论文中可以起到代替或补充文字叙述的作用，但是有些作者对表格设计的要求不熟悉，造成表格编排不科学、不规范，降低文章的可读性。下面对科技论文表格的规范格式及应注意的问题进行说明。

（1）表格规范使用的一般原则

1）表格要精选。

一篇论文，不是表格越多越好，而是要恰到好处。这基于两方面的原因：一是若将不需要用表格表达的内容强行用表格表达，表格会显得累赘、零乱，导致文章主题弱化；二是表格排版比文字排版工价高，不必要的表格会额外地提高书刊成本。所谓精选表格，有两方面的含义：一是根据表格的功能是否能够准确地描述对象决定是否采用插图；二是类比分析同类表格是否能够进行合并和删减。最后精选出确有必要、为数不多、各具典型性的表格，从而达到准确、简明、生动地表达科学内容的要求。需要说明的是，精选表格应以能更好地表达文章内容和提高可读性为前提，该用表格而不用也是不合适的。

2）恰当选择表格类型。

使用表格时首先要合理地选择使用表格的类型，然后再设计相应的表格。之所以强调选择表格类型的重要性，是因为不同类型的表格有不同的特点，用不同类型的表格分别表述同一事物时，可能会有不同甚至差别很大的效果。因此，应根据表述对象性质、论述目的、表达内容及排版方便性等因素来选择最适宜的表格类型。

3）科学设计表格。

表格必须从内容到形式进行科学合理的设计，做到直观易懂、简单明了、层次清楚、形式合理、符合规定。

4）编排位置恰当。

表格的位置编排，一般应随文列出，要紧接在第一次涉及它的文字段后面，应该尽量与涉及文字在同一个段落，或编排在同一页码上，以便于阅读。必要时，表格也可分为两段或多段（这只能发生在转栏或转页），转页分段后每一续表的表头应重新排出，重排表头的续表起始横线上方应注明“续表 X”字样。

5）正确配合文字表达。

表格必须具备必要的信息，使读者通过表格能获得全部必要的内容，而不需要再看文字或插图。除了论文附录中的表格外，其他表格均应随文给出。表格的表达应完整，不能只给出表序、表题。表格在文中的位置通常是先出现文字叙述后出现表格（先见文，后见表），即表格与正文应呼应。在正文的适当位置（某段落中）以“如表 X–X 所示”或“参见表 X–X”等字样加以引导，表格一般紧接在此段落的后面排放，要避免先出现表格后提及表序，或根本不提及表序。

（2）表格的规范处理

1）幅面尺寸的确定。

表格幅面是其最大宽度（左右向）与最大高度（上下向）的乘积。对于栏目、内容较少的表格，一般无须精确确定其宽度，而对于横向栏目较多、宽度较大的表格，就应较为精确地确定其宽度，以实现顺利排版。可参照下式来估算表宽：

（表格中字数最多一行的字数×单字宽度+该行空格所占宽度）≤版心宽度

若表宽不能满足以上条件，则可以采用以下方法减小表宽：

① 删减表中可有可无的栏目。

② 合理地将表中栏目或栏内文字转行。

③ 根据实际情况合理地对表格排式进行转换。

④ 按需巧妙地采用侧排表。

⑤ 必要时可以采用不常用的对页表、插页表等。

注意：不同出版物的幅面、版心、栏宽可能不相同，即使对于采用相同幅面的出版物，其版心等尺寸也可能会有差异，因此确定表格幅面还要考虑具体出版物的具体尺寸。

2）表格拆分、合并、增设和删除。

恰当、巧妙和合理地对表格进行拆分、合并、增设或删除，对表格的规范使用起着十分重要的作用。

① 表格拆分。表格中有两个以上（含两个）中心主题，或包含没有上下关系的两种不同表头和表体，可将此表格拆分为两个表格。拆分表格需重新设计表格，表序、表题也要发生相应变化。

② 表格合并。当存在主题相近、位置相邻的两个表格时，可以考虑将这两个表格合并为一个表格。合并表格需更改其后续表格的序号。

③ 表格增设。对用文字表述的数据、内容，当其罗列性较强且有统计意义时，可改用（增设）表格来表述，这样既直观清晰又便于比较，能获得文字表述难以达到的效果。

④ 表格删除。对表述过于简单的表格，用文字同样能表述清楚时，可考虑将表格内容改用文字表述而将表删除。

⑤ 对表格进行拆分、合并、增设和删除操作后，要注意保证表序的唯一性，即同一论文中不能出现一号两表或一表两号的交叉、重叠，以及表序不连续等问题。

3）表格排式转换。

由于表格幅面及排版空间等因素的限制，有时需要对表格排式加以转换。常见的表格排式有以下几种。

① 表格分段排。当表格的横表头栏目较多，全表呈左右宽、上下窄的状态，且一行排不下时，应将表格回行转排（俗称折栏）。表格回行转排后，其横表头不同而竖表头相同，上下部分表文间以双横细线相隔。

② 表格转栏排。当表格的竖表头栏目较多，全表呈上下高、左右窄的状态，且一栏有充足的排版空间时，应将表格转栏排。表格转栏排后，其横表头相同而竖表头不同，排式上取左右并列方式即双栏排，中间以双竖细线相隔。

③ 表格通栏排。对于双栏排版的论文，当一个表格用单栏难以排下，或即使能够排得下但排后表格内容、形式和布局过于拥挤时，可将此表格改用通栏排。

④ 表格单栏排。对于双栏排版的论文，当一个表格用通栏排版后，其周边还有较充足的富余空间，且其内容、形式和布局可以调整为用单栏排版也有很好的表达效果时，可考虑将此表格改用单栏排。

⑤ 无（或有）线表排。表格构成栏目及表体较为简单时，可考虑排为无线表；相反，当表格构成栏目及表体均较为复杂且用无线表难以表述清楚时，可考虑将无线表排为有线表。

⑥ 表头互换。有时为了充分利用版面，或受表体限制，或出于视觉美观考虑，在不影响内容正确表述的情况下，可考虑将横、竖表头做互换处理。

⑦ 采用顶天立地式表格。当正文用双栏排时，如果表格幅面大而复杂，可考虑将表格排成通栏，处理成“顶天（本页最上方）”或“立地（本页最下方）”的形式，而一般不宜采用将表格“拦腰”截断的形式。

⑧ 跨页表。跨页表既可能双跨单，也可能单跨双，或者继续往下跨，要采用最合适的形式。除单页码上的侧排续表外，续表一律应重排表头，而且不排表序和表题，但应该加“续表”字样。表格在某一页未排完时，其底线宜用细线，以表示此表格未排完；续表的顶

线既可用粗线以统一表头的线型类型，也可用细线以表示此表格是续表。

⑨ 表旁串文也属于排式问题。科技论文多数是双栏排版的，一般不在表旁串文，但对于通栏排版的论文，当出现宽度小于版心 2/3 的表格时，可将表格排于切口位置而在表旁串文。

4）表格项目头设置。

表格项目头位于横表头和竖表头的交叉处，横排表格的项目头应位于表格的左上角，项目头内被斜线分割为若干区域，区域内的文字用来表示表头、表体的共性名称。项目头内斜线的数量取决于表达需要，多为一条斜线，但三线表是没有斜线的。

5）复式表头的使用。

一般情况下表头（三线表为项目栏）多为单式表头（项目栏），有时按表达需要，可将单式表头（项目栏）处理为复式表头（项目栏），见表 4.2。

表 4.2　不同秸秆产品的 DM 瘤胃消失率

产　品	时间点				
	2 h	4 h	6 h	12 h	24 h
为处理秸秆	$1.59±0.53^{a}$	5.69±1.27	6.67±0.85	10.27^{a}	23.59±2.05
秸秆颗粒	$4.78±2.01^{b}$	8.61±4.78	9.96±3.35	$17.59±2.53^{b}$	28.65±7.07
秸秆饲料块	$3.34±1.10^{ab}$	5.63	7.75±1.45	$14.16±0.49^{ab}$	27.97±4.07

6）栏目命名。

当栏目标识栏内的内容是事物的称谓、行为或状态时，栏目一般用名词或名词性词组表示。栏目命名比较困难时，要避免不命名，随意用一个特别泛指、笼统且不能表述相应特征、属性的词（如项目、参数、指标等）作为栏目名称等做法。栏目命名有以下原则。

① 正确归类，同栏同类。将类别相同的内容、信息放于表格的同一横栏或竖栏内。若归类有误，自然就难以或不便、不能给栏目正确命名。遇到这种情况时，需要对所指内容、信息的位置做进一步的调整，必要时可以采用栏内加辅助线、栏名使用联合词组等变通的方法加以解决。

② 分析归纳，抓住本质。栏目命名实质上是通过抽取事物本质属性而对其进行逻辑上的分析、归纳，最后选用贴切、具体的词语作为栏目名称。例如，某栏内列有“中国、美国、新加坡、台湾”，此栏目若命名为“国家”就错了，因为香港、台湾是中国的地区，不属于“国家”；若命名为“国家或地区”，将“台湾”改为“中国台湾”，则是可行的。

③ 正确使用标目。标目由量名称、量符号及单位符号组成，量名称与量符号间通常不加空格，量符号与单位符号间用“/”分隔，如“p/MPa”。把标目写成单位加括号或量符号后加逗号的形式，如“压力 p(MPa)”、“压力 p/(MPa)”、“压力 p,MPa”，均是不标准的（MPa 是压力的独立单位符号，无须加括号）。但对有复合单位的标目表达，应该将单位用括号括起，如“物质的量浓度 $c/(\mathrm{mol \cdot L^{-1}})$”，不要表示为“物质的量浓度 $c/\mathrm{mol \cdot L^{-1}}$”。

④ 标目中的量名称、量符号及单位符号通常三者不可缺一，但在不必要都写出的情况下可以省略其一。

7）表格数值表达。

表格标目中量符号和单位符号间的关系（量符号/单位符号 = 数值）与函数曲线图标目

中量符号和单位符号间的关系（量符号/单位符号=标值）相同，其中“数值”是指表体中相应栏内的数字。据此，可以总结出表格中数值表达的以下原则。

① 可通过单位符号前加词头（或改换另一词头）或者改变量符号前因数的方法，使得表体中的数值尽可能为0.1~1000。例如，表中某栏内的数值是“600，800，1000，…”，相应的标目为“压力 p/Pa”，则可将标目改为“压力 p/kPa”，数值改为“0.6，0.8，1.0，…”；表中某栏内的数值是“0.006，0.008，0.010，…”，相应的标目为“R”，则可将标目改为“10^3R”，数值改为“6，8，10，…”。

② 要坚持标目中“量符号/单位符号=数值”这一原则，当量纲为一时，此原则可表示为“量符号及其前面的因数=表体中相应栏内的数值”，不按此原则就容易出错。例如在上例中，若不小心就容易错改为“$10^{-3}R$，数值改为“6，8，10，…”，此时表示的数值就不是“0.006，0.008，0.010，…”，而是“6 000，8 000，10 000，…”，后者是前者的10^6倍。

③ 数值通常不带单位，对于百分数最好不要带百分号（%），正确的做法是将单位、百分号等归并在相应栏目的标目中。

④ 数值常用阿拉伯数字表示，当同一栏各行的数值属于同一标目时，应以个位数或小数点对齐，有效位数应相同，有时应以“~”或“/”等符号上下对齐；但同一栏各行的数值属于不同的标目时，则并不要求其有效位数相同且上下对齐，可相对各自栏目居中排，若硬是要求其有效位数相同且上下对齐，就可能会犯错误。

⑤ 当遇到上下或左右相邻栏内的文字或数值相同时，应重复写出，不得使用诸如“同上”“同左”“〃”之类的文字或符号代替，但可采用共用栏的方式处理。

8）表体排式及标点符号使用。

表体一般在栏内居中或居左排，较长时应按需回行排，不论首行是否缩进，回行均应顶格排。这样处理的效果要比首行顶格、回行缩进排的效果好，版面利用率也相应提高。叙述性表体可以像正文一样正常使用各种标点符号，但末尾不应带有任何标点符号。

表体中有时需要使用一字线“—”、省略号“…”和数字“0”，或格内不填任何文字(即为空白)。“—”或“…”一般表示无此项，“0”表示实际数值为零，空白表示数据或资料暂未查到或还不曾发现，属于“有”但暂时还未得到，故留有空白位置。表体中信息量较大、行数较多时，为便于阅读、查找数据，可以有规律地每隔数行加辅助线隔开或留出较大的空行。

9）表中插图及式子处理。

为表述方便，表格中有时含有插图，这种图即为表中插图。这种图具有系列性、对比性和列示性等特点，与表体的表述具有互补性，组成一个统一的整体，通常情况下幅面较小，而且不应该特别复杂。这种图的幅面与表格的结构应该相匹配，若图形较大，过宽或过高，表中相应位置区间上容纳不下该图，或该图占用版面太多，则可采用脚注的形式做规范化处理。

对表中的式子也可采用相同的方式，但编号时注意不要将其纳入论文正文中的式子体系统一编号，而要以其所在表的序号为基础单独编号，如表格序号为3时，其中式子的编号应该为3a、3b等。

10）表格与文字配合。

表格应随文排，通常先提及表序后出现表格，表格与文字要合理配合。科技论文中表格与文字配合不合理有以下几种常见情况。

① 正文中虽有某表格，但没有提及该表格。

② 正文中虽提及某表格，但没有该表格。

③ 正文中首次提及的不同表序不连续。

④ 正文中出现的表格不按表序连续排版，将可在同一页面内排为整表的表格拆分而排在不同页面。

⑤ 将表格排在距离提及它的文字所在段落较远的另外段落中或后面，而实际上完全可以做到排在提及它的文字所在段落中或后面。

⑥ 在表格左右侧均没有串文的情况下，没有将表格左右居中排。

⑦ 正文中有关表格的内容与相应表格的内容或表题不对应。

11）卡线表转换为三线表。

科技论文中的卡线表转换为三线表时，项目头中的斜线被取消了，项目头成为栏目，此时栏目无法同时对横、竖表头及表体中的信息特征、属性加以标识，而只能标识它所指栏的信息特征、属性。为了弥补三线表的这一缺陷，在转换过程中可以采用以下两种方法。

① 栏目选优去次。对转换前的卡线表项目头中的栏目进行对比分析，选取其中最有保留价值的一个栏目，而将其他可有可无的、次要的栏目去掉。

② 栏目选优移位。对转换前的卡线表项目头中的栏目进行对比分析，选取其中有保留价值的若干栏目，再通过变换位置的方式将其中合适的栏目挪到横表头中。

12）三线表表头配置。

三线表中常出现表头配置不合理的情况，如没有栏目、表头类型不恰当、栏目名称不正确等，遇到表头配置不合理的表格时，均应对其进行相应的处理。以下介绍三线表表头配置的几种方法。

① 增设栏目。三线表通常要有栏目，无栏目时就显得不规范。

② 确定表头类型。对于项目及层次较少的三线表，要特别注意合理安排栏目，确定表头的合适类型（如“横向”“竖向”），类型不当容易出现表中内容、信息无栏目或标目的现象。

③ 栏目优先竖向排。安排三线表的表头时，为便于比较，在版面允许的情况下，有时宜将同一栏目下的内容（特别是数值）做竖向上下排列。

④ 栏目合理归类、命名。栏目归类、命名是三线表表头配置的重要内容，若未能对其合理归类、命名，就难以实现表头的合理配置。

4.3 量和单位的规范使用

4.3.1 物理量

我国于 1993 年修订了国家标准 GB 3100-1993《国际单位制及其应用》，自 1994 年 7 月 1 日起实施。这套标准涉及自然科学的各个领域，是我国各行各业必须执行的基础性标准。

国家标准中所述的量均为物理量，即指现象、物体或物质的可定性区别和定量确定的一种属性。在计量学领域，往往把物理量称为可测量，且习惯上将计数得出的量称为计数量。所谓可测量，其含义并非是指可以测量得出的量。例如，声压级、固体表面硬度、溶液的pH等，虽然是经过测量（即将其与已知的量相比较）得出结果，但它们并不是物理量，也不能称为可测量。在不致造成混淆时，物理量和可测量均可简称为量。

从量的定义中可以看出，量有两个特征：一是可定量确定，量能够反映属性的大小、轻重、长短或多少等概念；二是可定性区别，量能反映现象、物体和物质在性质上的区别。

（1）量的单位和数值

量的单位是指用来定量确定同一类量的参考量。这一类量中的任何其他量，都可以用一个数与单位的乘积表示，这个数称为该量的数值。例如，$m=15\,\text{kg}$，其中 m 表示质量的量符号，kg 表示质量单位千克的符号，而 15 则是以 kg 为单位时某物体质量的数值。

（2）量的方程式

没有孤立存在的量，量与量之间都可建立某种数学关系，执行加、减、乘、除等数学运算而形成方程式。科学技术中所用的方程式分为两类：一类是量方程式，其中用量符号代表量值（即数值×单位）；另一类是数值方程式。

数值方程式与所选用的单位有关，如果采用数值方程式，则在文中相应位置必须注明单位。而量方程式的优点是与所选用的单位无关，因此应该优先采用量方程式。例如，式 $v=l/t$（v 表示速度，l 表示长度，t 表示时间）为量方程式，不论量采用什么单位，该关系式均成立。但是物理量的量值是由数值与单位构成的，故在使用量方程式进行运算时，必须代入相应的数值与单位，而不应只代入数值。例如，$v=l/t=100\,\text{m}/3\,\text{s}=120\,\text{km/h}$。

（3）量制

量制是一组存在给定关系的量的集合，这种关系的核心是基本量。不同的基本量构成了不同的量制，适用于不同的学科领域。

国际单位制（SI）采用的是七量制，即长度、时间、质量、电流、热力学温度、发光强度和物质的量 7 个基本量适用于所有学科领域。长度、质量和时间为力学量制的基本量；长度、时间、质量和电流为电学量制的基本量；长度、质量、时间和热力学温度为热学量制的基本量。

（4）量纲

量纲只是表示量的属性，而不是指量的大小。量纲只用于定性地描述物理量，特别是定性地给出量与基本量之间的关系。

任一量 Q 可以用其他量以方程式的形式表示，该表达式可以为若干项的和，其中每一项可用一组基本量 A，B，C…与数字因数 ζ 的乘方之积进行表示，即 $\zeta A^{\alpha}B^{\beta}C^{\gamma}\cdots$，$\alpha$，$\beta$，$\gamma$，…为各项基本量组的指数。于是量 Q 的量纲可用量纲积进行表示：$\dim Q=\mathrm{A}^{\alpha}\mathrm{B}^{\beta}\mathrm{C}^{\gamma}$。式中，A，B，C…为基本量 A，B，C…的量纲，α，β，γ，…为量纲指数。

在以 7 个基本量为基础的量制中，其基本量的量纲可分别用 L，M，T，I，Θ，N，J 表示，则量 Q 的量纲一般为 $\dim Q=\mathrm{L}^{\alpha}\mathrm{M}^{\beta}\mathrm{T}^{\gamma}\mathrm{I}^{\delta}\Theta^{\varepsilon}\mathrm{N}^{\xi}\mathrm{J}^{\eta}$。

例如，物理化学中熵 S 的量纲可表示为 $\dim S=\mathrm{L}^{2}\,\mathrm{M}\mathrm{T}^{-2}\Theta^{-1}$，其量纲指数为 2、1、−2、−1。

（5）量纲一的量

量纲一的量是所有量纲指数都等于 0 的量（曾称为无量纲量，现行国家标准已称为量纲一的量），其量纲积或量纲为 $\mathrm{A}^{0}\mathrm{B}^{0}\mathrm{C}^{0}\cdots=1$，即 $\dim Q=\mathrm{L}^{0}\mathrm{M}^{0}\mathrm{T}^{0}\mathrm{I}^{0}\Theta^{0}\mathrm{N}^{0}\mathrm{J}^{0}=1$。

这种量表示为一个数，国际单位制将其单位规定为 1，具有一切物理量所具有的特性，是可测的；可用特定的参考量作为单位；同类时可进行加减运算。

（6）量名称和符号

每个量都有相应的名称和符号。国家标准共列出 13 个领域中常用的 614 个量，按科学的命名规则，同时结合我国国情，适当考虑了原有广泛使用的习惯，给出了它们的标准名称和符号，即我国的法定量名称和符号。

4.3.2 计量单位

单位是计量单位（也称测量单位）的简称，是约定定义和采用的用以比较并表示同类量中不同量大小的某一种特定量（即物理常量）。这种约定的范围是不受限制的，包括国际约定、一国约定或更小范围的约定，SI 单位就属于国际约定。单位恒为特定量，当然属于物理量，因此也有量纲。单位并不要求数值为 1，因此不能把单位理解为数值为 1 的量。

（1）单位制

单位制是和量制同步发展起来的，通过方程式和量纲积可从选定的基本量单位得到导出量的单位。选定的基本量单位称为基本单位，导出量的单位称为导出单位。同一量制中，选择不同的基本单位，可以有不同的单位制。

SI 约定了 7 个基本单位，全部导出单位可以用这些基本单位进行定义，而且导出单位定义方程中的因数都是 1。这种导出单位称为一贯导出计量单位，简称一贯单位。

（2）国际单位制

国际单位制（SI）是由国际计量大会所采用和推荐的一贯单位制。SI 是一个完整的单位体系。由单位和单位的倍数单位两部分构成。其中 SI 单位又分为 SI 基本单位和 SI 导出单位（包括 SI 辅助单位在内的具有专门名称 SI 导出单位和组合形式的 SI 导出单位）两部分。在实际使用中，SI 基本单位、SI 导出单位及其倍数单位是单独、交叉、组合或混合使用的，因此就构成了可以覆盖整个科学技术领域的计量单位体系。

（3）单位一

量纲一的量是有单位的。任何量纲一的量的 SI 一贯单位都是一，符号是 1，在表示量值时，它们一般不明确写出。例如，折射率 $n=1.53\times1=1.53$。然而，对于某些量而言，单位一被给予专门名称（例如，平面角 $a=1.5=1.5\mathrm{rad}$，场量级 $L_F=20=\mathrm{N_P}$），表示量值时单位 1 是否用专门名称取决于具体情况。

表示量纲一的量值时，单位一不能用符号 1 与词头结合以构成其十进倍数或分数单位，但可用 10 的幂（乘方）代替，有时也可用百分数符号%代替数字 0.01，即把%作为单位 1 的分数单位使用。例如，反射系数 $r=0.065=6.5\times10^{-2}=6.5\%$。

（4）单位名称和符号

单位名称通常应用于叙述性文字和口语中，部分单位有全称和简称两种叫法。单位符号分中文符号和国际符号两种。科技论文一般使用单位的国际符号。

4.3.3 量和单位的规范使用

在一些作者进行论文写作的过程中，量和单位使用不规范的现象较为普遍，影响了论文的可读性，降低了论文质量。量和单位使用通常需遵循以下规范。

（1）量及其符号的规范使用

1）规范使用量名称。

规范使用量名称有以下规则。

① 避免使用废弃量名称。例如，使用“比热容”“相对分子质量”等标准量名称，而不要使用“比热”“分子量”等废弃量名称。

② 避免使用含义不确切的词组作量名称。例如，“浓度”既可以指“B 的质量浓度”，也可以指“B 的物质的量浓度”，两者的单位分别为 kg/L、mol/m^3（或 mol/L）。

③ 避免使用“单位+数”的形式作量名称。例如，不用“摩尔数”表示物质的量，不用“小时数”“秒数”表示时间。

④ 避免使用与标准量名称有出入的字来书写量名称。例如，不要将“傅里叶数”写为“付立叶数”或“傅立叶数”。

⑤ 避免使用不优先推荐使用的量名称。例如，优先使用“摩擦因数”，而非“摩擦系数”；优先使用“活度因子”，而非“活度系数”。

2）规范使用量符号。

规范使用量符号需要注意以下规则。

① 不要将非标准量符号作量符号。要使用国家标准中规定的量符号，例如，质量的标准量符号是 m，如果选择其他非标准量符号（如 M、W、P、μ 等）作其量符号，当量的符号与其他量的符号发生冲突，可考虑使用备用符号。例如，若已用作时间的符号，就不宜再将 t 作为摄氏温度的符号，而应该用 θ 作其符号。

② 避免使用字符串作量符号。例如，用 *WEIGHT* 作重量的符号，*CRP* 作临界压力的符号，均不妥当。

③ 避免使用化学名称、元素符号（包括原子式或分子式）作量符号。例如，“$O_2=1:5$”不规范，因为使用了分子式作量符号。对于此表达，若指体积比，应改为 $V(CO_2):V(O_2)=1:5$；若指浓度比，则应改为 $c(CO_2):c(O_2)=1:5$。

④ 不要把量纲不是一的量符号作为纯数。例如，不能用 $\log v(\mathrm{m\cdot s^{-1}})$ 表达对速度的量符号 v 取对数，因为 v 的量纲不是一，不能取对数；但是速度与其单位之比 $v/(\mathrm{m\cdot s^{-1}})$ 可以表达为 $\log(v/(\mathrm{m\cdot s^{-1}}))$，因为 $v/(\mathrm{m\cdot s^{-1}})$ 为一个数，数是可以取对数的。

⑤ 不要使用正体字母表示量符号。避免使用普通字体表示矢量、矩阵和张量。它们通常采用黑（加粗）体、斜体字母进行表示。例如，不能将矩阵 $\boldsymbol{A}$ 表示成 A，或字符串（如 *MA*，*matrix*A），或字符加方括号的形式[A]等。

⑥ 不要将两个量符号相乘与由两字母组成的量符号相混淆。相乘的量符号之间应当加空格（通常为 1/4 个汉字或 1/2 个阿拉伯数字的宽度）或有表示乘号的“·”或“×”。例如，表示半径 R 与偏心距 e 相乘的 Re 及表示雷诺数的 Re 同时出现时，很容易造成混淆，最好加以区分，可将表示相乘的 Re 表示为 $R\cdot e$ 或 $R\times e$。

3）规范表示量符号下标。

当不同的量使用同一字母作量符号，或同一量有不同使用特点主符号附加下标的形式可以区别同一量的不同量值（上标及其他标记也具有同样的作用）。表示下标时，应注意区分下标符号的类别、大小写和正斜体等。规范使用下标需要注意以下规则。

① 数字、数学符号、代表变动性数字的字母、量符号、单位符号、记号（标记）、英文

词缩写和关键英文词首字母均可作下标。

② 下标为量符号，表示变动性数字的字母，坐标轴符号和表示几何图形中的点、线、面、体的字母时用斜体，其余则用正体。

③ 下标为量符号、单位符号时，大小写同原符号；英文缩写作下标时，来源于人名的缩写用大写，一般情况下的缩写用小写。

④ 要优先使用国际上和行业中规定或通用的下标写法。

⑤ 当一个量符号中出现两个以上的下标或下标所代表的符号比较复杂时，可把这些下标符号加在“( )”中共同置于量符号之后。

⑥ 少用复合下标，即下标的下标。

⑦ 根据需要可以使用上标或其他标记符号。

（2）单位名称及其中文符号的规范使用

1）规范使用单位名称。

规范使用单位名称有以下规则。

① 相除组合单位的名称与其符号的顺序要一致。符号中除号对应的名称为“每”字，乘号没有对应的名称。例如，速度单位“m/s”不是“秒米”“米秒”或“每秒米”，而是“米每秒”。

② 区分乘方形式的单位名称。乘方形式的单位名称的模式为指数名称（数字加“次方”二字+单位名称）。例如，单位“m^5”的名称为“五次方米”。

③ 书写组合单位名称时不得加任何符号。例如，扭矩单位“N · m”的名称是“牛米”，而不是“牛 · 米”。

④ 读写量值时不必在单位名称前加“个”字。例如，不要将“14 小时”读写为“14 个小时”；不要将“12 牛”读写为“12 个牛”。

⑤ 不要使用非法定单位名称（包括单位名称的旧称）。例如，不要使用达因、马力、公尺、英尺或呎、英寸或吋、公升或立升、钟头等非法定单位名称，而要使用牛、焦、瓦、米、厘米、海里、升、小时等法定单位名称。

2）规范使用单位中文符号。

规范使用单位中文符号有以下规则。

① 避免将单位名称作为单位中文符号使用。单位中文符号一般采用单位名称的简写形式。例如，电阻单位“Ω”的中文符号是“欧”，而不是其名称“欧姆”。

② 避免使用不规范的形式表示组合单位。由两个以上单位相乘所构成的组合单位，中文符号用居中圆点代表乘号；由两个以上单位相除所构成的组合单位，其中文符号可采用“/”代表除号。例如，动力黏度单位“Pa · s”的中文符号是“帕 · 秒”。

③ 避免使用既不是单位中文符号也不是单位中文名称的“符号”作单位中文符号。例如，面质量单位“kg/m^2”的中文符号是“千克/米^2”或“千克 · 米$^{-2}$”，而不是“千克/平方米”或“千克/二次方米”。

④ 避免在组合单位中并用两种符号。例如，不要将“t/a”或“吨/年”写为“t/年”。但是当单位无国际符号时可以并用两种符号，如“元/m^2”“m^2/人”“kg/(月 · 人)”等均是正确的表达。

⑤ 不宜使用单位中文符号和中文名称。在非普通书刊和高中以上教科书中出现单位中

文符号和中文名称的情况较为常见，但从执行国家标准的角度，应避免这种情况。

（3）单位国际符号的规范使用

1）规范使用字体。

单位国际符号的书写要严格区分字母的大小、类别及正斜体。单位符号通常采用小写字母表示，但来源于人名首字母时应用大写字母表示；无例外均采用正体字母表示。

2）规范使用法定单位符号。

不要把不属于法定单位符号的“符号”作单位符号。例如，表示时间的非标准单位符号，如旧符号 sec（秒）、m（分）、hr（时）、Y 或 yr（年）（其法定单位分别是 s、min、h、a）；表示单位符号的缩写，如 rpm、bps 或 Bps，其法定单位应分别是 r/min（转每分）、bit/s（位每秒）或 B/s（字节每秒）等。

3）规范使用组合单位符号。

规范使用组合单位符号有以下规则。

① 当组合单位符号由两个或两个以上的单位符号相乘构成时，要用单位符号间加居中圆点或留空隙的形式表示。例如，由“N”和“m”相乘构成的单位应表示为“N · m”和“N m”两种形式之一。“N m”也可以写成中间不留空隙的形式“Nm”。

② 当组合单位符号由两个单位符号相除构成时，有两种表示形式：一种是用单位符号分别作分子、分母的分数；另一种是用单位符号间加斜线或居中圆点（情况复杂时可加括号）。当用单位符号间加斜线或居中圆点表示相除时，单位符号的分子和分母都要与斜线（“/”）处于同一行内。当分母中包含两个以上单位符号时，整个分母一般应加圆括号。在一个组合单位符号中，在同一行内的“/”不得多于 1 条，而且其后不得有乘号或除号。在复杂情况下应当用负数幂或括号。例如，传热系数的单位是“$W/(m^2 \cdot K)$”或“$W \cdot m^{-2} \cdot K^{-1}$”，而不能写成“$W/m^2/K$”或“$W/m^2 \cdot K$”或“$W/m^2 \cdot K^{-1}$”。

③ 当表示分子为 1 的单位时，应采用负数幂的形式。例如，粒子数密度的单位是“m^{-3}”，一般不写成“$1/m^3$”。

④ 当用“°”“′”“″”构成组合单位时，须给它们加圆括号“( )”。例如，“25′/min”应表示为“25(′)/min”。

⑤ 单位国际符号可以与非物理量的单位（如“次、件、台”等）构成组合形式的单位，但不要将非物理量的单位写成负数幂的形式。例如，“元/d”“次/V”“件/(h · 人)”均是正确的表达。

4）无须修饰单位符号。

单位符号没有复数形式，不要给单位符号附加上、下标；不要在单位符号间插入修饰性字符；不要使用习惯性修饰符号。

5）规范表示量值。

基于量和单位的关系 $A=\{A\} \cdot [A]$ 及有关规定表示量值。规范表示量值有以下规则。

① 数值与单位符号间留适当空隙（通常 1/4 个汉字或 1/2 个阿拉伯数字宽）。表示量值时，单位符号应置于数值之后，数值与单位符号间留一空隙。必须指出，唯一例外为平面角的单位符号“°”“′”“″”与其前面数值间不留空隙。

② 不得把单位插在数值中间或把单位符号（或名称）拆开使用。例如，“2m33”“9s05”表达错误，应分别改为“2. 33 m”“9. 05 s”。

③ 对量值的和或差要正确、规范地表示。当所表示的量为量的和或差时，应当加圆括号将数值组合，且置共同的单位符号于全部数值之后，或者写成各个量的和或差的形式。

④ 对量值范围的表示形式要统一。表示量值范围时要使用浪纹式连接号“～”或直线连接号“–”。例如，1.2～2.4 kg · m/s（或 1.2 kg · m/s～2.4 kg · m/s），1.2–2.4 kg · m/s（或 1.2 kg · m/s–2.4 kg · m/s）均是正确的表示。有的出版物要求使用括号中的形式，是为了避免引起误解。例如，对 0.2～30%既可理解为 0.2 到 30%，又可理解为 0.2%到 30%，因此在实际中要根据具体情况来选用具体形式。“～”和“–”的选用也无硬性规定，但有些出版物界定了二者的使用范围：表示数值范围时，用“～”号；表示时刻或地点的起止时，用“–”号。

⑤ 在图表中用特定单位表示量值要采用标准化表示方式。为区别量本身和用特定单位表示量值，尤其在图表中用特定单位表示量值，可用以下两种标准化方式：①量符号与单位符号之比 $A/[A]$，如 $\lambda/\mathrm{nm}=589.6$；②量符号加花括号“{ }”单位符号作下标的形式 $\{A\}_{[A]}$，如 $\{\lambda\}_{[\mathrm{nm}]}=589.6$。第一种方式较好，使用较为普遍，高中教材、高考试题及越来越多的科技书刊已采用这种方式。实际中，量符号可用量名称替代，如“$v/(\mathrm{km}\cdot\mathrm{h}^{-1})$”可表示为“速度$/(\mathrm{km}\cdot\mathrm{h}^{-1})$”。

（4）词头的规范使用

1）使用正确字体。

书写词头时要严格区分字母的类别、大小写及正斜体。词头所用字母除“微（10^{-6}）”用希腊字母“μ”表示外，其他均用拉丁字母表示；词头一律用正体字母表示，大小写要按其所表示的因数大小来区分。区分词头的大小写主要有以下规则。

① 表示的因数等于或大于 10^6 时用大写。这样的词头共 7 个，包括 M(10^6)、G(10^9)、T(10^{12})、P(10^{15})、E(10^{18})、Z(10^{21})、Y(10^{24})。

② 表示的因数等于或小于 10^3 时用小写。这样的词头共 13 个，包括 k(10^3)、h(10^2)、da(10^1)、d(10^{-1})、c(10^{-2})、m(10^{-3})、x(10^{-6})、n(10^{-9})、p(10^{-12})、f(10^{-15})、a(10^{-18})、z(10^{-21})、y(10^{-24})。

2）词头与单位连用。

词头只有与单位连用才具有因数意义。词头不得独立或重叠使用，与单位符号之间不得留间隙。例如，“8 km”不能写成“8k”，“146 GB”不能写成“146G”等。

通过相乘构成的组合单位一般只用一个词头，通常用在组合单位的第一个单位前。例如，力矩单位“kN · m”不能写成“N · km”。通过相除构成的组合单位或通过乘和除构成的组合单位加词头时，词头一般加在分子中的第一个单位之前，分母中一般不用词头，但质量单位“kg”不作为有词头的单位对待。例如，摩尔内能单位“kJ/mol”不要写成“J/mmol”，而比能单位可以是“J/kg”。当组合单位的分母是长度、面积或体积的单位时，按习惯与方便，分母中可以选用词头构成倍数单位或分数单位。例如，密度单位可以选用“$\mathrm{g/cm^3}$”。一般不在组合单位的分子、分母中同时采用词头。例如，电场强度单位不要用“kV/mm”，而应当用“MV/m”。

3）选用合适的词头。

使用词头的目的是使量值中的数值处于 0.1～1000，为此要根据量值大小来确定词头因数的大小，进而选用合适的词头符号。例如，“5000×10^6 Pa · s/m”应表示为“5 GPa · s/m”，而不应表示为“5000 MPa · s/m”；“0.00005 m”应表示为“50 μm”，而不应表示为“0.05 mm”。

4）考虑词头使用的限制性。

要考虑哪些单位不允许加词头，避免对不允许加词头的单位加词头。例如，“min”“h”“d”“kn”“kg”等单位不得加词头构成倍数单位或分数单位。由于历史原因，“质量”的基本单位名称“千克”中含有词头“千”，其十进倍数和分数单位由词头加在“克”字之前构成，如“毫克”的单位是“mg”，而不是“μkg”(微千克)。还要注意，1998 年 SI 第 7 版新规定“°C”(摄氏度) 可以用词头，按此规定“k°C”“m°C”等均是正确的单位符号。

5）正确处理词头与单位的幂次关系。

将词头符号与所紧接的单位符号作为一个整体对待且有相同幂次，即倍数或分数单位的指数是包括词头在内的整个单位的幂。例如，$1\ cm^2 = 1\ (10^{-2}m)^2 = 1\times10^{-4}\ m^2$，而 $1\ cm^2 \neq 10^{-2}m^2$。

（5）法定单位的使用

使用法定单位是单位规范使用的重要方面，应当废除或停止使用非法定单位。

（6）量纲匹配

量纲匹配指数学式中等号或不等号两边的量纲相同，若不相同，两边就不可能相等或进行大小比较。例如，式 $t=\log(1-Q)$（式中，t 为释药时间，Q 为药物释放量)，等号左边的“t”是一个有量纲的量，而右边是对“$1-Q$”这个数取对数，取对数的结果只能是一个纯数，因此等号两边的量纲不相同，就不可能相等，说明此式有误。

（7）行文统一

行文统一指在同一篇论文中对含义确切的同一量应始终保持用同一名称和同一符号来表示，同一符号最好不要用来表示不同的量。同一符号应只表示同一量，同一量也应该只用同一符号表示；如果表示不同条件或特定状态下的同一量，应采用上下标加以区别。例如，文中若使用“摩擦因数”这一量名称，就应在整篇论文中统一用该名称，而不要混用其另一名称“摩擦系数”；文中若已用 t 表示时间，就不宜再用 t 表示摄氏温度，而应选用 θ 表示摄氏温度；若已用 θ 表示摄氏温度，就不宜再用 t 加下标的形式表示不同时刻的温度，而要用 θ 加下标的形式 θ_0，θ_1，θ_2，…或 θ_c（临界温度）表示。

4.3.4 量和单位使用的常见问题

量和单位的使用中常出现如下问题。

1）对某一些量和单位名称的使用比较随意，并没有认识到不同量之间的关系和区别，存在概念混淆和张冠李戴的现象。例如，笼统使用“浓度”一词，混淆了一些名称里有“浓度”一词的量；用“质量”的单位“kg”(千克) 和“t”(吨) 作“重量”及“力”的单位。

2）使用国标中已经废弃甚至不存在的量名称，没有使用国标中新添加的量名称。例如，没有使用“质量”“摩尔分数”“密度”等标准量名称，而是使用“重量”“摩尔百分数”“比重”等已经废弃的量名称。

3）没有使用国家标准中规定的量符号，而用错误的字母、单词或字母组合来表示。例如，用 T、N、P 等而没有用 F 作“力”的符号；用 *WEIGHT* 作“重量”的符号；用 CT（“Critical Temperature”的首字母）作“临界温度”的符号。

4）使用国标中已弃用的非法定单位。例如，使用“tf”（吨力）、“Torr”（托）等非法定单位。

5）用不是单位符号的符号作单位的符号。例如，使用“hr”（时）、“sec”（秒）、“rpm”（转每分）、“ppm”（百万分率）等错误符号。

6）对具有专门名称的国际单位制导出单位，仍然用以前的旧名称来代替其专门名称。例如，在表示“压力”（或“压强”）和“应力”的单位时，仍用旧的单位“$\mathrm{N/m^2}$”而没有用其专门名称“Pa”（帕）。

7）用单位的名称或中文符号替代单位的符号，甚至将不是单位的名称，也不是单位中文符号的符号替代单位的符号。例如，把“压力 200 Pa”写成“压力 200 帕”或“压力 200 帕斯卡”。

8）将国际符号与单位中文符号稍加组合用作单位的符号。例如，“速度”用“km/小时”表示，“重力”用“千克 * $\mathrm{m/s^2}$”表示，“电阻”用“伏/A”表示。

9）没有正确区分量符号（包括上、下标符号）和单位符号（包括词头符号）的字母种类、大小写、正斜体和字体。例如，用大写字母“P”而没有用小写字母“p”表示“压力”（或“压强”）和“应力”的符号；用斜体字母“T”而没有用正体字母“T”表示矩阵转置的上标（如错将 $\boldsymbol{A}^{\mathrm{T}}$ 表示成 $\boldsymbol{A}^{T}$）；用拉丁字母“k”或“K”而没有用希腊字母“$\boldsymbol{\kappa}$”表示“曲率”的符号。

10）没有正确使用词头。例如，将“$2.16\times10^6\mathrm{m}^3$”写成“$2.16\mathrm{Mm}^3$”。

11）使用非标准化表示法表示插图和表格中的量和单位。例如，将“转速 $n/(\mathrm{r}\cdot\mathrm{min}^{-1})$”表示成“转速 $n,\mathrm{r}\cdot\mathrm{min}^{-1}$”或“转速 $n(\mathrm{r}\cdot\mathrm{min}^{-1})$”，甚至错写成“转速 $n/\mathrm{r}\cdot\mathrm{min}^{-1}$”或“转速 $n/\mathrm{r/min}$”。

12）没有使用黑（加粗）体和斜体字符表示矩阵、矢量和张量的符号。例如，将矩阵 $\boldsymbol{A}$ 表示成 A 或 $\mathbf{A}$，或字符加方括号的形式 $[A]$，或字符上方加箭头的形式，或字符串（如英文单词缩写 *MK* 或全称 *matrix*K）。

13）没有使用标准符号 $\boldsymbol{E}$ 或 $\boldsymbol{I}$ 表示单位矩阵的符号。

14）没有使用标准符号 $\boldsymbol{e}$ 表示单位矢量的符号。例如，用 $\boldsymbol{k}$ 而没有用 $\boldsymbol{e}_{\mathrm{k}}$ 表示单位法向矢量；用 $\boldsymbol{p}$ 而没有用 $\boldsymbol{e}_{\mathrm{p}}$ 表示单位切向矢量。

15）对量纲一的量列出了单位。例如，用“个”等量词作这种量的单位。

16）在单位名称的后面添加“数”来用作量名称。例如，用“天数/d”来表示“时间 t/d”。

17）对同一量的表达行文不统一。例如，在同一论文中混用多个符号 U、V、u 或 v 来表示同一量“电位差”。

4.3.5 常用量和单位的使用注意事项

论文写作中，对于常用量和单位的使用，需注意以下事项。

（1）空间和时间

1）暂时还允许使用容积这一量名称，其量符号和单位与体积相同。

2）笛卡儿坐标一般用英文小写斜体字母 *xyz* 表示，原点用英文大写斜体字母 *O* 表示；当坐标轴都标注数值且都从数字“0”开始时，原点应该用数字“0”表示。数控机床标准中用大写斜体字母 *XYZ*，计算机编程语言中用大写正体字母 XYZ 都是允许的。

（2）力学

1）质量的量符号为 m，氧的质量应表示为 $m(\mathrm{O_2})$。质量的单位为 kg。表示物体的质量时不允许使用重量，如有困难不改者，应加注说明是指物体的质量（重量按照习惯仍可用于表示质量，但不赞成这种习惯）。重量是指物体在特定参考系中获得其加速度等于当地自由落体加速度时的力，单位为 N。在地球参考系中，重量常称为物体所在地的重力。

2）过去使用的比重一般应以密度 ρ 替代，比重（$\mathrm{N/m^3}$）与密度（$\mathrm{kg/m^3}$）的换算关系是 $\gamma=\rho g$（γ 表示比重，ρ 表示密度，g 表示重力加速度）。工程中使用的重度 γ 表示单位体积的重力，为密度 ρ 与重力加速度 g 的乘积，即工程中还有堆密度、松散密度和假密度等，这类量在生产中仍有实用意义，可以继续使用。

3）要注意转动惯量（惯性矩）与截面二次轴矩（惯性矩）的区别，前者的单位是“$\mathrm{kg \cdot m^2}$”，后者的单位是“$\mathrm{m^4}$”。

4）在电机和电力拖动专业暂时还允许使用飞轮力矩 GD^2，其单位是“$\mathrm{N \cdot m^2}$”，而不是“$\mathrm{kg \cdot m^2}$”。

（3）电学和磁学

1）不可以使用电流强度这种已淘汰的量名称。

2）电荷［量］的简称是电荷而不是电量。

3）电位（电势）V，φ 用于静电场。电位差 U，（V）用于静电场，电压用于各种场合。强电多用符号 U，弱电多用符号 V。电动势 E 用于电源上，电动势不可简称为电势。

4）不要将绕组的匝数 N 与电气图形符号中绕组的文字符号 W 混淆。

5）在电工技术中，有功功率单位用瓦特（W），视在功率单位用伏安（V · A），无功功率单位用乏（var）。

4.4 式子的规范使用

4.4.1 式子的分类

式子用来表达物理量之间的逻辑和运算关系，是数字、字母、符号等的逻辑组合。关于科技论文中式子的规范使用，目前尚没有专门的国家标准可循。这里只能综合散见于相关标准、规范中的一些相关规定、实例以及一些约定俗成的做法。

科技论文的式子可分为数学式和化学式两大类。数学式分为数学公式（简称公式）、数学函数式（简称函数式）、数学方程式（简称方程式）和不等式。化学式分为分子式、结构式、结构简式和实验式等。本书重点讨论数学式及其规范应用。

从排版形式的角度，数学式分为单行式和叠排式。如单行式的形式为 $A+B+C=D$，而叠排式的形式为$\frac{A}{B}=\frac{C}{D}=\frac{E}{F}$。

4.4.2 数学式及其规范使用

数学式是科技论文的重要组成元素，尤其是对于理工科类的科技论文而言，数学式子在其中发挥着不可或缺的作用。接下来，对科技论文中的数学式及其使用规范进行说明。

(1) 数学式的特点

从写作和排版的角度概括而论，数学式具有以下特点。

1）所用字符种类多。数学式中可能有多种字母和符号，如英文、俄文、希文和德文等，字母还有字号、字体、正斜体、大小写、上下标之分。

2）符号或缩写字多。符号包括运算、逻辑、关系和函数等符号，各有各的含义和用途。数学式中还可能包括缩写字（如 log、max 等）。

3）层次重叠多。字符在数学式中的上下左右排列位置不同，例如有上、下标，上、下标中可能还会含有上、下标（即复式上、下标）；有的数学式中含有繁分式（叠排式）、行列式或矩阵，排版上非常复杂。

4）容易混淆的字符多。很多字母或符号形体相似，但表达的意义和适用场合往往不同。例如，a 与 α、r 与 γ、u 与 μ、w 与 ω、0 与 o、v 与 ν 等，写作、排版或校对时稍不留心就会出错。

5）变化形式多。同一个数学式有不同的表达方式，从而有不同的表示形式。例如，分数式既可写成$\frac{a}{b}$的形式，又可写成 a/b 或 ab^{-1}的形式。同一符号在不同数学式中的含义可能不同。例如，d、e、π 分别表示微分符号、自然对数的底、圆周率，也可分别表示某一量的符号。

6）限制条件多，占用版面多。数学式中，符号的使用，式子的排式、排法，都有相应的规范要求。重要的数学式（一般需要对其编号）应单独占一行或多行，有的式子的前边或式与式之间的连词（包括关联词语）等通常要求单独占行排；含有分式、繁分式、行列式和矩阵等的数学式会占用更多的版面。

(2) 数学式的规范使用

1）数学式的编排要求。

数学式对正文文字的排式分为另行居中排和串文排两种。前者是指把数学式另行排在左右居中的位置；后者是指把数学式排在文字行中。

对一个数学式，究竟采用哪种排式，往往取决于多方因素。为了节省篇幅和版面，需要另行居中排的数学式应是以下三种情况之一。

① 重要式子。重要式子另起一行居中排，比较醒目，容易引起读者重视，读者也容易查找。

② 长式，带积分号、连加号、连乘号等的式子，以及比较复杂的式子（如繁分式）。它们虽然不一定最重要，但若插在一般行文中，可能会使同行的文字与其上下两行之间的行距增大，版面显得不美观，而且长式的转行还可能难以满足转行规则的要求。

③ 对需要编码的数学式若不另行居中排，就无法把其编号排在规定的位置上。

有的出版物对另行排的数学式没有排为左右居中的位置，而是距左边距一定宽度的空白位置起排。这种做法若能在同一出版物中统一使用，也是合理、可行的。

2）数学式符号的注释。

数学式符号的注释（简称式注），是指对数学式中需要注释的量的符号及其他符号给出名称或进行解释、说明，必要时还要为量给出计量单位。通常是按符号在式中出现的顺序，用准确、简洁的语句对其逐一解释，但对前文中已作过解释的符号则不必重复解释。对于数值方程式中的量还应接着注释语给出计量或计数单位。式注有列示式、行文式和子母式三类。

3）数学式的编号。

对再（多）次被引用的数学式或重要的结论性数学式，应按其在文中出现的顺序给予编号（简称式号），以便查找、检索和前后呼应。数学式编号有以下原则。

① 式号均用自然数，置于圆括号内，并右顶格排。

② 文中各式子的编号应连续，不能重复，不能遗漏。

③ 若式子太长，其后无空位排式号或空余较少不便排式号，或为了排版需要，则可将式号排在下一行的右顶格处。

④ 编号的式子不太多时，常用自然数表示式号，如（1）、（2）等，但对性质相同的一组式子，则可以采用在同一式号后面加字母的形式，如（1a）、（1b）等。

⑤ 对一组不太长的式子，可排在同一行，而且共用一个式号。

⑥ 同一式子分几种情况而上下几行并排时，应共用一个式号，各行的左端可加一个大括号且左端排齐，式号排在各行整体的上下居中位置。但是，对于一行排不下而转行排的同一式子，式号要排在最后一行的末端。

几个式子上下并排组成一组且共用一个式号时，各行式子的左端应排齐，式号应该排在该组式子整体的上下居中位置，必要时可以在该组式子的左端或右端加一个大括号。

一组式子无须编式号但需要加大括号时，大括号通常加在这组式子的左端，尤其对于联立方程更应如此。

⑦ 正文与式子要呼应，而且正文中式子的编号也应采用带圆括号的形式。要避免“上式即为……的计算式”“将上式与式（2）比较可知……”“如下式所示”之类的叙述，这是因为即使作者非常清楚所述的“上式”“下式”具体是指哪个式子，但对读者来说并不一定清楚其具体所指，容易造成误解。

⑧ 通常只有后文中要引用的前提性和结论性居中排公式才需要编式号，对文中没有提及或不重要的、无须编号的式子，即使采用了另行居中排的形式，也不用对其编号。

4）数学式前的镶字。

数学式前面另行起排的 6 个字以内（包括 6 个字）的词语，叫作数学式前的镶字，简称镶字，是用来表示式间提示、过渡或逻辑关系的。数学式前面超过 6 个字的词语不是镶字，应按普通行文处理。

常见的镶字分为单字类、双字类、三字及以上类：单字类通常有“解、证、设、令、若、当、但、而、和、或、及、故、则、如、即、有”等；双字类通常有“由于、因为、所以、故此、式中、其中、此处、这里、假设、于是、因而、由此、为此”等；三字及以上类通常有“由此得、因而有、其解为、其结果为、一般来说、由式（X）可得”等。

5）数学式自身的排式。

数学式自身的排式有以下规则。

① 数学式主体对齐。主体对齐指无论式子是单行式还是叠排式，无论式中是否有根号、积分号、连加号和连乘号，无论式中各符号是否有上下标，凡属式子主体的部分都应排在同一水平位置上，属式子主体部分的符号有“$=,\equiv,\approx,\neq,\leqslant,\geqslant,<,>,\notin$”及分式的分数线等。

② 数学式主辅线分清。叠排式中有主、辅线之分，主线比辅线要稍长一些，而且主线与式中的主体符号应齐平。同时，式子编号应放在式中主体符号或主线的水平位置上。

③ 数学式各单元排列层次分明。数学式中的一些符号，如积分号、连加号、连乘号和缩写字等，应与其两侧另一单元的符号、数字分开，以达到层次分明，不能将它们左右交叉混排在一起。

④ 数学式与其约束条件式。数学式（下称主式）通常居中排，但如果还有约束条件式，则应将主式与约束条件式作为一个整体左对齐排列，约束条件式排在主式的下方。这样，当约束条件式较长时，主式就不用居中排了，而是将约束条件式居中排，再将主式与约束条件式左对齐排；当有多个约束条件式时，应将这些条件式左对齐排列。

⑤ 函数排式严格。除指数函数外，函数的自变量通常排在函数符号的后面，有的加圆括号，函数符号与圆括号之间不留空隙，如$f(x)$；有的不加圆括号，函数符号与自变量之间留空隙，如$\exp x$、$\ln x$、$\sin x$等。对于特殊函数，其自变量有的排在函数符号后的圆括号中，如超几何函数$F(a,b,c,x)$、伽马函数$\Gamma(x)$等；有的直接排在函数符号后而不加括号，如误差函数$\mathrm{erf}\ x$、指数积分$\mathrm{Ei}\ x$。如果函数符号由两个或更多的字母组成，且自变量不含“+”“−”“×”“÷”等运算符号，则自变量外的圆括号可以省略，但函数符号与自变量之间必须留一空隙，如$\mathrm{ent}\ 2.4$、$\cos \omega t$等。为了避免混淆，表达函数时应注意合理使用圆括号，如不应将$\sin(x)+y$或$(\sin x)+y$写成$\sin x+y$，因为$\sin x+y$可能被误解为$\sin(x+y)$。

⑥ 复式函数中的括号一般都用圆括号，如$g(f(x))$、$h(g(f(x)))$等。

⑦ 在表达分段函数时，函数值与函数条件式之间至少空一字宽；各函数值（有时为数学式）一般上下左对齐或上下左右居中对齐，后面可以不加标点；各函数条件式上下左对齐或自然排在函数值的后面，后面宜加标点。

6）数学式排式的转换。

为了节省版面，或者为了更好地表示符号层次，需要对数学式进行改排，但并非所有的数学式都可以改排。一些可以改排的数学式及其改排规则如下。

① 竖排分式转换为横排分式。有下面几种情况。

a）对于简单的分式（或分数）可直接转换为平排形式，即将横分数线（叠排式）改为斜分数线（平排式）。例如，可以将$\frac{1}{6}$、$\frac{\pi}{2}$直接改写为$1/6$、$\pi/2$。

b）对于分子和（或）分母均为多项式的分式，即将横分数线改为斜分数线，但转换时分子、分母都需要加括号。

c）改写比较复杂的分式时，应各自加上所需的括号，以使原式中各项的关系不变。

② 根式转换为指数形式。必要时根式可改为分数指数的形式。

③ 指数函数e^{A}转换为$\exp A$形式，这里的A为一项复杂的多项式。

7）矩阵、行列式的排式。

矩阵与行列式的排式基本相同，不同的只是其元素外面的符号，矩阵用圆括号或方括号表示，而行列式用符号“‖”表示。以矩阵为例叙述其排式。

① 矩阵元素行列适当留空。编排矩阵时应在其行、列元素间留出适当宽度的空白，各元素的主体上下左右要对齐，或各单元的左右对称轴线要分别对齐。对角矩阵中，对角元素所在的列应该明显加以区分，不能上下重叠。

② 矩阵元素位置合理排列。编排矩阵时应尽可能合理排列其元素的位置，以达到美观的目的。对于一个矩阵来说，其元素的类别、位数可能全部一致，也可能部分一致，也可能全部不一致。元素的类别既可以是位数可长可短的数字，也可以是简单或复杂的数学式，还可以是阶数或大或小的模块矩阵。因此，矩阵元素位置的合理排列并没有统一的原则，要按照实际情况来定。以下给出几个常用原则。

a）矩阵元素一般应优先考虑按列左右居中位置排列。

b）矩阵元素前面有正号（+）、负号（-）时，应优先考虑以这些符号上下对齐；元素若为数字，还应考虑以数字的个位数或小数点等上下对齐。

c）矩阵元素含有上下标或为数学式时，通常应左右居中排列（有时也可居左或居右排）。

d）矩阵中省略号的正确使用。编排含有省略号的矩阵时应注意，省略号有横排和竖排之分，一定要正确区分其方向。

e）对角矩阵和单位矩阵简化。编排对角矩阵和单位矩阵有其独特的简化编排形式，要注意使用。

8）数学式的转行。

当数学式很长，一行（通栏一行或双栏一行）排不下，或一行虽能排下但排版效果不好而又有充足的版面时，就应该转行排。转行有一定规则，不得随意转行。数学式转行的一般规则如下。

① 优先在=、≠、≤、≥、<、>等关系符号之后转行，其次在+、-、×（或*）、/（或÷）等运算符号之后转行；不得已时才在 lim、exp、sin、cos 等缩写符号或∑、∏、∫、$\frac{\mathrm{d}y}{\mathrm{d}x}$等运算符号之前转行，且不得将∑、∏、lim、exp 等符号与其对象拆开。

② 对于长分式的分子、分母均为多项式，则可在+、-等运算符号后断开并转行，并在上一行末尾和下一行开头分别加上符号。

③ 矩阵、行列式一般不宜转行，但如果矩阵或行列式的元素为较长的数学式而难以在一行内排下时，则可采用字符来代替行列式中的某些元素，并在矩阵的下方对每个字符进行解释，从而简化矩阵或行列式，使其整体宽度减小到不超过一行的宽度。

9）数学式乘、除号的表达。

数学式中当两量符号间为相乘关系时，其组合可表示为下列形式之一：ab、$a\ b$、$a \cdot b$、$a \times b$（在矢量运算中，$a \cdot b$ 与 $a \times b$ 是两种不同的运算）。如果一个量被另一个量除，则可表不为下列形式之一：$\frac{a}{b}$、a/b、$a \cdot b^{-1}$（有时也可用 $a \div b$，a：b 的形式）。

数学式中数字间相乘的记号是“×”或居中圆点。乘号有时可以省略，有时却不能省略。

① 量符号间、量符号与其前面的数字间、括号间是相乘关系时，可以直接连写，即省略乘号。

② 数字间、分式间是相乘关系时，不能省略乘号。

③ 量符号与其前面的数字作为一个整体再与前面的数字发生相乘关系时，其间不能省略乘号。

10）数学式中的标点。

串文排的数学式和正文文字一样，是句子的一个成分，其后该加标点时就加标点，不该加标点时就不加标点。但对于另行居中排的数学式，现在并没有统一的做法，有人认为要么一律加标点，要么一律不加标点，只要统一即可。

11）数学式中的字体。

变量、变动的上下标、点、线段、弧、函数，以及在特定场合中视为常数的参数，用斜体字母表示。

有定义的已知函数（包括特殊函数）（如 sin、exp、ln、Ei、erf 等），已定义的算子（如 div），用正体字母表示。

集合一般用斜体字母表示，但有定义的集合用黑（加粗）体或特殊的正体字母，如非负整数集、自然数集用 **N** 或 **R** 等。矩阵、张量和矢量的符号用黑（加粗）斜体字母表示。空集用∅表示。

4.5 参考文献的规范使用

参考文献实质上是引文注，其著录格式应符合国家标准 GB/T 7714-2015《信息与文献 参考文献著录规则》的规定。

（1）参考文献著录的原则

1）只著录最必要、最新的文献。

2）一般只著录公开发表的文献。

3）采用标准化的著录格式。

（2）参考文献的标注方法

按照 GB/T 7714-2015 的规定，科技论文正文中引用文献的标注方法可采用顺序编码制，也可采用著者-出版年制（哈佛标注体系）。地理学、医学等领域的期刊常采用著者-出版年制进行著录，而大多数科技期刊一般都采用顺序编码制。关于参考文献的标注方法，在 3.12.3 节中有详细介绍。

（3）参考文献类型和文献载体及其标识代码

1）常见的文献类型及其标识代码。

专著（M）；期刊（J）；会议文集（会议论文集、会议录）(C)；标准（S）；报告（R）；报纸（N）；专利（P）；数据库（DB）；学位论文（D）。

2）常见的文献载体及其标识代码。

磁带（Magnetic Tape）（MT）；磁盘（Disk）（DK）；光盘（CD-ROM）（CD）；联机网络（Online）（OL）。

（4）参考文献的著录格式

作为参考文献，一般具有期刊、报纸、专著、报告、学位论文、专利、国家标准和互联网等出处的需要标出。从版权方面考虑，如果是 3 人以上责任者，需要列出 3 人加“,”，再加“等”；如果 3 人以下，要全部列出。另外，GB/T 7714-2015 中的著录用符号为前置符，这些标识符号不同于标点符号，见表 4.2。

表 4.2　GB/T 7714-2015 规定的参考文献著录用符号

符　　号	用　　途
.	用于题名项、析出文献题名项、其他责任者、析出文献其他责任者、连续出版物的“年卷期或其他标识”项、版本项、出版项、连续出版物中析出文献的出处项、获取和访问路径以及数字对象唯一标识符前。每一条参考文献的结尾可用“.”
:	用于其他题名信息、出版者、析出文献的页码、引文页码和专利号前
,	用于同一著作方式的责任者、“等”“译”字样、出版年、期刊年卷期标识中的年或卷号前
//	用于专著中析出文献的出处项前
( )	用于期刊年卷期标识中的期号、报纸的版次、电子资源的更新或修改日期以及非公元纪年的出版年
[ ]	用于文献序号、文献类型标识、电子资源的引用日期以及自拟的信息
/	用于合期的期号间以及文献载体标识前
-	用于起讫序号和起讫页码间

具体示例如下。

① 期刊中的文献。著录格式为

[序号] 主要责任者．文献题名 [J]．期刊名，年，卷（期）：起讫页码 [引用日期]．获取和访问路径．数字对象唯一标识符．示例如下。

[1] 闫茂德，宋家成，杨盼盼，等．基于信息一致性的自主车辆变车距队列控制 [J]．控制与决策，2017，32(12)：2296-2300.

[2] YAN M D, SHI Y. Robust discrete-time sliding mode control for uncertain systems with time-varying state delay [J]. IET Control Theory & Applications, 2008, 2 (8): 662-674.

② 报纸中的文献。著录格式为

[序号] 主要责任者．文献题名 [N]．报名，出版年-月-日（版次）[引用日期]．获取和访问路径．示例如下。

[1] 赵均宇．略论辛亥革命前后的章太炎 [N]．光明日报，1977-03-24 (4).

[2] 傅刚，赵承，李佳路．大风沙过后的思考 [N/OL]．北京青年报，2000-04-12. http://www.bjyouth.com.cn/Bqb/20000412/GB/4216EX3412B14 01.htm.

③ 专著。著录格式为

[序号] 主要责任者．题名：其他题名信息 [M]．其他责任者，版本项（第 1 版不标注）．出版地：出版者，出版年：引文页码 [引用日期]．获取和访问路径．数字对象唯一标识符．示例如下。

[1] 闫茂德，高昂，胡延苏．现代控制理论 [M]．北京：机械工业出版社，2016：152.

[2] 闫茂德，胡延苏，朱旭．线性系统理论 [M]．西安：西安电子科技大学出版社，2018：369.

④ 报告（含调查报告、考察报告）。著录格式为

[序号] 主要责任者．题名：报告题名：编号 [R]．出版地：出版者，出版年：引文页码 [引用日期]．获取和访问路径．示例如下。

[1] 宋健．制造业与现代化 [R]．北京．人民大会堂，2002.

⑤ 学位论文。著录格式为

[序号] 著者．题名 [D]．保存地点：保存单位，年份：引文页码 [引用日期]．获取和访问路径．示例如下。

[1] 杨盼盼．基于信息耦合度的自组织分群控制方法研究 [D]．西安：西北工业大学，2016.

[2] CALMS R B. Infrared spectroscopic studies on solid oxygen [D]. Berkeley：University of California，1965：18-24.

⑥ 专利。著录格式为

[序号] 专利申请者或所有者．专利题名：专利号 [P]．公告日期或公开日期 [引用日期]．获取和访问路径．数字对象唯一标识符．示例如下。

[1] 闫茂德，林海，温立民，等．一种智能开关系统及其控制方法：CN107885116A [P]. 2018-04-06.

[2] 闫茂德，马文瑞，宋家成，等．一种基于信号时频分解的频率-峭度图的实现方法：CN201711106918.4 [P]. 2019-05-03.

4.6 本章小结

本章从语言的规范使用、图形和表格的规范使用、量和单位的规范使用、式子的规范使用和参考文献的规范使用五个方面系统总结了科技论文的写作规范。在语言的规范使用方面，分析了科技论文的语言特点及常见问题，给出了科技论文语言的使用要求，并列举了科技论文常见语病；在图形和表格的规范使用方面，概述了图形和表格的特点、分类、构成与规范表达，并给出了插图和表格规范使用的一般原则与规范设计原则；在量和单位的规范使用方面，概述了物理量和计量单位的基本概念，给出了量和单位的规范使用规则，总结了量和单位在使用中常出现的问题，并给出了常用领域量和单位的使用注意事项；在式子的规范使用方面，给出了式子的简单分类，并列举了数学式及其规范使用规则；在参考文献的规范使用方面，给出了文献的标注方法、参考文献类型和文献载体及其标识代码以及参考文献的著录格式。

第5章　英文科技论文的写作

为了推动国内科技工作者与国际科学技术界的交流，国内许多科技期刊都要求附有英文题目和英文摘要，中文图表也应附有英文图题和标题。同时，国内越来越多的科技工作者期望能在国际性学术期刊上发表论文，以增强国际学术交流与合作。因此，对从事科学研究的学者而言，具备撰写和发表英文科技论文的能力是非常有必要的。本章简单介绍英文科技论文的写作特点，并给出了英文科技论文的构成、写作要求和示例解析，为读者在国内外英文学术期刊上发表高质量论文提供一定的参考。

5.1　英文科技论文的写作特点

5.1.1　文体特点

科技论文是科技人员通过理论分析、科学实验得出研究成果的记录、描述或分析。论文内容通常具有很强的专业性，语言文字严谨，结构格式固定。科技论文具有很强的逻辑性，描述必须客观真实，经得起推敲。同时，还要有准确和严密的思维，语言准确规范，语义连贯，推理严谨，不能模棱两可。科技论文通常以冷静客观的风格陈述事实和揭示规律，字里行间不夹杂作者的主观情感。除了基本的文字描述外，科技论文较多地使用图表等各种视觉表现手段，具有效果直观、便于读者理解等优点。

与其他文体形式相比，科技论文具有以下两大特征。

（1）正式性

科技论文文体作为严肃的书面文体，作者在写作时一定要做到语气正式，用词准确规范，行文严谨简练，避免使用口语化的词句，不用或少用I，we，our lab 和 you 等第一、二人称的代词。

【例5.1】 The kernels of both subsystems have a size of three. For the system corresponding to $\lambda=1.3820$, the kernel delays are 1.3213, 3.2785 and 5.5033 seconds. The root tendencies of the first two crossings are +1, indicating a destabilizing effect, whereas the last delay is stabilizing, it has RT=−1. The system corresponding to $\lambda=3.6180$ has kernel delays of value 0.9010, 1.3971 and 10.0999 seconds, with root tendencies of +1, +1 and −1, respectively.

例5.1中的语言以第三人称进行陈述，简练、周密，是对客观事物的准确反映，没有第一、第二人称代词，不掺杂个人的主观意识。

（2）专业性

科技论文面向特定专业范围的人群，其读者均是本专业的科技人员，专业术语是构成科技论文的重要语言基础，具有语义严谨、单一等特点。使用专业术语可使论文的表意更加精确，行文更加严谨。

【例 5.2】To a group of agents driven by high-order linear dynamics, which interact under an undirected communication topology affected by a fixed and uniform time delay, we deploy the cluster treatment of characteristic roots methodology to find, exactly and explicitly, the largest delay for which the agents reach consensus. To the best of our knowledge, this is the first time that an exact and explicit stability bound in the domain of the delays is obtained for this class of systems.

例 5.2 中的专业术语有 high-order linear（高阶线性），agent（智能体），topology（拓扑结构），the cluster treatment of characteristic roots（特征根聚类）等。

“一种特定领域的经验或行为往往有一种特定的语言服务，而这种语言更有其自身的独特的语法与词汇特征。”英国一位语言学家如是说。显而易见，科技论文作为一种专业严谨的书面文体，自然有独特的语法与词汇特征。

5.1.2 词汇特点

科技论文的词汇具有以下六种特征。

（1）纯科技词汇

纯科技词汇是指在特定学科或专业领域具有独特明确意义的词汇或术语，如 oxide（氧化物）、isotope（同位素）、synthesis（合成）等。这些词汇意义单一、明确，不易产生误解。纯科技词汇主要源于希腊语和拉丁语，不同的专业有不同的专业技术词汇，并且随着科学技术的不断发展而产生新的纯科技词汇。

（2）通用科技词汇

通用科技词汇是指在不同学科和专业领域内都经常使用，但是在不同领域内却又具有不同含义的词汇或术语。例如，operation 在计算机科学中指“运算”，在医学专业中指“手术”；transmission 在无线电工程学中表示“发射、播送”，在机械专业中则表示“传动、变速”，而在医学专业中则表示“遗传”。这种具有多种专业意义的词汇通常是基础科学中常用的词汇。它们具有丰富的专业意义，适用范围广泛，为避免出现语义歧义，在使用的时候一定要慎重。

（3）派生词

派生词是英语的主要构词法。它通过增加前缀或后缀，构造出派生词。例如，前缀 anti-（反、抗）构成的科技词汇有 anti-aircraft，antibiotics，antimatter 等；前缀 micro-（微、微观）与 macro-（大、宏观）派生出来的词有 microbiology，microcirculation，microchemistry，macrochemistry，macrocycle 等。又如以后缀-scope 构成的词表示某种仪器，如 spectroscope，oscilloscope 等。其他常见的前缀和后缀有 auto-（自动的），de-（脱，除），multi-（多），poly-（多，聚），hydro-（水），super-（超级），-graph（图），-ide（化合物），-meter（计，仪）等。

（4）语义确切、语体正式的动词

英语中有一部分由动词和副词（介词）构成的动词词组，通常这类动词具有复杂多样的意义，在使用时不易确定。因此，在科技论文中常用意义明确的动词代替这些语义繁多的动词词组。例如，用 absorb 替代 take in，用 discover 替代 find out，用 accelerate 替代 speed up。这类意义精炼明确、语体正式庄重的动词更适合于科技论文的文体。

英语词汇中有一部分词汇具有单音节词居多、语体口语化或中性的特点，还有一部分词汇具有以多音节为主、语体正式的特点，它们分别来自于安格鲁、撒克逊词和法语、拉丁语。为了保证科技论文的专业性和严谨性，多使用源于法语、拉丁语和希腊语的词汇。例如，在科技论文中使用正式文体“identical”，而非“similar”；使用“purchase”，而非“buy”。

（5）合成词

合成词是由两个或以上结合构成的一个词修饰或限制后一个词。在英语中，很多单词是通过合成的方式构成的，最常见的合成词有合成名词、合成动词和合成形容词等几种类型。在科技论文中，合成词表意直接，能够清楚明了地解释不同的科学现象和不同物质特点。例如，horsepower，blueprint，waterproof，wavelength，electro-plate 等词汇。

（6）缩写词

英文缩写词是用一个单词或词组的简写形式来代表一个完整的形式，有着言简意赅的效果。在科技论文中，缩写词有以下三个特点。

1）形式上，有时全用大写或小写，有时则大小写兼用。

2）结构上，一种是由首字母构成，例如，CAD（Computer Assisted Design），FT-IR（Fourier Transform Infrared Spectroscopy），DNA（Deoxyribonucleic Acid），radar（Radio Detecting and Ranging）等。另外一种则是把两个词或截头或去尾，或只裁剪两个词中的一个，保留另外一个，然后把两部分拼合在一起，构成一个新词，例如，comsat（communication+satellite），telex（teletype+exchange），bit（binary+digit）等。

3）词义上，缩写词在不同的领域内往往会有不同的含义。例如，Supervi-sory Information System，Susceptible-Infected-Susceptible，Styrene-isoprene-styrene 的缩写词均可写为 SIS，但是它们的意义却天差地别。在科技论文中使用缩写词时，第一次出现时要给出全称，避免表意不清或出现歧义，便于读者理解。此外，在写关键词时尽量不要使用缩写词，应写出全称。

5.1.3 句法特点

英文科技论文写作中，句法通常具有以下特点。

（1）多使用被动语态

科技论文描述的多是某项试验或研究的客观过程，也就是说，主体是研究本身，为了加强它的客观性和真实性，往往通过被动语态使论文的叙述更加客观。并且，在将研究对象作为主语时能够更好地凸显研究对象本身，起到一个强调的作用，更加吸引读者的注意力。

【例 5.3】 Recently, considerable attention has been dedicated to the problem of delay-dependent stability analysis and controller synthesis for uncertain systems with time-delay. A less conservative delay-dependent criterion for robust stability of continuous-time systems with time-varying delay is proposed by using the Leibniz-Newton formula and linear matrix inequality (LMI) technique in [2]. In [3], a new technique is studied by incorporating both the time-varying-delayed and the delay-upper-bounded states to make full use of all available information into the design, and thus, further reduces the conservativeness.

例 5.3 中三个句子均为被动语态形式。除此之外，也可以采用主动语态和被动语态相结合的句式来减小行文语句的结构呆板程度，提高读者的阅读兴趣。

（2）多使用非谓语动词

非谓语动词，又叫非限定动词，是指在句子中不是谓语的动词，主要包括不定式、动名词和分词（现在分词和过去分词）。在科技论文中使用非谓语动词形式不仅能够体现和区分出句中信息的重要程度，还能使从句的语言结构紧凑，行文简练。通常非谓语动词用来提供主体的细节。

（3）多用动词的现在时

为了表现出科技论文的客观性，常用一般现在时来描述一些自然过程。

【例 5.4】 Assumption 1 characterizes the real situation in many practical applications. A typical example is the networked control system [17] in which time-delay induced by network transmission is actually time-varying, and the lower and upper bounds on the time-delay can always be estimated.

（4）复合句多，句式结构复杂

科技论文是通过文字描述将复杂的自然规律揭示出来。自然规律中包含着各种各样复杂的环节，各个环节中又有着千丝万缕的联系，如果只用简单的句式会显得逻辑关系不够清晰。因此，通过结构复杂多变的主从复合句就能够将这一复杂的逻辑进行清晰、准确地阐述。

（5）名词化特点显著

在科技论文中，经常使用大量的名词，表示状态或者过程的名词以及有名词作用的非限定性动词。一部分名词结构是由动词和形容词派生或转化的，用来表示动作，例如，a better matching of the cavity generated by the four pendant arms 中的 matching。一部分名词以名词短语的结构出现，也就是主谓或动宾结构，如 constant rotation of the cylinder around its axis。此外，还有一部分名词和名词连用，用前者修饰后者，以简化句子结构，便于理解，例如，coordination geometry，extraction equilibrium。

科技论文中的名词化特点能够使句式结构更加紧凑明了，句型更加简洁，表意更加客观，很多时候可以省去更多的主谓结构，所以在科技论文中经常使用。

5.2 英文科技论文的构成及写作要求

英文科技论文写作是进行国际学术交流必需的技能。一般而言，发表在专业英语期刊上的科技论文在文体构成和文字表达上都有其特定的格式和规定，只有严格遵循国际标准和相应刊物的规定，才能提高所投稿件的录用率。撰写英文科技论文的第一步就是推敲结构，最简单有效的方法即采用 IMRAD 结构（即包括引言、方法、结果及讨论），已在 1.2.3 节中给出了详细解释。这种结构的论文，首先阐述所研究课题的研究目的，有了清楚的定义后，再描述研究的方法，最后对结果进行详细讨论，得出结论。

英文科技论文各部分的写作要求与第 3 章科技论文各部分的内容基本一致，下面只针对英文科技论文的英文题名、作者英文署名及工作单位、英文摘要、引言、方法、结果与讨论、结论、英文致谢等，简要地给出英文科技论文独特的写作要求。

5.2.1 英文题名

科技论文出版后，首先被人看到的是论文的题名。因此，论文题名能否把潜在的读者吸引住，对提高论文的影响力至关重要。选择题名的关键在于用最少的词把最核心的内容表述出来。英文题名的拟定要求与中文题名类似（见 3.1 节），二者没有本质上的区别，但在拟定英文题名时要注意以下几点。

（1）字数

在保证题名准确、清晰和简练的前提下，英文题名字数越少越好，能够准确反映论文特定的内容即可。例如，当题名中出现 Studies on，Investigation on，A Few Observations on，Study of，Investigation of 等词时，只是增加了题名的长度，并未提供有效的信息，删掉即可。每条题名不要超过 20 个实词。

同时，国外科技期刊对题名字数通常都有限制。例如，英国数学会要求不超过 12 个词；美国国立癌症研究所杂志 *J. Nat. Cancer Ins. t* 要求不超过 14 个词；美国医学会规定题名不超过两行，每行不超过 42 个印刷符号和空格。在排版时，如果可以用一行文字表达清楚就尽量不要用两行，否则可能冲淡读者对论文核心内容的印象。

（2）结构

英文题名多采用名词短语的形式，由一个或多个名词加上前置定语或后置定语构成，因此题名中一般只会出现名词、形容词、介词、冠词和连词等。动词通常是以分词或动名词形式出现。

【例 5.5】 Robust discrete-time sliding mode control for uncertain systems with time-varying state delay

在这个题名中，只出现了名词、形容词、介词、冠词和连词，并无其他词性的词出现。

由于题名起标识作用，需要达到醒目、突出的效果，因此一般不用陈述句形式表示。并且在少数情况下可以用疑问句作为题名，引发读者注意。

【例 5.6】 When is it fuel efficient for a heavy duty vehicle to catch up with a platoon?

【例 5.7】 Can agricultural mechanization be realized without petroleum?

（3）大小写字母书写格式

英文题名的大小写字母书写格式一般有下面三种。

1）全部大写。

【例 5.8】 CONTROL OF VEHICLES OPERATING IN PLATOONS WITHIN THE CITY IN ORDER TO UNSNARL A TRAFFIC JAM：ITS SIMULATION STUDY

2）实词的首字母大写，冠词、连词等虚词的首字母小写。

【例 5.9】 Model Predictive Longitudinal Control for Heavy-Duty Vehicle Platoon Using Lead Vehicle Pedal Information

3）只有题名的第一个词的首字母大写，其余字母均小写。

【例 5.10】 Nonlinear gain feedback adaptive DSC for a class of uncertain nonlinear systems with asymptotic output tracking

目前，使用第 2 种书写形式较为普遍，而使用第 3 种形式的似有增多趋势。具体采用哪种形式，应遵循拟投稿期刊的习惯。

（4）缩略词

在英文题名中应当慎用缩略词，只有那些全称较长，缩写后已经得到公认的，才可在英文题名中使用。

【例 5.11】 DNA（Deoxyribonucleic Acid，脱氧核糖核酸）

【例 5.12】 GIS（Geography Information System，地理信息系统）

【例 5.13】 CT（Computerized Tomography，计算机化断层显像）

【例 5.14】 LASER（Light Amplification by Stimulated Emission of Radiation，激光）

（5）特殊符号

为便于检索，英文题名中应尽量避免使用化学式、上下角标等特殊符号。

（6）中英文题名一致

对同一篇论文而言，它的中、英文题名在内容上应该保持一致，但并不要求中、英文题名中的词汇一一对应。往往根据英文的书写习惯，对关键词进行位置上的变动。

【例 5.15】“市区交通车辆队列控制的仿真研究”，对应的英文题名为“Control of vehicles operating in paltoons within the city in order to unsanal a traffic jam: Its simulation study”，二者用词虽有差别，但在内容上是一致的。

5.2.2 作者英文署名和工作单位

论文的署名表明作者享有著作权且文责自负。论文署名还便于作者与同行或读者的研讨与联系，因此有必要提供作者的身份（特殊情况除外）、工作单位和通讯地址，但标注时应准确、简洁。作者的英文署名规范参看 3.2 节。作者工作单位的标注要求和标注方法如下。

（1）作者单位的标注要求

1）准确。即作者的单位名称是社会上公认的、规范的全称，而不是简称或不为外人所知的内部称谓。

2）简明。即在叙述准确、书写清楚的前提下，应力求简单、明了。

（2）作者单位的标注方法

1）多位作者均在同一工作单位。将不同作者依次并列书写，工作单位、地址及邮编在作者姓名的下方；也可作为脚注，标于论文首页下方，并注明联系方式，有些期刊在首页下还有作者简介，如图 5.1 所示。

2）多位作者不在同一工作单位。通常在每位作者的姓名后面加注编号，然后在姓名下方依次标出各工作单位、地址及邮编；也可将工作单位和联系方式作为脚注，标于论文首页下方，如图 5.2 和图 5.3 所示。

Nonlinear gain feedback adaptive DSC for a class of uncertain nonlinear systems with asymptotic output tracking

Jiacheng Song · Maode Yan · Yongfeng Ju · Panpan Yang

Received: 6 July 2018 / Accepted: 22 October 2019 / Published online: 31 October 2019

Abstract This paper proposes an adaptive dynamic surface controller with nonlinear gain feedback for a class of uncertain nonlinear systems to achieve the asymptotic output tracking. A nonlinear filter is designed to eliminate the effects raised by the boundary layer error at each step in the dynamic surface control (DSC) procedure. Meanwhile, a new nonlinear gain function, which can regulate the control ability automatically, is designed to improve the dynamic performance of system. Then, an adaptive controller is explicitly designed to achieve the asymptotic output tracking. Moreover, a novel Lyapunov function is designed to analyze the stability of the proposed algorithm. The proposed DSC algorithm not only can avoid the inherent problem of "explosion of complexity" in the back-stepping procedure, but also can achieve the asymptotic output tracking and improve the dynamic performance. Some simulations are shown to demonstrate the effectiveness and advantages of the proposed controller.

Keywords Dynamic surface control · Asymptotic output tracking · Nonlinear gain feedback · Nonlinear system

J. Song · M. Yan (✉) · Y. Ju · P. Yang
School of Electronic and Control Engineering, Chang'an University, Xi'an, China
e-mail: mdyan@chd.edu.cn

1 Introduction

In recent decades, adaptive back-stepping technique has been well-studied for large classes of nonlinear systems [1–5]. It can well-solve the uncertainties of the nonlinear system. Nevertheless, "explosion of complexity" caused by the repeated differentiations of virtual control law is an inherent drawback of back-stepping technique, and it can lead to the application problem duo to the complex computes [6]. Fortunately, DSC technique, where a low-pass filter is designed at each step in the DSC procedure, was developed to avoid the drawback of "explosion of complexity" [7–9].

Leveraging above success, some DSC-based algorithms have been proposed. A decentralized adaptive DSC algorithm was developed for interconnected nonlinear system in [10] to solve the problem of non-symmetric dead-zone control input. In order to solve the problem of time-delay, an adaptive DSC algorithm was designed for nonlinear system with uncertain time-delay [11, 12]. Considering the problems of the immeasurable states and uncertain interconnections among subsystems, observer-based neural and fuzzy adaptive DSC algorithms were proposed for large-scale nonlinear system in [13] and [14], respectively. A modified linear filter was designed and an adaptive DSC algorithm was proposed for non-affine pure-feedback systems in [15]. In addition, a robust adaptive DSC algorithm with composite adaptation laws was developed for an uncertain nonlinear system in [16]. Although

图 5.1　同一工作单位多位作者的署名示例

Dynamic Coverage Control in a Time-Varying Environment Using Bayesian Prediction

Lei Zuo, *Member, IEEE*, Yang Shi, *Fellow, IEEE*, and Weisheng Yan

***Abstract*—This paper investigates the dynamic coverage control problem for a group of agents with unknown density function. A cost function, depending on a certain metric and the density function, is defined to describe the performance of coverage network. Since the optimal deployment of agents is closely depending on the density function, we employ the Bayesian prediction approaches to estimate the density function. Moreover, a novel coverage-control-customized algorithm is proposed to acquire the Bayesian parameters. The merits of this Bayesian-based spatial estimation algorithm are the consideration of measurement noise and the capability of dealing time-varying density function. However, the estimated density function from Bayesian framework follows normal distribution, which leads the cost function to a stochastic process. To deal with this type of cost function, a discrete control scheme is proposed to steer the agents approaching to a near-optimal deployment. The mean-square stability of the proposed coverage system is further analyzed. Finally, numerical simulations are provided to verify the effectiveness of the proposed approaches.**

***Index Terms*—Bayesian prediction, coverage control, Gaussian Markov random fields (GMRFs), mean-square stability.**

I. INTRODUCTION

THE COVERAGE control has received a substantially increasing interest in recent years [1]–[7]. Fundamentally, the main objective of coverage control is to offer a region partition strategy such that the more important regions can get more attentions. The distribution of interested information over the given region is described by a *density function*. Then, depending on both a metric and the density function, a *cost function* is provided evaluate the performance of coverage network. On this basis, a distributed control law is proposed to minimize the cost function through optimization. Due to these compelling features, the coverage control has emerged in many applications [8]–[13].

Manuscript received April 25, 2017; revised September 8, 2017 and November 17, 2017; accepted November 18, 2017. This work was supported in part by the Natural Science and Engineering Research Council of Canada, and in part by the National Natural Science Foundation of China under Grant 61473116. This paper was recommended by Associate Editor Z.-G. Hou.
(Corresponding author: Yang Shi.)

L. Zuo is with the School of Electronic and Control Engineering, Chang'an University, Xi'an 710064, China (e-mail: l_zuo@chd.edu.cn).

Y. Shi is with the Department of Mechanical Engineering, University of Victoria, BC V8W 3P1, Canada (e-mail: yshi@uvic.ca).

W. Yan is with the School of Marine Science and Technology, Northwestern Polytechnical University, Xi'an, China (e-mail: wsyan@nwpu.edu.cn).

Color versions of one or more of the figures in this paper are available online at http://ieeexplore.ieee.org.

Digital Object Identifier 10.1109/TCYB.2017.2777959

In general, the coverage control can be classified into static and dynamic cases. In static coverage control, the main objective is to find out an optimal configuration of sensors over the given domain. Practical limitations are usually taken into consideration. For example, a coverage algorithm for wheeled vehicles is proposed in [14], where the convergence of nonholonomic vehicle systems is guaranteed through locational optimization and Delaunay graph.The coverage control with a network of heterogeneous mobile sensors is addressed in [15], where a distributed control scheme with input saturation is developed to drive the sensors to the optimal configuration. In [16], a distributed coverage control law for vehicles with limited-range anisotropic sensors is proposed, in which an alternative aggregate objective function is defined to approximate the performance. Moreover, the coverage control problem for vehicles with various sensing capabilities is studied in [17]. In [18], a novel coverage control strategy is presented for a group of fixed-wing unmanned aerial vehicles. When there are measurement errors for the positions of agents, a distributed deployment strategy is provided by using the informations on error bounds in [19]. Some other related works can be found in [20]–[25].

For the dynamic coverage control problems, the agents have to explore the given domain instead of directly moving to the final optimal locations as in the static case. The key point of dynamic coverage control is to obtain the information of interest over the given region in real time. The information of interest includes the boundaries of the mission region, the obstacles in mission region, the density function over the mission region, and so on. A large number of relevant results have been proposed in the past years. For instance, a dynamic path planning approach is presented for a group of sensor-based agents in [26], while considering the energy constraints of agents. In [27] and [28], a discrete region partition strategy is proposed for gossiping robots in a nonconvex region. A coverage control scheme is developed to increase the uncovered regions in [29], where a central controller is introduced to avoid collisions in the given region. In [30], a persistent awareness coverage control strategy is proposed for the mobile sensor network with certain sensing capabilities.

Particularly, an interesting challenge that remains in this field is how to perform the coverage control with *unknown* density function. A major means of dealing with this problem is to develop a spatial estimation algorithm for the density function. A decentralized, adaptive spatial estimation algorithm is developed for the coverage network using noise-free

图 5.2 不同工作单位多位作者的署名示例 1

Published in IET Control Theory and Applications
Received on 4th December 2007
Revised on 20th March 2008
doi: 10.1049/iet-cta:20070460

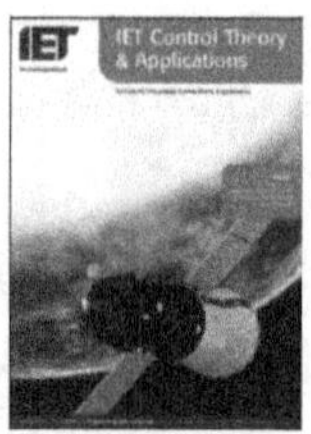

ISSN 1751-8644

Robust discrete-time sliding mode control for uncertain systems with time-varying state delay

M. Yan[1,2] *Y. Shi*[2]

[1]School of Electronics and Control Engineering, Chang'an University, Xi'an 710064, People's Republic of China
[2]Department of Mechanical Engineering, University of Saskatchewan, Saskatoon, SK S7N 5A9, Canada
E-mail: yang.shi@usask.ca

Abstract: A robust discrete-time sliding mode control (DT-SMC) for uncertain linear systems with unknown time-varying state delay is analysed, in which uncertainties consist of mismatched uncertain parameters and unknown bounded nonlinear function. By using the linear matrix inequality approach, a sufficient condition for the existence of stable sliding surfaces depending on the lower and upper delay bounds is established. On the basis of this existence condition, the synthesised DT-SMC can guarantee the sliding mode reaching condition of the specified discrete-time sliding surface. Two examples verify the effectiveness of the proposed method.

图 5.3　不同工作单位多位作者的署名示例 2

5.2.3　英文摘要

英文摘要（Abstract）与中文摘要包含的内容基本一致，一般包括目的（Purpose）、方法（Methods）、结果（Results）和结论（Conclusions）等。但英文有自身的特点，应注意英语表达习惯。动词语态多用一般过去时或一般现在时，完成时、进行时态用得较少。不宜采用第一、二人称代词，应采用第三人称或被动语态，以表示科研工作的客观性。

（1）英文摘要的撰写要求

1）篇幅。一般来说，英文摘要应是中文摘要的转译，与中文摘要含有相等的信息量（但不要求与中文摘要一一对应），故只要简洁、准确即可。对篇幅很难做硬性规定（不同的科技期刊，对英文摘要字数的限制也不一样，作者最好认真阅读拟投稿期刊“作者须知”中的相关规定）。但常见的说法是，以不超过 180 个实词为宜。

2）时态。常用一般现在时、一般过去时，少用现在完成时、过去完成时，基本不用进行时态和其他复合时态。

① 一般现在时。主要用于说明研究目的、阐述研究内容、得出结果结论、提出建议或讨论等。此外，涉及公认事实、自然规律和永恒真理等，也用一般现在时。

【例 5.16】 This study（investigation）is conducted（undertaken）to…

【例 5.17】 The anatomy of secondary xylem（次生木质部）in stem of davidia involucrata（珙桐）and Camptotheca acuminata（喜树）is compared.

【例 5.18】The result shows(reveals)…. It is found that…

【例 5.19】The conclusions are …

【例 5.20】The author suggests…

② 一般过去时。用于叙述过去某一时刻（时段）的发现，某一研究、实验、观察、调查或医疗等过程。

【例 5.21】Four kinds of liquid-liquid systems were examined.

【例 5.22】The cycle stress-strain curve and strain-life curve for the steel 40CrNiMoA were experimentally abtained.

【例 5.23】The heat-pulse technique was applied to study the stem-sapflow（树干液流）of two main deciduous broad-leaved tree species in July and August, 1996.

应该指出，用一般过去时描述的发现、现象，往往还不能确定是自然规律、永恒真理，而仅是描述当时如何。所描述的研究、实验、观察等过程，明显带有过去时的痕迹。

③ 现在完成时及过去完成时。动词完成时少用，但并非不用。现在完成时，用于将从前曾发生的或从前已完成的事情与现在联系起来；而过去完成时，用于表示过去某一时间以前已完成的事情，或在一个过去的事情完成之前就已完成的另一过去行为。

【例 5.24】Concrete has been studied for many years.

【例 5.25】Man has not yet learned to store the solar energy.

3）语态。采用主动语态或被动语态，应考虑摘要的特点，并满足表达的需要。

① 主动语态。因谓语动词采用主动语态时，有助于文字清晰简洁、表达准确，故目前大多数期刊（国际知名科技期刊 *Nature*、*Cell* 等尤其如此）都提倡使用主动语态。

【例 5.26】The author systematically introduces the history and development of the tissue culture of poplar.

【例 5.27】The history and development of the tissue culture of poplar are introduced systematically.

比较例 5.26 和例 5.27 可见，例 5.26 比例 5.27 的语感要强。必要时，The author systematically 都可以全部删掉，而直接以 Introduces 开头。

② 被动语态。在指示性文摘要中，为了强调动作的承受者，仍采用被动语态为好；在报道性摘要中，虽然某些场合施动者无关紧要，但也应该以需强调的事物做主语。

【例 5.28】In this cade, a greater accuracy in measuring distance might be obtained.

4）人称。最好不用（不意味着不能用）第一人称，以便于文献期刊的编辑刊用。现在，英文摘要倾向于采用被动语态或原形动词开头。

【例 5.29】To describe…, To study…, To investigate…, To assess…, To determine…

【例 5.30】The torrent classification model and the hazard zone mapping model are developed based on the geography information system.

需要指出，为了简洁、清楚地表达研究成果，国内外期刊界同行认为，“在论文摘要的撰写中不应刻意回避第一人称和主动语态”。SCI 收录的 1992-2002 年间发表，并在同期具有较高被引频次论文（前 100 位）的摘要，就有许多采用第一人称和主动语态的。

（2）撰写英文摘要的注意事项

撰写英文摘要时，应注意避免一些常见的错误，如：

1）不要漏掉定冠词 the。

the 用于表示整个群体、分类、时间、地点以外独一无二的事物。the 表示形容词最高级时，一般不会用错。但用于特指时，the 常常被漏用。当使用 the 时，应使读者确切知道作者所指的是什么。

【例 5.31】 The author designed a new machine. The machine is operated with solar energy.

2）应注意不定冠词 a 和 an 的区别。

不定冠词 a 用在以辅音字母开头，或以读作辅音的元音字母开头的单词前面。如 a laser technique，a one-dimensional figure 等。而 an 用在以元音字母开头，或以不发音的 h 开头的单词前面；或者发音以元音开头的单词或单个字母前面。如 an effective method，an hour，an X-ray，an NMR spectrometer。

3）不使用阿拉伯数字作为首词。

【例 5.32】 Five hundred Dendrolimus tabulaeformis larvae are collected.

其中的 Five hundred 不能写成 500。

4）注意区别名词的单复数形式，以免谓语形式出错。

5）应尽量使用短句，过多长句的使用容易导致语义不清。但使用短句时要注意句型变化，要避免单调和重复。

下面给出几篇科技论文英文摘要的实例。

【例 5.33】

Fuzzy H_∞ Filter Design for a Class of Nonlinear Discrete-Time Systems With Multiple Time Delays

Huaguang Zhang, *Senior Member*, *IEEE*, Shuxian Lun, and Derong Liu, *Fellow*, *IEEE*

Abstract-This paper studies the fuzzy H_∞ filter design problem for signal estimation of nonlinear discrete-time systems with multiple time delays and unknown bounded disturbances. First, the Takagi-Sugeno (VS) fuzzy model is used to represent the state-space model of nonlinear discrete-time systems with time delays. Next, we design a stable fuzzy H_∞ filter based on the T-S fuzzy model, which guarantees asymptotic stability and a prescribed H_∞ index for the filtering error system, irrespective of the time delays and uncertain disturbances. A sufficient condition for the existence of such a filter is established by using the linear matrix inequality (LMI) approach. The proposed LMI problem can be efficiently, solved with global convergence guarantee using convex optimization techniques interior point algorithm. Simulation examples are provided to illustrate the design procedure of the present method.

（该文发表在 *IEEE Transactioons on Fuzzy Systems* 2007 年第 15 卷上，SCI 和 EI 收录）

【例 5.34】

The role of annealing twins during recrystallization of Cu

D. P. Field[a,*], L. T. Bradford[a,1], M. M. Nowell[b], T. M. Lillo[c]

[a] *Washington State University, P. O. Box 642920, Pullman, WA 999164-2920, USA*
[b] *EDAXITSL, 392 E. 12300 Street, Draper, UT 84020, USA*
[c] *Idaho National Laboratory, Idaho Falls, ID, USA*

Received 17 November 2006; received in revised form 15 March 2007; accepted 17 March 2007
Available online 15 May 2007

Abstract

The texture and grain boundary structure of recrystallized materials are dependent upon the character of the deformed matrix and the selective nucleation and growth of crystallites from the deformation structure. Annealing twin boundary formation in materials of low to medium stacking fault energy is not only a product of the recrystallized structure, but also plays an important role in the recrystallization process itself. In situ and ex situ recrystallization experiments were performed on pure copper (99.99% pure) previously deformed by equal channel angular extrusion. Intermittent characterization of the structure on the surface of bulk specimens was accomplished using electron backscatter diffraction. The character of the structure where nucleation preferentially occurs is presumed to be in heavily deformed regions as nuclei were first observed such microstructures as viewed from the specimen surface. Gram growth is observed to heavily dependent upon twinning processes at the low temperatures used for in situ experiments, with twinning occurring to aid the recrystallization process. It is shown at these temperatures that the slowest growing grains obtain the highest fraction of twin boundaries as the new twin orientations presumably increase the boundary energy at positions where there is insufficient, insufficient driving force to continue growth.

Keywords: Copper; Recrystallization; EBSD; ECAE; Twin boundaries

(该文发表在美国 *Acta Materialia* 2007 年第 55 卷第 12 期上，SCI 和 EI 收录)

【例 5.35】

Simultaneous Measurement of Magnetic Field and Temperature Based on Magnetic Fluid-Infiltrated Photonic Crystal Cavity

Yong Zhao, *Member, IEEE*, Ya-Nan Zhang, and Ri-Qing Lv

Abstract—A method for simultaneous measurement of magnetic field and temperature with high sensitivity and high precision was realized according to magnetic fluid (MF)-infiltrated photonic crystal cavity, where two different types of MF were, respectively, infiltrated into certain air holes adjacent to a waveguide to form two cascaded cavities. As the refractive index (RI) of MF is dependent on external dips of cascaded cavities of the waveguide would all shift with the change of external magnetic field or temperature. Using finite-difference time-domain method, the RI sensitivity of the proposed cavity was firstly analyzed and optimized, and then the linear relationships between the shifts of two resonant wavelengths and external magnetic field/temperature were calculated. Finally, combined with the dual-wavelength matrix method, the magnetic field detection limit could reach to 1.333×10^{-4} T with the uncertainty of $\pm0.2\times10^{-4}$ T (coverage factor $k=2$) and detection range from 0 to 0.06 T. Simultaneously, the temperature detection limit could reach to 0.301 K with the uncertainty of ±0.051 K ($k=2$) and detection range from 250 to 340 K.

（该文发表在 *IEEE Transactions on Instrumentation and Measurement* 2015 年第 64 卷第 4 期上，SCI 收录）

【例 5.36】

A critical review on solvent extraction of rare earths from aqueous solutions

Feng Xie[a,*], Ting An Zhang[a], David Dreisinger[b], Finona Doyle[c]

[a] *School of Materials and Metallurgy, Northeastern University, 3-11 Wenhua Road, Shenyang 110004, China*

[b] *Department of Materials Engineering, University of British Columbia, 309-6350 Stores road, Vancouver, BC V6T 1Z4, Canada*

[c] *Department of Materials Science and Engineering, University of California, Berkeley, 210 Hearst Mining Building, Berkely, CA 94720, United States*

Abstract

Rare earth elements have unique physicochemical properties that make them essential elements in many high-tech components. Bastnesite (La, Ce) FCO_3, monazite, (Ce, La, Y, Th) PO_4, and xenotime, YPO_4, are the main commercial sources of rare earths. Rare earth minerals are usually beneficiated by flotation or gravity or magnetic processes to produce concentrates that are subsequently leached with aqueous inorganic acids, such as HCl, H_2SO_4, or HNO_3. After filtration or counter current decantation (CCD), solvent extraction is usually used to separate individual rare earths or produce mixed rare earth solutions or compounds. Rare earth producers follow similar principles and schemes when selecting specific solvent extraction routes. The use of cation exchanges, solvation extractants, and anion exchanges, for separating rare earths has been extensively studied. The choice of extractants and aqueous solutions is influenced by both cost considerations and requirements of technical performance. Commercially, D2EHPA, HEHEHP, Versatic 10, TBP, and Aliquat 336 have been widely used in rare earth solvent extraction processes. Up to hundreds of stages of mixers and settlers may be assembled together to achieve the necessary separations. This paper reviews the chemistry of different solvent extractants and typical configurations for rare earth separations.

（该文发表在 *Minerals Engineering* 2014 年第 56 卷第 2 期上，被评为 2014 年中国百篇最具影响国际学术论文，SCI 收录）

5.2.4 引言

引言位于正文的起始部分，主要叙述自己写作的目的或研究的宗旨，使读者了解和评估研究成果。主要内容包括：介绍相关研究的历史、现状、进展，说明自己对已有成果的看法，以往工作的不足之处，以及自己所做研究的创新性或重要价值；说明研究中要解决的问题、所采取的方法，必要时须说明采用某种方法的理由；介绍论文的主要结果和结构安排。写作要求如下。

1）尽量准确、清楚且简洁地指出所探讨问题的本质和范围，对研究背景的阐述做到繁简适度。

2）在背景介绍和问题提出中，应引用“最相关”的文献以指引读者。要优先选择引用的文献包括相关研究中的经典、重要和最具说服力的文献，力戒刻意回避引用最重要的相关文献（甚至是对作者研究具有某种“启示”性意义的文献），或者不恰当地大量引用作者本人的文献。

3）采取适当的方式强调作者在本次研究中最重要的发现或贡献，让读者顺着逻辑的演进阅读论文。

4）解释或定义专门术语或缩写词，以帮助编辑、审稿人和读者阅读稿件。

5）适当地使用“I”“We”或“Our”，以明确地指示作者本人的工作。

【例 5.37】 最好使用“We conducted this study to determine whether...”，而不使用“This study was conducted to determine whether...”。

叙述前人工作的欠缺以强调自己研究的创新时，应慎重且留有余地。

【例 5.38】 To the author's knowledge...

【例 5.39】 There is little information available in literature about...

【例 5.40】 Until recently, there is some lack of knowledge about...

6）引言的时态运用。

① 叙述有关现象或普遍事实时，句子的主要动词多使用现在时。

【例 5.41】 little is known about …或 little literature is available on …

② 描述特定研究领域中最近的某种趋势，或者强调表示某些“最近”发生的事件对现在的影响时，常采用现在完成时。

【例 5.42】 few studies have been done on …或 little attention has been devoted to …

③ 在阐述作者本人研究目的的句子中应有类似“This paper”“The experiment reported here”等词，以表示所涉及的内容是作者的工作，而不是指其他学者过去的研究。

【例 5.43】 In summary, previous methods are all extremely inefficient. Hence a new approach is developed to process the data more efficiently.

例 5.43 就容易使读者产生误解，其中的第二句应修改为“In this paper, a new approach

will be developed to process the data more efficiently”，或者“This paper will present（presents）a new approach that process the data more efficiently”。

5.2.5 方法

方法部分用于说明研究对象、条件、使用的材料、实验步骤或计算的过程、公式的推导、模型的建立等。方法要重点突出，详略得当。对于众所周知的方法，只需写明其方法名称即可；引用他人的方法或已有应用而尚未被人们熟悉的新方法要注明文献出处，并对其方法做简要介绍；对改进或创新部分应详细介绍。对过程的描述要完整具体，符合其逻辑步骤，以便读者重复实验。具体要求如下。

1）对材料的描述应清楚、准确。材料描述中应该清楚地指出研究对象（样品或产品、动物、植物、病人）的数量、来源和准备方法。对于实验材料的名称，应采用国际同行所熟悉的通用名，尽量避免使用只有作者所在国家的人所熟悉的专门名称。

2）对方法的描述要详略得当、重点突出。应遵循的原则是给出足够的细节信息以便让同行能够重复实验，避免混入有关结果或发现方面的内容。如果方法新颖且不曾发表过，应提供所有必需的细节；如果所采用的方法已经公开报道过，引用相关的文献即可（如果报道该方法期刊的影响力很有限，可稍加详细地描述）。

3）力求语法正确、描述准确。由于材料和方法部分通常需要描述很多的内容，通常需要采用很简洁的语言，故使用精确的英语描述材料和方法是十分重要的。通常需要注意以下几个方面。

① 不要遗漏动作的执行者。

【例 5.44】 To determine its respiratory quotient, the organism was...

显然，the organism 不能来 determine。

【例 5.45】 Having completed the study, the bacteria were of no further interest.

显然，the bacteria 不会来 completed the study。

② 在简洁表达的同时要注意内容方面的逻辑性。

【例 5.46】 Blood samples were taken from 48 informed and consenting patients... the subjects ranged in age from 6 months to 22 years.

例 5.46 中的语法没有错误，但 6 months 的婴儿能表达 informed consent?

③ 如果有多种可供选择的方法能采用，在引用文献时提及一下具体的方法。

【例 5.47】 cells were broken by as previously described.

不够清楚，应改为“cells were broken by ultrasonic treatment as previously described”。

4）时态与语态的运用。

① 若描述的内容为不受时间影响的事实，采用一般现在时。

【例 5.48】 A twin-lens reflex camera is actually a combination of two separate camera boxes.

② 若描述的内容为特定、过去的行为或事件，则采用过去式。

【例 5.49】 The work was carried out on the Imperial College gas atomizer, which has been described in detail elsewhere.

③ 方法章节的焦点在于描述实验中所进行的每个步骤以及所采用的材料，由于所涉及的行为与材料是讨论的焦点，而且读者已知道进行这些行为和采用这些材料的人就是作者自

己，因而一般都习惯采用被动语态。

【例 5.50】 The samples were immersed in an ultrasonic bath for 3minutes in acetone followed by 10 minutes in distilled water.

④ 如果涉及表达作者的观点或看法，则应采用主动语态。

【例 5.51】 For the second trial, the apparatus was covered by a sheet of plastic. We believed this modification would reduce the amount of scattering.

5.2.6 结果与讨论

结果是对研究中所发现的重要现象的归纳，论文的讨论由此引发，对问题的判断推理由此导出，全文的一切结论由此得到。作者要指明结果在哪些图表公式中给出，对结果进行说明、解释，并与模型或他人结果进行比较。作者应以文字叙述的方式直接告诉读者这些数据出现何种趋势、有何意义。讨论是论文的重要部分，在全文中除摘要和结论部分外受关注率较高，是读者最感兴趣的部分，对读者很有启迪作用，也是比较难写的部分。在这部分，重点在于对研究结果的解释和推断，并说明作者的结果是否支持或反对某种观点、是否提出了新的问题或观点等。因此撰写讨论时要避免含蓄，尽量做到直接、明确，以便审稿人和读者了解论文为什么值得引起重视。

（1）结果

结果部分描述研究结果，它可自成体系，读者不必参考论文其他部分，也能了解作者的研究成果。对结果的叙述也要按照其逻辑顺序进行，使之既符合实验过程的逻辑顺序，又符合实验结果的推导过程。本部分还可以包括对实验结果的分类整理和对比分析等。写作要求如下。

1）对实验或观察结果的表达要高度概括和提炼，不能简单地将实验记录数据或观察事实堆积到论文中，尤其是要突出有科学意义和具代表性的数据，而不是没完没了地重复一般性数据。

2）对实验结果的叙述要客观真实，即使得到的结果与实验不符，也不可略而不述，而且还应在讨论中加以说明和解释。

3）数据表达可采用文字与图表相结合的形式。如果只有一个或很少的测定结果，在正文中用文字描述即可；如果数据较多，可采用图表形式来完整、详细地表述，文字部分则用来指出图表中资料的重要特性或趋势。切忌在文字中简单地重复图表中的数据，而忽略叙述其趋势、意义以及相关推论。

4）适当解释原始数据，以帮助读者理解。尽管对于研究结果的详细讨论主要出现在“讨论”章节，但“结果”中应该提及必要的解释，以便让读者能清楚地了解作者此次研究结果的意义或重要性。

5）文字表达应准确、简洁、清楚。避免使用冗长的词汇或句子来介绍或解释图表。为简洁、清楚起见，不要把图表的序号作为段落的主题句，应在句子中指出图表所揭示的结论，并把图表的序号放入括号中。

【例 5.52】“Figure 1 shows the relationship between A and B”不如“A was Significantly higher than B at all time points hecked (Figure 1)”。

【例 5.53】“It is clearly shown in Table 1 that nocillin inhibited the growth of N. gonorrhoeae”不如“Nocillin inhibited the growth of N. gonorrhoeae (Table 1)”。

6）时态的运用。

① 指出结果在哪些图表中列出，常用一般现在时。

【例 5.54】 Figure 2 shows the variation in the temperature of the samples over time.

② 叙述或总结研究结果的内容为关于过去的事实，所以通常采用过去时。

【例 5.55】 After flights of less than two hours, 11% of the army pilots and 33% of the civilian pilots reported back pain.

③ 对研究结果进行说明或由其得出一般性推论时，多用现在时。

【例 5.56】 The higher incidence of back pain in civilian pilots may be due to their greater accumulated flying time.

④ 不同结果之间或实验数据与理论模型之间进行比较时，多采用一般现在时（这种比较关系多为不受时间影响的逻辑上的事实）。

【例 5.57】 These results agree well with the findings of Smith, et al.

（2）讨论

讨论部分主要对研究结果的解释和推断，并说明作者的结果是否支持或反对某种观点、是否提出了新的问题或观点等。因此撰写讨论时要避免含蓄，尽量做到直接、明确，以便审稿人和读者了解论文为什么值得引起重视。讨论的内容主要有以下几个方面。

1）回顾研究的主要目的或假设，并探讨所得到的结果是否符合原来的期望？如果没有的话，为什么？

2）概述最重要的结果，并指出其是否能支持先前的假设以及是否与其他学者的结果相互一致？如果不是的话，为什么？

3）对结果提出说明、解释或猜测；根据这些结果，能得出何种结论或推论？

4）指出研究的限制以及这些限制对研究结果的影响，并建议进一步的研究题目或方向。

5）指出结果的理论意义（支持或反驳相关领域中现有的理论、对现有理论的修正）和实际应用。

具体的写作要求如下。

1）对结果的解释要重点突出、简洁、清楚。为有效地回答研究问题，可适当简要地回顾研究目的并概括主要结果，但不能简单地罗列结果，因为这种结果的概括是为讨论服务的。

2）推论要符合逻辑，避免实验数据不足以支持的观点和结论。根据结果进行推理时要适度，论证时一定要注意结论和推论的逻辑性。在探讨实验结果或观察事实的相互关系和科学意义时，无须得出试图去解释一切的巨大结论。如果把数据外推得到一个更大的、不恰当的结论，不仅无益于提高作者的科学贡献，导致现有数据所支持的结论也受到怀疑。

3）观点或结论的表述要清楚、明确。尽可能清楚地指出作者的观点或结论，并解释其支持还是反对早先的工作。结束讨论时，避免使用诸如“Future studies are needed”之类苍白无力的句子。

4）对结果科学意义和实际应用效果的表达要实事求是，适当留有余地。避免使用“For the first time”等类似的优先权声明。在讨论中应选择适当的词汇来区分推测与事实。例如，可选用“prove”“demonstrate”等表示作者坚信观点的真实性；选用“show”“indicate”“found”等表示作者对问题的答案有某些不确定性；选用“imply”“suggest”等表示推测；

或者选用情态动词“can”“will”“should”“probably”“may”“could”“possibly”等来表示论点的确定性程度。

5）时态的运用。

① 回顾研究目的时，通常使用过去时。

【例 5.58】 In this study, the effects of two different learning methods were investigated.

② 如果作者认为所概述结果的有效性只是针对本次特定的研究，需用过去时；相反，如果具有普遍的意义，则用现在时。

【例 5.59】 In the first series of trials, the experimental values were all lower than the theoretical predictions. The experimental and theoretical values for the yields agree well.

③ 阐述由结果得出的推论时，通常使用现在时。使用现在时的理由是作者得出的是具普遍有效的结论或推论（而不只是在讨论自己的研究结果），并且结果与结论或推论之间的逻辑关系为不受时间影响的事实。

【例 5.60】 The data reported here suggest (These findings support the hypothesis, our data provide evidence) that the reaction rate may be determined by the amount of oxygen available.

5.2.7 结论

结论作为单独一章节对全文进行总结，其主要内容是对研究的主要发现和成果进行概括总结，让读者对全文的重点有一个深刻的印象。有的文章也在本部分提出当前研究的不足之处，对研究的前景和后续工作进行展望。应注意的是，撰写结论时不应涉及前文不曾指出的新事实，也不能在结论中重复论文中其他章节中的句子，或者叙述其他不重要或与自己研究没有密切联系的内容，以故意把结论拉长。

5.2.8 英文致谢

在国外期刊中，致谢通常是作为论文的一个独立部分来书写的，位于结论之后，参考文献之前。根据被帮助人或被资助人是部分作者还是全体作者，致谢可以以部分作者的名义或全体作者的名义。

致谢部分的语言要求正式、诚恳、得体，下面是致谢中的常用句型。

1）向资金支持者致谢的主要句型有 This work (research, project) was financially supported by …, Financial support for this project was provided by …等。

2）向提供帮助者致谢的主要句型有 We thank (acknowledge) …, We would like to express our sincere gratefulness to …, The authors are grateful to …, …is gratefully acknowledged 等。

下面是一些致谢的实例。

【例 5.61】 The authors are grateful to S. Mladenovic, Faculty of Electrical Engineering, University of Belgrade, for her help in obtaining and presenting the simulation results.

【例 5.62】 The authors would like to thank the Associate Editor and the anonymous reviewers for providing constructive suggestions and comments which have greatly improved the paper.

【例 5.63】 The author would like to thank the anonymous reviewers for their constructive comments and suggestions that have significantly enhanced the quality of the paper. This work was supported by the National Natural Science Foundation of China（61803040）, the Key Science and Technology Program of Shaanxi Province（2017JQ6060）and the Fundamental Research Funds for the Central Universities of China（300102328403）.

【例 5.64】 Part of this work was conducted under the cooperative research with the Mechanical Engineering Laboratory and Association of Electronic Technology for Automotive Traffic and Driving.

【例 5.65】 The authors would like to thank the students and faculty members at the University of California, Berkeley, for making available the NS simulator and the students and faculty members of the Monarch Project, Carnegie Mellon University, Pittsburgh, PA, for their ad hoc network extensions to NS. The authors would also like to thank G. McHale of the Federal Highway Administration for his assistance in using the CORSIM simulator. Finally, they would like to acknowledge the assistance of the Partners for Advanced Transit and Highways（PATH）program at the University of California for making available the traffic-flow data used in this paper.

【例 5.66】 Thanks to the support from the project by the National Natural Science Foundation of China（Grant No. 61304197）, the Scientific and Technological Talents of Chongqing（Grant No. cstc2014kjrc-qnrc30002）, the Key Project of Application and Development of Chongqing（Grant No. cstc2014yykfB40001）, Wenfeng Talents of Chongqing University of Posts and Telecommunications（Grant No. 2014-277）, "151" Science and Technology Major Project of Chongqing-General Design and Innovative Capability of Full Information Based Traffic Guidance and Control System（Grant No. cstc2013jcsf-zdzxqqX0003）, the Doctoral Start-up Funds of Chongqing University of Posts and Telecommunication（Grant No. A2012-26）.

5.2.9 参考文献

关于参考文献的内容和格式，建议作者在把握参考文献注录基本原则的前提下，参阅所投刊物的“投稿须知”中对参考文献的要求，或同一刊物的其他论文参考文献的注录格式，使自己论文的文献列举和标注方法与所投刊物相一致。这里只对基本规则做简单介绍。

ISO 5966—1982 中规定参考文献应包含以下三项内容：作者、题目和有关出版事项。其中，出版事项包括书刊名称、出版地点、出版单位、出版年份以及卷、期、页等。

参考文献的具体编排顺序有两种。

1）按作者姓氏字母顺序排列（Alphabetical List of References）。

2）按序号编排（Numbered List of References），即对各参考文献按引用的顺序编排序号，正文中引用时只要写明序号即可，无须列出作者姓名和出版年代。

目前常用的正文和参考文献的标注格式有三种。

1）MLA 参考文献格式：MLA 参考文献格式由美国现代语言协会（Modern Language Association）制定，适合人文科学类论文，其基本格式：在正文标注参考文献作者的姓和页码，文末单列参考文献项，以 Works Cited 为标题。

2）APA 参考文献格式：APA 参考文献格式由美国心理学会（American Psychological Association）制定，多适用于社会科学和自然科学类论文，其基本格式：正文引用部分注明参考文献作者姓氏和出版时间，文末单列参考文献项，以 References 为标题。

3）Chicago 参考文献格式：该格式由芝加哥大学出版社（University of Chicago Press）制定，可用于人文科学类和自然科学类论文，其基本格式：正文中按引用先后顺序连续编排序号，在该页底以脚注（Footnotes）或在文末以尾注（Endnotes）形式注明出处，或在文末单列参考文献项，以 Bibliography 为标题。

5.3 科技英语写作中的常见问题浅析

英文科技论文写作的主要目的是推动我国科技工作者与国际科学技术界的交流。国际上一些著名科技期刊，诸如美国工程师协会 ASME 和美国电气电子工程师协会 IEEE 主办的系列学术期刊，每年都刊登大量来自中国科技工作者的科技论文。然而，中文和英文是两种从形式到文法规则都有很大差别的表述文字，在科技英语写作过程中，经常会出现各式各样的错误和问题，使得评审者看不懂或错误理解了论文所要表达的思想，而导致这些世界领先的科技成果不能在国际著名科技期刊上发表。为此，本节就科技英语写作中存在的一些常见问题进行浅析。

5.3.1 汉语思维方式

在英文科技论文写作过程中，大量国内科技工作者通常是先写出汉语句式，再逐句翻译成英语，导致论文的“汉化英语（Chinglish）”特征明显。从语法上讲，这种英语并不存在严重错误，但实际中却不符合英语的表达方式，使读者很难读懂所要表述的意思。有时还会导致一个原本意思清楚的汉语句子，按照字面意思译成英语后，原意反倒表达不清楚，甚至会引起误解。这就需要考虑如何准确地表达英文。

【例 5.67】科学家不仅利用符号和公式，还通过设计和数据表达他们的想法。

Scientists not only may with symbols and formulae, but also may by designs and data express their thoughts.

该译文是按照汉语的思维和表达方式逐个词拼凑成的，既存在一些写作错误，也不符合英语的表达习惯。英文陈述句的句子结构一般是主语+谓语+宾语+其他成分。在处理汉译英时，首先必须把一个句子的核心找出来。这个句子的核心是“科学家表达……，通过公式、数据……”。分析清楚后再安排句子，就不会产生错误译法的思维混乱情况。may 是情态动词，必须和动词一起构成谓语，正确的译文为

Scientists may express their thoughts not only with symbols and formulae, but also designs and data.

【例 5.68】直到速度接近光速时，才能觉察到质量的增加。因此，通常很难检测出质量的变化。

The increase in mass is not appreciable until the velocity approaches that of light. Therefore, it is often difficult to detect changes in quality.

比较汉语和英语语句发现，汉语的造句法里有所谓的“意合法”。汉语句子一般比较短，结构松散，注意意合，一个句子可以包含两个或多个分句，分句之间在意思上是有联系的，但不用连词。英语却不是这样，句子一般比较长，结构比较紧密，注意形合，往往需要把这种联系明确地表达出来。所以，汉译英应对汉语句子的表达形式进行改变，必要时可以把几个汉语短句合并成一个英语长句，使译文能更加准确通顺地表达原文的意思。正确的译文为

The increase in mass is not appreciable until the velocity approaches that of light and therefore it ordinarily escapes detection.

【例 5.69】 由方程 A 减去方程 B，经整理，我们可以得到方程 C。

Equation A subtracts Equation B, after rearrangement, we obtain the following Equation C.

在科技论文写作中经常有推导公式的叙述。按照英语的表达习惯，表达“A 减去 B”时，用“subtract B from A”的结构，即 subtract Equation B from Equation A。句中的 after rearrangement 为介词短语作插入语，但 rearrangement 的内容不明确。实际上，在推导公式的过程中，“整理”步骤是不可缺少的但不必翻译。另外，在英语科技论文写作中，应尽量避免使用第一人称代词，后半句 we obtain the following Equation C 不合适，改为被动语态。正确的译文为

By subtracting Equation B from Equation A, the following Equation C could be obtained.

【例 5.70】 这个仪器是为测量液体的流量而设计的。

This instrument is for measuring the flow rate of liquids to design.

显然，这也是按照汉语思维方式直译的。句中谓语“为……设计”应译为“be designed”。for 引导的介词短语表示目的。因此，正确的译文为

This instrument is designed for measuring the flow rate of liquids.

【例 5.71】 所有的磁性材料都不适合于这种用途。

All the magnetic materials are not fit for this application.

由于“All+not”表示部分否定，译文的意思是“不是所有的磁性材料都不适合于这种作用”，即一部分磁性材料适合于这种用途，部分不适合。这与原文的意思不符合。原文是全部否定，而不是部分否定。正确的译文为

None of the magnetic materials are fit for this application.

【例 5.72】 这颗卫星还没有进入轨道就爆炸了。

The satellite exploded before it did not enter its orbit.

在英语中，表达“在……没有……以前”时，常用 before 引导的从句。从句中，谓语采用肯定形式，不用否定形式。正确的译文为

The satellite exploded before it entered its orbit.

从上面六个实例可看出，英文科技论文写作中，一定要克服汉语思维方式的影响，按照英语的思维方式表达原文；多阅读或参考一些经典的外文科技论文，不要自己生造；不要照搬别人的原句，应该做小的改动，如换一些词语、主动改被动等；积累一些常用和特殊的句型等，经过消化，使之成为自己写作时的借鉴和参考。

5.3.2 词义选择不当

英语中许多词是一词多义，给正确选词带来一定的难度。科技论文表达必须正确、严谨且用词恰当。因此，写作时特别要注意使用场合，从一个多义词中选择恰当的词义，以免因用词不当导致歧义或出现错误。学会“释义”和确切理解词义是能否达到用词准确的关键，释义就是用不同的词语来表达或说明另一个词或另一句的意义，表达得既正确又生动。其次，在理解和使用英语词汇时，要注意英语和汉语在含义上的不同，以免造成误解或错句。英国著名哲学家 L. Wittgenstein 曾经说过：“词的意义取

决于它在语言中的应用”。也就是说，一个词的含义通常由它的语言环境来确定。对词义的真正理解有赖于语境，忽视了语境就会导致错误的译义。因此，作者在写作过程中，需要结合上下文来确定一个词的确切含义。这不仅要求作者要熟悉原文所涉及的专业技术知识，还要熟悉词的基本含义和引申含义，以及词在科技领域特定环境中的特定含义。

1）新发现和实验中描述进行或开展了何种研究时，国内作者常用的词语有 do，study，carry out 等，而英文中常用 investigate，undertake，perform 等。

【例 5.73】 The chemical structure of the obtained hydrogels was studied by FTIR.

【例 5.74】 The preparation of the copolymer was done under a nitrogen atmosphere.

【例 5.75】 Extraction of the CNCs was carried out with cold water.

例 5.73~例 5.75 中的 studied，done，carried out 依次改为 investigated，undertaken，performed 更符合英语习惯。正确的译文为

The chemical structure of the obtainedhydrogels was investigated by FTIR.

The preparation of the copolymer was undertaken under a nitrogen atmosphere.

Extraction of the CNCs was performed with cold water.

2）在论文摘要和引言中，经常提到本研究的“目的”是……，目的一词用 aim，不是 objective。

【例 5.76】 The objective of this paper is to report the effect of …

【例 5.77】 The objective of this work is to investigate …

例 5.76 和例 5.77 中的 objective 应改为 aim，正确的译文为

The aim of this paper is to report the effect of …

The aim of this work is to investigate …

3）“在此研究中……”，国内作者习惯用 work，但英文常用 study。

【例 5.78】 In this work, we present an easy method to …

【例 5.79】 The work regarding the evaluation of the synthesized graft copolymer …

例 5.78 和例 5.79 中的 work 应改为 study，正确的译文为

In this study, we present an easy method to …

The study regarding the evaluation of the synthesized graft copolymer …

4）多义词中选择词义恰当的单词表达我们的思想，否则会出现错误。

【例 5.80】 天线的形状是复杂的。

The antenna configuration is involved.

该句是一个主系表结构，involved 是作形容词用。但常被理解为被动语态，意思是包含、包括等。即使作形容词用，也容易被理解为“棘手的、复杂的”，不表示结构复杂。如果将 involved 换为 complex 或 complicated，就可避免歧义的产生。正确的译文为

The antenna configuration is complex (complicated).

【例 5.81】 由于时间关系，试验到此为止。

Due to time, the experiment should be stopped here.

由于“due to”的语义为“由于……之故”而导致某种结果的意思，用在这里不符合逻辑。正确的译文为

As time is up/limited, the experiment has to be stopped here.

【例 5.82】昨天我们做了一次电学实验。

Yesterday we made an electricity experiment.

一般表示做某种具体试验用 experiment on；对某种学科而言，一般用 experiment in physics (or in chemistry)。正确的译文为

Yesterday we made an experiment on electricity.

【例 5.83】解决科学和工程上的一些复杂问题需要花费许多时间。

It spends much time to solve the complex problems in science and engineering.

因为“花多少时间”，如果主语是人，可用 spend+动名词、take+不定式或 devote…to；如果主语是事物，则必须用 take+不定式，而不用 spend+动名词或 devote…to。正确的译文为

It takes much time to solve the complex problems in science and engineering.

5.3.3 语句结构不合理

科技英语与英语的其他文体并立，就其本质而言并无差异。但是，科技英语在语法方面却有其特点。实际中，经常发现汉译英的科技论文中存在着语句结构混杂、短缺，语句表达不清楚的情况，更谈不上准确性和严谨性。

(1) 语句结构复杂

【例 5.84】下面的程序给出了求解这类问题应遵循的步骤。

The following program shows what procedure that one should follow in solving this kind of problem.

句中使用了 what 和 that。what 在作形容词时其含义为 any…that，用了 what 就不能再用 that 从句，否则从语言结构而言就重叠了。正确的译文为

The following program shows what one should do in solving this kind of problem.

或

The following program shows the procedure that one should follow to solve this kind of problem.

(2) 语句结构短缺

汉语里当某个名词在一个句子中重复出现时，在不影响句子表达的前提下，常常省略重复出现的名词。然而，在汉译英时必须把省略的名词加上，否则就会导致语句结构短缺，甚至引起歧义。

【例 5.85】这种溶液的沸点比组成溶液的任何组元的都高。

The boiling point of the solutions is higher than any of its separate component.

此译文导致 boiling point 与 any of its separate component 相比较，应该是 boiling point 和 boiling point 比较。用不同事物进行比较不符合逻辑，这是由于语句结构短缺所致。正确的译文为

The boiling point of the solutions is higher than that of any of its separate component.

(3) 语句结构插断，表达不清楚

科技论文要求结构严谨，表达准确。因此，在写作过程中，应使相关联的成分放在一起，修饰语应尽可能地靠近被修饰语，从而使表达的内容更清楚。

【例 5.86】如果处理方式不恰当，锅炉及机动车辆排出的废气就会造成城市污染。

Exhaust from boilers and vehicles causes air pollution in cities, unless it is properly treated.

句子 unless it is properly treated 是修饰 exhaust 的，放在最后容易让人理解为修饰 air pollution 的，使得表达不清楚。正确的译文为

Exhaust from boilers and vehicles, unless it is properly treated, causes air pollution in cities.

5.3.4 冠词缺失和乱用

英语中的冠词分为定冠词 the、不定冠词 a/an 和零冠词三类，在英语中使用频率极高。对于母语中没有冠词系统的国内作者来说，在英文科技论文写作时经常出现冠词的缺失和相关的不当使用问题。

【例 5.87】 The products were dried in vacuum oven.

【例 5.88】 The initiation temperature was changed by Introducing AM into polymer.

【例 5.89】 Cerebral venous sinus thrombosis (CVST) rarely occurs in children but has the mortality rate as high as 20%-78%.

例 5.87 缺失不定冠词 a；例 5.88 中缺失定冠词 the；例 5.89 中 the mortality rate 的定冠词 the 应改用不定冠词 a。正确的译句为

The products were dried in a vacuum oven.

The initiation temperature was changed by Introducing AM into the polymer.

Cerebral venous sinus thrombosis (CVST) rarely occurs in children but has a mortality rate as high as 20%-78%.

5.3.5 其他常见问题

(1) 时态混淆

英文中动词有时态的区分，同一个句子中前后时态不对应也是常见的问题。

【例 5.90】 ITO glasses were used as the working electrode, the counter electrode is Pt wire.

【例 5.91】 UV-vis spectra indicated that the coatings still maintain transparency in the visible light.

例 5.90 和例 5.91 中的动词应统一为过去时或现在时，正确的译文为

ITO glasses are used as the working electrode, the counter electrode is Pt wire.

UV-vis spectra indicated that the coatings still maintained transparency in the visible light.

作者要向读者表达研究过程中各项事实、观点产生的时间关系，表达哪些是一般真理，哪些只是推断等，时态的运用是很重要的。科技英语的时态运用很有限，有些时态和某些内容通常是有密切联系的。美国科技英语专家 John Lackstrom 等人通过研究发现：“叙述过去的研究成果用过去式或用现在完成时；讨论研究项目所基于的理论用将来时或情态动词或现在时；叙述理论部分用现在时”。

【例 5.92】 研究如下三种不同的一阶棱边单元：四面体单元、正六面体单元和棱柱体单元。正六面体单元是最合适的单元：对于每一棱边来说，它的形函数是双线性的。棱柱体单元也是一种合适的单元，在每一水平棱边上，它的形函数是双线性的，而在它的垂直棱边上，形函数是线性的。以计算精度来说，四面体单元是最不合适的单元：它的形函数都是线性的。在同一个问题上，可以同时使用这三种单元；四面体单元在模拟某些特殊的几何形状时是有用的。

Three kinds of first order edge elements have been studied: thetetrahedron, hexahedron and prism. The hexahedron is the most interesting element: its shape functions are bi-linear for each edge. The prism is interesting too: its shape functions are bi-linear for its horizontal edges whereas they are linear for its vertical edges. The tetrahedron is the less interesting element as far as accuracy is concerned: its shape functions are all linear. These three elements can be used together in the same problem; the tetrahedron is useful for the modeling of some geometries where it is necessary.

（2）主谓搭配不一致

与中文不同，英语中名词有可数名词和不可数名词之分。与之相对应，名词后面所接的谓语动词也有单复数形式。英语主语和谓语搭配不一致是英文科技论文写作时常见的问题。

【例 5.93】 The crystallization of PLLA under quiescent and shear flow conditions are investigated.

【例 5.94】 The stability of films based on PSAN and PCAN as polyanions are investigated.

例 5.93 和例 5.94 中的主语分别是 crystallization 和 stability，是单数，谓语动词应当用单数形式，正确的译文为

The crystallization of PLLA under quiescent and shear flow conditions is investigated.

The stability of films based on PSAN and PCAN aspolyanions is investigated.

【例 5.95】 英国和加拿大之间的年通话量增加了 6 倍。

The annual total of telephone calls between UK and the Canada have increased seven times.

例 5.95 中的 have 应改为 has，因为复杂主语中的中心词是 total，正确的译句为

The annual total of telephone calls between UK and the Canada has increased seven times.

（3）不会使用被动句

在科技英语写作中，为了使需要论证的对象更加突出，通常会大量使用被动语句，而中文写作却习惯使用主动语态。

【例 5.96】 针对动力学模型描述的约束非理想轮式移动机器人系统，利用反演技术和积分滑模控制技术，设计了一种全局渐近稳定的自适应积分滑模控制律。

In order to solve the trajectory tracking problem for the dynamic model of mobile robot with non-ideal constraint, an adaptive integral sliding-mode control law with global asymptotically stability is designed by employing back stepping and integral sliding-mode control technique.

（4）不会使用长句

科技英语写作中，通常会使用大量从句，即一个主句带着若干个从句，从句套从句，互相依靠、互相制约。

【例 5.97】 这种调节器体积小，重量轻。它适合于用在安全装置上。

The actuator is very small and light. It can be used for incorporation in the space of the safety device.

正确的译文为 The small size and light weight of the actuator makes it suitable for incorporation in the space available in the safety device.

（5）不会断句

与英语不同，汉语在断句上并无严格要求，对句子停顿的认识很多情况下取决于读者的语感。受此影响，有许多作者在英文写作时往往不敢断句，以为中文的一个长句一定要用英语的一个长句来表达，因而出现与原文风格不一致的译文，甚至在组织译文的时候出现了很

多语法错误。

【例 5.98】世界上第一代博物馆属于自然博物馆，它是通过化石、标本等向人们介绍地球和各种生物的演化历史。

原稿：The world's first generation museums which introduce to the people with fossils and specimen the evolution of the earth and various living organisms are museums of natural history.

句中用 which 这个关系代词来组成一个结构很复杂的主从复合句，但是在组织这个句子的时候出现了很多错误，造成修饰关系不明确的情况。实际中，可将其分译成两个单句来进行处理，就可以避免语法错误，并且使句子语义鲜明。正确的译文为

The world's first generation museums are museums of natural history. They introduce to the people with fossils and specimen the evolution of the earth and various living organisms.

（6）不会使用形容词作后置定语

【例 5.99】辐射能有类似于水波的波动特性。

All radiant energy has wavelike characteristics. They are analogous to those waves that move though water.

为了使句子简洁紧促，科技英语常使用形容词短语作后置定语。正确的译文为

All radiant energy has wavelike characteristics analogous to those waves that move though water.

综上所述，要写出一篇好的英语科技论文并非易事。在进行英语科技论文写作时，首先要明确它的特点是述说事例、逻辑性强、结构严密和术语繁多。写作中要注意逻辑是否准确，术语是否恰当，表达是否简洁明确；其次，要学习和掌握必要的写作理论和技巧，如学会怎样选词和搭配、学会怎样安排句子、学会怎样断句、学会怎样加强语气等语言技巧；再者，通过大量阅读不断扩大词汇量和表达方式，积累素材，增强语感，提高写作能力；最后，要多写多练，在不断的实践中改正错误，总结经验，这是提高写作能力的关键。

5.4 英文科技论文写作示例解析

5.4.1 示例论文介绍

依照英文科技论文的写作方法和要点，本节选择编者 2019 年发表在 *IEEE Transactions on Cybernetics* 上的论文为例，实例解析科技论文的写作特点和规范性等，以便读者加深理解和掌握。*IEEE Transactions on Cybernetics* 创刊于 1960 年，是美国电气和电子工程师协会出版的系统与控制方向、计算机控制论双学科的顶级国际性学术期刊（ISSN：1083-4419）。其主要发表计算智能、计算机视觉、神经网络、遗传算法、机器学习、模糊系统、认知系统、决策制定、机器人技术、系统建模、辨识与仿真、控制系统的分析、设计及其实施等领域的学术论文。*IEEE Transactions on Cybernetics* 为单月刊，在自动化与控制系统、人工智能和控制论领域具有很高的影响力，对研究内容的创新性、前沿性要求非常严格，2018 年的影响因子为 10.387，为中国科学院 SCI 期刊分区一区 Top 期刊。近年来，该期刊每年收到的投稿数量均超过 3000 篇，其中来自中国（包括中国大陆、香港、澳门和台湾地区）的稿件约占总投稿数量的 1/3，稿件录用率为 15%左右。

现将示例论文的全文刊录如下。

Dynamic Coverage Control in a Time-Varying Environment Using Bayesian Prediction

Lei Zuo, *Member, IEEE*, Yang Shi, *Fellow, IEEE*, and Weisheng Yan

***Abstract*—This paper investigates the dynamic coverage control problem for a group of agents with unknown density function. A cost function, depending on a certain metric and the density function, is defined to describe the performance of coverage network. Since the optimal deployment of agents is closely depending on the density function, we employ the Bayesian prediction approaches to estimate the density function. Moreover, a novel coverage-control-customized algorithm is proposed to acquire the Bayesian parameters. The merits of this Bayesian-based spatial estimation algorithm are the consideration of measurement noise and the capability of dealing time-varying density function. However, the estimated density function from Bayesian framework follows normal distribution, which leads the cost function to a stochastic process. To deal with this type of cost function, a discrete control scheme is proposed to steer the agents approaching to a near-optimal deployment. The mean-square stability of the proposed coverage system is further analyzed. Finally, numerical simulations are provided to verify the effectiveness of the proposed approaches.**

***Index Terms*—Bayesian prediction, coverage control, Gaussian Markov random fields (GMRFs), mean-square stability.**

I. Introduction

THE COVERAGE control has received a substantially increasing interest in recent years [1]–[7]. Fundamentally, the main objective of coverage control is to offer a region partition strategy such that the more important regions can get more attentions. The distribution of interested information over the given region is described by a *density function*. Then, depending on both a metric and the density function, a *cost function* is provided evaluate the performance of coverage network. On this basis, a distributed control law is proposed to minimize the cost function through optimization. Due to these compelling features, the coverage control has emerged in many applications [8]–[13].

Manuscript received April 25, 2017; revised September 8, 2017 and November 17, 2017; accepted November 18, 2017. Date of publication December 25, 2017; date of current version December 14, 2018. This work was supported in part by the Natural Science and Engineering Research Council of Canada, and in part by the National Natural Science Foundation of China under Grant 61473116. This paper was recommended by Associate Editor Z.-G. Hou. *(Corresponding author: Yang Shi.)*

L. Zuo is with the School of Electronic and Control Engineering, Chang'an University, Xi'an 710064, China (e-mail: 1_zuo@chd.edu.cn).

Y. Shi is with the Department of Mechanical Engineering, University of Victoria, BC V8W 3P1, Canada (e-mail: yshi@uvic.ca).

W. Yan is with the School of Marine Science and Technology, Northwestern Polytechnical University, Xi'an, China (e-mail: wsyan@nwpu.edu.cn).

Color versions of one or more of the figures in this paper are available online at http://ieeexplore.ieee.org.

Digital Object Identifier 10.1109/TCYB.2017.2777959

In general, the coverage control can be classified into static and dynamic cases. In static coverage control, the main objective is to find out an optimal configuration of sensors over the given domain. Practical limitations are usually taken into consideration. For example, a coverage algorithm for wheeled vehicles is proposed in [14], where the convergence of nonholonomic vehicle systems is guaranteed through locational optimization and Delaunay graph.The coverage control with a network of heterogeneous mobile sensors is addressed in [15], where a distributed control scheme with input saturation is developed to drive the sensors to the optimal configuration. In [16], a distributed coverage control law for vehicles with limited-range anisotropic sensors is proposed, in which an alternative aggregate objective function is defined to approximate the performance. Moreover, the coverage control problem for vehicles with various sensing capabilities is studied in [17]. In [18], a novel coverage control strategy is presented for a group of fixed-wing unmanned aerial vehicles. When there are measurement errors for the positions of agents, a distributed deployment strategy is provided by using the informations on error bounds in [19]. Some other related works can be found in [20]–[25].

For the dynamic coverage control problems, the agents have to explore the given domain instead of directly moving to the final optimal locations as in the static case. The key point of dynamic coverage control is to obtain the information of interest over the given region in real time. The information of interest includes the boundaries of the mission region, the obstacles in mission region, the density function over the mission region, and so on. A large number of relevant results have been proposed in the past years. For instance, a dynamic path planning approach is presented for a group of sensor-based agents in [26], while considering the energy constraints of agents. In [27] and [28], a discrete region partition strategy is proposed for gossiping robots in a nonconvex region. A coverage control scheme is developed to increase the uncovered regions in [29], where a central controller is introduced to avoid collisions in the given region. In [30], a persistent awareness coverage control strategy is proposed for the mobile sensor network with certain sensing capabilities.

Particularly, an interesting challenge that remains in this field is how to perform the coverage control with *unknown* density function. A major means of dealing with this problem is to develop a spatial estimation algorithm for the density function. A decentralized, adaptive spatial estimation algorithm is developed for the coverage network using noise-free measurements in [31]. In [32], an adaptive control strategy is proposed such that the agents can accomplish the coverage task and learning task simultaneously. When the measurements are noise-corrupted, the Kalman filtering techniques can be exploited to achieve the spatial estimation. For instance, the discrete Kalman filter is employed to estimate a spatially decoupled scalar in [33], and in [34], a distributed Kriged Kalman filter is proposed to approximate the density function. To further proceed, an experimental examination of Kalman filter-based coverage control is presented in [35]. These Kalman filter-based approaches, however, assume that the state-transition matrices in the estimation systems are known *a priori*, which is usually not the case in practice. One can find some other approaches about the coverage control with unknown density function. For example, a novel spatial estimation algorithm is proposed by using the neural networks in [36]. However, the computational load of this approach is heavy. Moreover, in the literatures regarding the coverage control with a time-varying density function, the agents are assumed to know the time-varying density function *a priori* [37]–[39]. According to the above review, the dynamic coverage control with unknown density function, especially for the time-varying case, has by no means been fully studied, thus requiring further pursuits. Motivated by the above fact, we propose a novel Bayesian prediction-based coverage control strategy for the multiagent system. The main contributions of this paper are twofold.

1) The density function over the mission region is estimated through the Bayesian prediction approaches. In this Bayesian framework, a coverage-control-customized algorithm is developed to acquire the related parameters in Bayesian prediction. The main advantages of this paper lie in the consideration of measurement noise and the capability of approximating a wide range of density functions, including the time-varying case. Comparing with the existing results in [33]–[35], Bayesian prediction can approximate the density function without any assumption about the state-transition matrices. Moreover, since our proposed estimation algorithm employs the characteristics of Voronoi partition, the computational load of this algorithm is less than the spatial estimation methods in [36] and [40].
2) Due to the fact that the estimated density function from Bayesian framework is in a normal distribution, the cost function becomes a random variable. To ensure the convergence of coverage system, a discrete control scheme is proposed such that the agents can reach a near-optimal deployment. Moreover, we show that the proposed control law can guarantee the mean-square stability of coverage system.

The remainder of this paper is organized as follows. The preliminaries and problem formulation are presented in Section II. In Section III, a Bayesian prediction-based spatial estimation algorithm is developed for the coverage network. Then, a novel discrete coverage control scheme is proposed in Section IV. In Section V, numerical simulations are provided to verify the proposed approaches. Finally, Section VI concludes this paper.

Notations: Let $\mathbb{R}^2$ and $\mathbb{R}^+$ denote a 2-D space and the set of positive real numbers, respectively. $Q \in \mathbb{R}^2$ is the given region and $q \in Q$ is an arbitrary point. $\phi(q,t) : Q \to \mathbb{R}^+$ denotes the density function in terms of the location q and time t. p_i denotes the position of the ith agent and $P = [p_1, \dots, p_n]^{\mathrm{T}}$. For a given matrix C, C_{ij} denotes the ijth element of C. $\|C\|$ and C^{-1} denote the determinant and the inverse of the matrix C, respectively. Let $\mathcal{N}(\mu, \Sigma)$ denote a normal distribution, where μ and Σ are the mean and covariance matrix, respectively. $\mathrm{IG}(a, b)$ denotes the inverse gamma distribution, where a and b are the shape parameter and scale parameter, respectively. Let $\mathbb{E}$ denote the expectation operator and $\mathcal{N}_i$ is the Voronoi neighbor set of the ith agent. $\mathrm{Var}(\cdot)$ denotes the variance of a random variable.

II. Preliminaries and Problem Formulation

Consider n agents in the given region Q. It can be called a Gaussian Markov random field (GMRF) if and only if a random vector $\phi_r = [\phi(p_1, t_1), \dots, \phi(p_n, t_n)]^{\mathrm{T}} \in \mathbb{R}^n$ has the following form [40]:

$$\rho(\phi_r) = \frac{\|C^{-1}\|^{1/2}}{(2\pi)^{n/2}} \exp\left(-\frac{1}{2}(\phi_r - \mu_r)^{\mathrm{T}} C^{-1} (\phi_r - \mu_r)\right) \quad (1)$$

where $\rho(\phi_r)$ denotes the distribution of ϕ_r and μ_r is the expectation of ϕ_r. C is the covariance matrix commonly shown by

$$C_{ij} = \sigma_f^2 \exp\left(-\frac{(p_i - p_j)^2}{2\sigma_q^2}\right) \exp\left(-\frac{(t_i - t_j)^2}{2\sigma_t^2}\right) + \delta_{ij} \quad (2)$$

where C_{ij} denotes the correlation function between the positions p_i, p_j at time t_i, t_j; σ_f^2 is the related scale to the output space; σ_q^2 and σ_t^2 are the hyper parameters for space and time, respectively; and δ_{ij} is the Kronecker delta which equals to one when $i = j$ and zero, otherwise.

A cost function $H(P)$ is defined to describe the performance of coverage network as follows:

$$H(P) = \sum_{i=1}^{n} \int_{W_i} \mathrm{d}(\|q - p_i\|) \phi(q) \mathrm{d}q \quad (3)$$

where W_i is the disjoint assigned region to the ith agent and $\mathrm{d}(\|q - p_i\|)$ is the metric to describe the quantitative assessment of sensing performance.

Without loss of generality, we assume that $\mathrm{d}(\|q - p_i\|) = \|q - p_i\|^2$. Based on the Lloyd's algorithm, the optimal region assigned to each agent, called *Voronoi region*, is given by [41]

$$V_i = \left\{q \in Q \mid \|q - p_i\|^2 \le \|q - p_j\|^2, \forall j \in n, i \ne j\right\}$$

where V_i denotes the Voronoi region to the ith agent.

It is observed that the cost function is partly determined by the defined metric and partly by the density function. However, the density function is usually unknown to the multiagent system in practice. To this end, we develop an efficient spatial estimation algorithm to approximate the density function and propose a control strategy for the coverage network. When the multiagent systems are manipulated based on the estimated density function in coverage control, we have the following definition.

Definition 1: If each agent in coverage network is positioned at the estimated centroid of its Voronoi region, the coverage network is said to be in a near-optimal configuration. Namely

$$p_i = \hat{C}_{V_i}, \quad \forall i \in n$$

where $\hat{C}_{V_i}$ is the estimated centroid of the ith agent's Voronoi region.

III. Spatial Estimation With Bayesian Prediction

Suppose that the agents are equipped with identical sensors. The noisy measurement from the ith agent is given by

$$y_i(t_k) = \phi_i(p_i(t_k)) + \epsilon_i$$

where $y_i(t_k)$ denotes the measurement of the ith agent at time t_k; $\phi_i(p_i(t_k))$ is the exact value of density function at $p_i(t_k)$; and ϵ_i denotes the white measurement noise.

Furthermore, consider the accumulative measurements from t_k to t'_k as follows:

$$y = \left[[y_1(t_k), \ldots, y_n(t_k)], \ldots, [y_1(t'_k), \ldots, y_n(t'_k)]\right]^{\mathrm{T}}$$

where $t'_k = t_{k+m}$ and m is the sampling times.

For a density function $\phi(q, t)$ over Q, we assume that there exists an ideal coefficient vector $\beta \in \mathbb{R}^r$ such that [31]

$$\phi(q, t) = f(q, t)^{\mathrm{T}} \beta \tag{4}$$

where $f(q, t) = (f_1(q, t), \ldots, f_r(q, t))^{\mathrm{T}} \in \mathbb{R}^r$ is the basis function.

This assumption is provided based on the idea that any continuous function over a bounded domain can be approximated by a set of basis functions multiplied with an ideal coefficient vector. However, in practice, there may cannot find the ideal vector β to exactly approximate $\phi(q, t)$. For such a case, analyses of robustness for this assumption are presented in [42]. It shows in numerical simulations that the adaptation law can find a coefficient vector to approximate the real density function as close as possible.

On this basis, a spatial estimation algorithm using Bayesian prediction is proposed in the following lemma [43].

Lemma 1: Given the accumulative measurements y, the conditional distribution of density function $\hat{\phi}(q)|y$ is shown as

$$\hat{\phi}(q)|y \sim \mathcal{N}\left(\mu_{\hat{\phi}(q)|y}, \sigma_f^2 \Sigma_{\hat{\phi}(q)|y}\right) \tag{5}$$

where

$$\mu_{\hat{\phi}(q)|y} = f^{\mathrm{T}}(q)\hat{\beta} + k_c^{\mathrm{T}} C^{-1}(\mathcal{P}, \mathcal{P})\left(y - F^{\mathrm{T}}\hat{\beta}\right)$$
$$\Sigma_{\hat{\phi}(q)|y} = C(q, q) - k_c^{\mathrm{T}} C^{-1}(\mathcal{P}, \mathcal{P}) k_c$$

where $\mathcal{P} = [P(t_k), \ldots, P(t'_k)]^{\mathrm{T}}$ and $\hat{\beta}$ is a certain coefficient vector. $C(\mathcal{P}, \mathcal{P})$ denotes the correlation matrix with respect to the sampling positions $\mathcal{P}$ and $k_c = C(\mathcal{P}, q)$; $F = [f(P(t_k)), \ldots, f(P(t'_k))]$.

The relevant parameters in Bayesian prediction contain the hyper-parameter vector (σ_s^2, σ_t^2), the scale gain σ_f^2 and the coefficient vector $\hat{\beta}$. Although there are many ways to calculate these parameters, we propose a coverage-control-customized algorithm to acquire these parameters.

In Bayesian prediction, the correlation function $C_{ij} \triangleq C(p_i, t_k, p_j, t'_k)$ is provided to show the relationship between any two measurements in spatial and temporal distances. It can be observed that this function is governed by two terms: $\exp(-([(p_i - p_j)^2]/[2\sigma_s^2]))$ and $\exp([-(t_k - t_l)^2][2\sigma_t^2])$, which are corresponding to the spatial distance and temporal distance, respectively. Then, the correlation function C_{ij} decreases as the spatial distance or the temporal distance increases. Hence, the correlation between two sampling positions can be neglected when they have a long distance in space or time. Define the hyper-parameter vector in Bayesian prediction as follows:

$$\left(\sigma_s^2, \sigma_t^2\right) = \begin{cases} (\bar{\sigma}_s^2, \bar{\sigma}_t^2), & \|p_i - p_j\| \le r_s \bigcap \|t_i - t_j\| \le r_t \\ 0, & \text{otherwise} \end{cases}$$

where $(\bar{\sigma}_s^2, \bar{\sigma}_t^2)$ is a chosen positive vector and r_s and r_t denote the boundaries of correlation function in space and time, respectively.

To infer the coefficient vector $\hat{\beta}$ and the scale gain σ_f^2, we assume that the prior distributions of these parameters are given as

$$\hat{\beta}|\sigma_f^2 \sim \mathcal{N}\left(\beta_0, \sigma_f^2 T\right), \quad \sigma_f^2 \sim \mathrm{IG}(a, b) \tag{6}$$

where β_0 and $\sigma_f^2 T$ are the initial mean and covariance matrix, respectively. a and b are the shape parameters of the Inverse Gamma function.

According to the Bayes' rule, the posterior distribution of coefficient vector $\hat{\beta}$ given y and σ_f^2 is shown as

$$\rho\left(\hat{\beta}|y, \sigma_f^2\right) = \frac{\rho\left(y|\hat{\beta}, \sigma_f^2\right)\rho\left(\hat{\beta}|\sigma_f^2\right)\rho\left(\sigma_f^2\right)}{\int \rho\left(y|\hat{\beta}, \sigma_f^2\right)\rho\left(\hat{\beta}|\sigma_f^2\right)\rho\left(\sigma_f^2\right)\mathrm{d}\hat{\beta}}.$$

Recalling the assumption in (4), the distribution of accumulative measurements given $\hat{\beta}$ and σ_f^2 can be written as

$$y|\hat{\beta}, \sigma_f^2 \sim \mathcal{N}\left(F^{\mathrm{T}}\hat{\beta}, \sigma_f^2 C(\mathcal{P}, \mathcal{P})\right). \tag{7}$$

Invoking (6) and (7), the posterior conditional distribution of coefficient vector $\hat{\beta}$ is derived as

$$\rho\left(\hat{\beta}|y, \sigma_f^2\right) = \mathcal{N}(\bar{\beta}, \Sigma) \tag{8}$$

where

$$\bar{\beta} = \Sigma F^{\mathrm{T}} C^{-1} y, \; \Sigma = \left(F^{\mathrm{T}} C^{-1} F + T^{-1}\right)^{-1}.$$

As the derivation of posterior conditional distribution $\rho(\sigma_f^2|y, \hat{\beta})$ is similar to $\rho(\hat{\beta}|y, \sigma_f^2)$, we directly give it as

$$\begin{aligned}\rho\left(\sigma_f^2|y, \hat{\beta}\right) &= \frac{\rho\left(y|\hat{\beta}, \sigma_f^2\right)\rho\left(\hat{\beta}|\sigma_f^2\right)\rho\left(\sigma_f^2\right)}{\int \rho\left(y|\hat{\beta}, \sigma_f^2\right)\rho\left(\hat{\beta}|\sigma_f^2\right)\rho\left(\sigma_f^2\right)\mathrm{d}\sigma_f^2} \\ &= \mathrm{IG}\left(\hat{a}, \hat{b}\right)\end{aligned} \tag{9}$$

where

$$\hat{a} = a + \frac{mn + r}{2}$$

Algorithm 1 Quasi-Newton-Based Algorithm for Bayesian Prediction

Input: Accumulative measurements: y;
Sampling positions: $\mathcal{P}$;
Basis function: $f(q)$;
Output: $\mathcal{N}(\hat{\beta}, \Sigma)$ and $IG(\hat{a}, \hat{b})$;
Initialization: $\beta_0 \sim \mathcal{N}(0, I)$; $\sigma_{f0}^2 = 1$; $\xi \geq 0$; a and b
Compute $C(\mathcal{P}, \mathcal{P})$ through (2);
while $\|F\beta - y\|^2 \geq \xi$ **do**
Compute $\bar{x} = F^{\mathrm{T}} \cdot \mathrm{QNM}(C, y)$;
Denote $\mathrm{col}_i(F)$ as the ith column of F;
Compute $\mathrm{col}_i(\Sigma^{-1}) = F^{\mathrm{T}} \cdot \mathrm{QNM}(C, \mathrm{col}_i(F))$;
Compute $\hat{\beta} = \mathrm{QNM}(\Sigma^{-1}, \bar{x})$;
Choose $\beta \sim \mathcal{N}(\hat{\beta}, \Sigma)$;
Compute $\hat{a} = a + \frac{mn+r}{2}$;
Compute $\hat{b} = b + \frac{1}{2}(y - F\beta)^{\mathrm{T}} \cdot \mathrm{QNM}(C, (y - F\beta))$;
Choose $\sigma_f^2 \sim IG(\hat{a}, \hat{b})$;
Compute $C(\mathcal{P}, \mathcal{P})$;
end while

$$\hat{b} = b + \frac{1}{2}\left(y - F\hat{\beta}\right)^{\mathrm{T}} C^{-1}\left(y - F\hat{\beta}\right) + \frac{1}{2}\left(\hat{\beta} - \beta_0\right)^{\mathrm{T}} T^{-1}\left(\hat{\beta} - \beta_0\right).$$

The conditional distributions of $\hat{\beta}$ and σ_f^2 contain the terms of inverse matrices, which leads to a heavy computational load for the agents. To effectively obtain these conditional distributions, the quasi-Newton method is introduced as follows [44].

Lemma 2: Consider a linear equation $C\bar{x} = y$, where C is symmetric and $\bar{x} \in \mathbb{R}^{mn}$. An iterative solution to $\bar{x}$ is given by

$$\bar{x}_{k+1} = \bar{x}_k - S_k C^{\mathrm{T}}(C\bar{x}_k - y)$$
$$S_{k+1} = S_k + \frac{\delta_k \delta_k^{\mathrm{T}}}{\delta_k^{\mathrm{T}} r_k} - \frac{S_k r_k r_k^{\mathrm{T}} S_k}{r_k^{\mathrm{T}} S_k r_k}$$
$$\delta_k = \bar{x}_{k+1} - \bar{x}_k, \quad r_k = C^{\mathrm{T}} C \delta_k$$

where $S_0 = I$ and $\bar{x}_0 = 0$.

We denote this algorithm as $\mathrm{QNM}(C, y) := \bar{x}_k, k \to \infty$. Then, an efficient algorithm for the conditional distributions of $\hat{\beta}$ and σ_f^2 is proposed in Algorithm 1.

In Algorithm 1, we use the accumulative measurements y, sampling position $\mathcal{P}$ and the basis functions $f(q)$ as the inputs. The procedure of this algorithm can be divided into three parts: 1) initialization; 2) manipulation; and 3) production. In the initialization part, we first choose initial values of β, $\sigma_{f_0}^2$ and (a, b), respectively. Based on these initial variables, compute the correlation function $C(\mathcal{P}, \mathcal{P})$ through (2). Then, in the manipulation part, use $\|F\beta - y\|^2$ to evaluate the performance and follow (8) and (9) to calculate the related parameters in Bayesian prediction. Note that in this process, the terms with inverse matrices multiplying a vector can be effectively obtained through the QNM in Lemma 2. Once the loop condition fails, stop the manipulation part and output the estimation distribution $\mathcal{N}(\hat{\beta}, \Sigma)$ and $\mathrm{IG}(\hat{a}, \hat{b})$. On this basis, randomly choose β, σ_f^2 from $\mathcal{N}(\hat{\beta}, \Sigma)$, $\mathrm{IG}(\hat{a}, \hat{b})$ and substitute these parameters into (5). In this way, the conditional distribution of density function given measurements y can be effectively obtained.

Note that the coefficient vector $\hat{\beta}$ and the scale gain σ_f^2 are closely related to each other. We use $\|F\beta - y\|^2$ as a metric such that these two random variables can both reach the optimal states in the Bayesian prediction. Moreover, the quasi-Newton algorithm has a faster convergence rate than the other optimization methods. Hence, by using Algorithm 1, we can efficiently obtain the numerical solutions of $\hat{\beta}$ and σ_f^2 for Bayesian prediction.

Based on the given accumulative measurements and the correlation function in GMRF, the conditional distribution of density function can be effectively calculated through Lemma 1 and Algorithm 1. Although there have been some methods for spatial estimation in coverage control, the Bayesian-based spatial estimation algorithm has some significant advantages. First, the Bayesian prediction is suitable to a wide range of density functions, including the time-varying case. Then, this approach can address the spatial estimation problems without any assumption about the state-transition matrices. However, the result from Bayesian framework is in a normal distribution, which cannot be directly used as the control input signal. Therefore, we focus on the coverage control strategy with a random density function in the following section.

Remark 1: Although the proposed estimation algorithm can deal with the coverage problems with unknown time-varying density functions, there are still some limitations when the density function has fast and complicated dynamics. From the computational cost perspective, the consumed time for prediction in each iteration must be less than the sampling interval, such that the agents can measure the density function at different positions. Moreover, when the density function merges or bifurcates with fast and complicated dynamics, the updated frequency of this density function should be smaller than the agents' sampling interval. Otherwise, it will greatly affect the accuracy of estimated density function. More detailed analyses about the sampling interval in Bayesian prediction can be found in [45].

IV. Coverage Control System With Bayesian Prediction

Considering the coverage control problem with a density function in normal distribution, the cost function becomes a random variable because of the stochastic properties of density function. We introduce a discrete control scheme for the agents and further show the convergence of the proposed coverage control system in this section.

For simplicity, we denote that $\phi = \hat{\phi}(q)|y$. Then, the stochastic cost function can be written as

$$H(P, \phi) = \sum_{i=1}^{n} \int_{V_i} \|p_i - q\|^2 \phi \mathrm{d}q. \tag{10}$$

Regarding the estimated density function from Bayesian framework, the goal of coverage control is to minimize this type of cost function in (10). It is observed that the cost function is the sum of the normal distributed density function with a certain weight. Hence, the cost function is also a normal distribution, which is in terms of all points in the given domain. To further show the convergence of this coverage system, the following lemma is introduced [46].

Lemma 3: Consider a stochastic sequence with a random variable $\psi(k)$. A recursive procedure is shown as follows:

$$\begin{aligned} x(k) &= x(k-1) + \gamma(k)\mathcal{Q}(x(k-1), \psi(k)) \\ &= x(k-1) + \gamma(k)(\xi(x(k-1)) + e(k)) \end{aligned}$$

where $\xi(x(k-1)) = \mathbb{E}[\mathcal{Q}(x(k-1), \psi(k))]$ and $e(k) = \mathcal{Q}(x(k-1), \psi(k)) - \xi(x(k-1))$.

Then, the stochastic sequence $\{x\}_k$ will almost surely converge to the following ordinary differential equation (ODE):

$$\dot{x} = \xi(x(t))$$

if the following conditions are satisfied.

C1: The function $\mathcal{Q}(x(k-1), \psi(k))$ is continuously differentiable along x.

C2: The error sequence $\{e\}_k$ is a martingale difference sequence.

C3: The gain $\gamma(k)$ is a decreasing sequence and $\gamma_k \geq 0$, $\sum_{k=1}^{\infty} \gamma_k = +\infty$, $\sum_{k=1}^{\infty} \gamma_k^l < +\infty$ for some l.

To minimize the cost function in (10), a discrete coverage control scheme is proposed as follows:

$$\begin{aligned} p_i(k+1) &= p_i(k) + k_0 u_i(k) \\ u_i(k) &= -\gamma_i(k)\big(2M_{V_i}(\hat{\mu}_k)p_i(k) - J_{V_i}(\hat{\mu}_k)\big) \end{aligned} \quad (11)$$

where k_0 denotes a constant step-size; $\hat{\mu}_k \triangleq \mu_{\hat{\phi}(q(k))|y'}$, $M_{V_i}(\hat{\mu}_k) = \int_{V_i} \hat{\mu}_k dq$, $J_{V_i}(\hat{\mu}_k) = \int_{V_i} q\hat{\mu}_k dq$ and $\gamma_i(k) = (1/k+1)$.

In conjunction with (5) and (11), we can obtain the following result.

Theorem 1: Given a group of agents in GMRF described by (1). The density function over this mission region is estimated through the Bayesian prediction in (5) and Algorithm 1. Then, the control law in (11) can steer the agents to the near-optimal deployment and guarantee the mean-square stability of the proposed coverage system.

Proof: Since the cost function is a normally distributed random variable, the proof of this theorem consists of two steps. First, we show that the expectation of cost function almost surely converges to a certain constant. Then, the variance of $H(P, \phi)$ is bounded.

For a certain deployment of the agents, the expectation of cost function is shown as follows:

$$\mathbb{E}[H(P, \phi)] = \int_{\Phi} H(P, \phi)\mathbb{P}_{\phi}(d\phi) \quad (12)$$

where Φ is the range of ϕ.

Consider a set of stochastic recursive sequence shown as follows:

$$\begin{aligned} p_i(k+1) &= p_i(k) - k_0\gamma_i(k)g(p_i(k), \phi(k)) \\ g(p_i(k), \phi(k)) &= \int_{V_i} \frac{\partial \|p_i - q\|^2 \phi(k)}{\partial p_i} dq \end{aligned} \quad (13)$$

where $\phi(k)$ denotes the estimated density function at kth step.

It is observed that the cost function is quadratic function and $g(p_i, \phi)$ is the first-order derivative of cost function. Then, considering two different locations p_i and p_i', it follows that:

$$\|g(p_i, \phi) - g(p_i', \phi)\| \leq \max_{p_i^* \in \{p_i, p_i'\}} \frac{\partial g(p_i^*, \phi)}{\partial p_i^*}\big(\|p_i - p_i'\|\big).$$

Hence, $g(p_i, \phi)$ is continuously differentiable along p_i.

Replacing $g(p_i, \phi)$ by its expectation, the stochastic sequence in (13) can be rewritten as

$$p_i(k+1) = p_i(k) + k_0\gamma(k)(\xi(p_i(k), \phi(k)) + \mathcal{M}_i(k)) \quad (14)$$

where

$$\begin{aligned} \xi(p_i(k), \phi(k)) &= -\mathbb{E}\big[g(p_i(k), \phi(k))\big] \\ &= -\big(2M_{V_i}(\hat{\mu}_k)p_i(k) - J_{V_i}(\hat{\mu}_k)\big) \\ \mathcal{M}_i(k) &= -g(p_i(k), \phi(k)) + \mathbb{E}\big[g(p_i(k), \phi(k))\big]. \end{aligned}$$

The sequence $\{\mathcal{M}_i\}_k$ is essentially a zero-mean noise and the measurement noise in GMRF is independent. Then, considering a sub-σ-algebra filtration $\mathcal{F}_k := \sigma(p_0, \mathcal{M}_i, 1 \leq i \leq k)$, It follows that:

$$\mathbb{E}\big[\mathcal{M}_k | \mathcal{F}_{k-1}\big] = 0.$$

Since the $\mathcal{M}_k$ is measurable with respect to the filtration $\mathcal{F}_k$ and $\mathbb{E}[\|\mathcal{M}_k\|] \leq \infty$, we obtain that $\{\mathcal{M}_i\}_k$ is a martingale difference sequence.

Moreover, the proposed control gain $\gamma(k) = (1/k+1)$ satisfies that

$$\gamma_k \geq 0, \quad \sum_{k=1}^{\infty} \gamma_k = +\infty, \quad \sum_{k=1}^{\infty} \gamma_k^2 < +\infty.$$

Based on Lemma 3, the stochastic sequence $\{p_i\}_k$ almost surely converges to the following ODEs:

$$\dot{p}_i = \xi(p_i, \phi), \quad i = 1, \ldots, n. \quad (15)$$

According to the definitions of $\xi(p_i, \phi)$ and $g(p_i, \phi)$, we obtain that

$$\xi(p_i, \phi) = -\mathbb{E}\big[\nabla_{p_i} H(P, \phi)\big] = -\nabla_{p_i}\mathbb{E}[H(P, \phi)] \quad (16)$$

where $\nabla_{p_i} H(P, \phi)$ denotes the gradient of the cost function along the trajectory of the ith agent.

It is observed that $\xi(p_i, \phi)$ is the decreased direction of $\mathbb{E}[H(P, \phi)]$. Hence, based on the proposed control law, the expectation of the cost function will almost surely converge to the trajectories of the ODEs in (15).

Now, we consider the variance of cost function. Recalling the definition of correlation function in GMRF, the correlation matrix with respect to the sampling position $\mathcal{P}$ is shown as

$$\begin{aligned} C(\mathcal{P}, \mathcal{P}) &= c(\mathcal{P}, \mathcal{P}) + \Delta \\ c_{ij} &= \sigma_f^2 \exp\left(-\frac{(p_i - p_j)^2}{2\sigma_q^2}\right)\exp\left(-\frac{(t_i - t_j)^2}{2\sigma_t^2}\right) \end{aligned}$$

where $c(\mathcal{P}, \mathcal{P})$ denotes the covariance matrix and c_{ij} is the ijth element in $c(\mathcal{P}, \mathcal{P})$. Δ is the Kronecker delta matrix, where δ_{ij} is the ijth element in Δ and it equals one when $i = j$ and zero, otherwise.

Moreover, it is observed that the covariance matrix $c(\mathcal{P},\mathcal{P})$ is symmetric and semipositive definite, which indicates that the eigenvalues of this matrix are real and non-negative. Let $C(q,q)=\lambda$. Then, according to the estimated density function in (5), the variance of density function at point q is given by

$$\begin{aligned}\mathbf{Var}(\phi) &= \sigma_f^2\left(\lambda - k_c^{\mathrm{T}}(\mathcal{P},q)C(\mathcal{P},\mathcal{P})^{-1}k_c(\mathcal{P},p)\right)\\ &\le \sigma_f^2\left(\lambda - k_c^{\mathrm{T}}(\mathcal{P},q)\left((\bar{\omega}\lambda_{\max}^c+\delta)I\right)^{-1}k_c(\mathcal{P},p)\right) \quad (17)\end{aligned}$$

where $\bar{\omega}=mn$ and $I\in\mathbb{R}^{\bar{\omega}}$. $\lambda_{\max}^c$ denotes the maximum eigenvalue of the covariance matrix $C(\mathcal{P},\mathcal{P})$.

For any two points in the given region, the correlation function is continuous and bounded. Hence, there exists a positive constant α such that

$$0\le\lambda_{\max}^k-\alpha\le k(p_i,q)\le\lambda_{\max}^k$$

where $k_c(p_i,q)$ is the ith element in $k_c(\mathcal{P},q)$ and $\lambda_{\max}^k$ is the maximum element in $k_c(\mathcal{P},q)$.

On this basis, the variance of the density function in (17) becomes

$$\mathbf{Var}(\phi)\le\sigma_f^2\left(\lambda-\frac{\bar{\omega}(\lambda_{\max}^k-\alpha)^2}{\bar{\omega}\lambda_{\max}^c+\delta}\right). \quad (18)$$

Invoking (10), the variance of cost function can be written as

$$\mathbf{Var}(H(P,\phi))=\mathbf{Var}\left(\sum_{i=1}^{n}\int_{V_i}\|p_i-q\|^2\phi\mathrm{d}q\right).$$

Since the probability of estimated density function at any point over the mission region is independent, it follows that:

$$\begin{aligned}\mathbf{Var}(H(P,\phi)) &= \sum_{i=1}^{n}\int_{V_i}\|p_i-q\|^4\mathbf{Var}(\phi)\mathrm{d}q\\ &\le \sigma_f^2\sum_{i=1}^{n}\int_{V_i}\|p_i-q\|^4\mathrm{d}q\left(\lambda-\frac{\bar{\omega}(\lambda_{\max}^k-\alpha)^2}{\bar{\omega}\lambda_{\max}^c+\delta}\right).\end{aligned}$$

Note that $\sum_{i=1}^{n}\int_{V_i}\|p_i-q\|^4\mathrm{d}q$ over the given region is bounded and the variables λ, $\lambda_{\max}^k$, and $\lambda_{\max}^c$ are fixed for a group of agents. Denoting $\Theta=\sigma_f^2\sum_{i=1}^{n}\int_{V_i}\|p_i-q\|^4\mathrm{d}q$, the variance of the cost function is shown by

$$\mathbf{Var}(H(P,\phi))\le\Theta\left(\lambda-\frac{\bar{\omega}(\lambda_{\max}^k-\alpha)^2}{\bar{\omega}\lambda_{\max}^c+\delta}\right). \quad (19)$$

It is observed that there exists a maximum $\xi_{\max}$ for the function $\lambda-([\bar{\omega}(\lambda_{\max}^k-\alpha)^2]/[\bar{\omega}\lambda_{\max}^c+\delta])$ when $\bar{\omega}\ge 0$. Thus, we obtain that

$$\max\mathbf{Var}(H(P,\phi))\le\Theta\xi_{\max}. \quad (20)$$

Therefore, it can be proved that the agents will converge to the near-optimal deployment and the proposed coverage system is mean-square stable. ■

Note that the variance of cost function is closely depending on the variance of estimated density function. According to (17), the maximum of $\mathbf{Var}(\phi)$ decreases while increasing the dimension of $\bar{\omega}$. It indicates that the estimated density function from Bayesian framework will be more accurate with more measurements. However, a large number of measurements will lead to a heavy computational load for the agents. Hence, the tradeoff between accuracy and efficiency should be taken into consideration when applying the proposed approaches in this paper.

Remark 2: Since the proposed control scheme is essentially from the gradient of cost function, the convergence rate for the coverage network to near-optimal deployment can be illustrate through the evolution of cost function. Taking a further step, we present the derivative of cost function and find two factors: estimated density function and the control gain. Hence, to increase the convergence rate, we can speed up the estimation algorithm of density function and choose different control gains. Inspired by this fact, the efficient coverage control strategy with fast and complicated dynamics can be an interesting challenge in the further work.

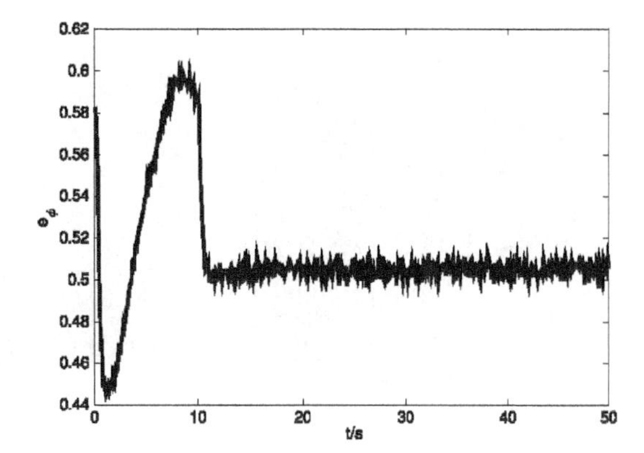

Fig. 1. Average performance of the Bayesian-based estimation algorithm.

V. SIMULATION

Consider a given GMRF (10 × 10 km). There are 32 agents in this region and the control scheme of each agent is described by (11). Let the measurement noise be $\epsilon_i\sim\mathcal{N}(0,1)$. The initial parameters in Bayesian prediction are chosen as: $\lambda_i=1$, $\beta_0\sim\mathcal{N}(0,I)$, $\sigma_{f0}^2=1$ and $(\sigma_s^2,\sigma_t^2)=(3,5)$. The real time-varying density function is shown as

$$\phi(q,t)=1+5\exp\left(-0.1\left((x-X_0(t))^2+(y-Y_0(t))^2\right)\right) \quad (21)$$

where

$$X_0(t)=Y_0(t)=\begin{cases}t & 0\le t\le 10\\ 10 & \text{otherwise.}\end{cases}$$

As shown in (21), the real density function over the mission region is time-varying. The maximum of (21) is linearly moving from the point (0, 0) to (10, 10) at the intervals [0, 10] s and then stops till the end.

The performance of our proposed estimation algorithm for density function in shown in Fig. 1. To fully present the evolution of estimation procedure, we use the average estimation errors e_ϕ as metric, defined as $e_\phi=\int_Q\tilde{\phi}(q)\mathrm{d}q/\int_Q\mathrm{d}q$. Since the estimated density function from Bayesian framework is in normal distribution, the average estimation errors e_ϕ is also

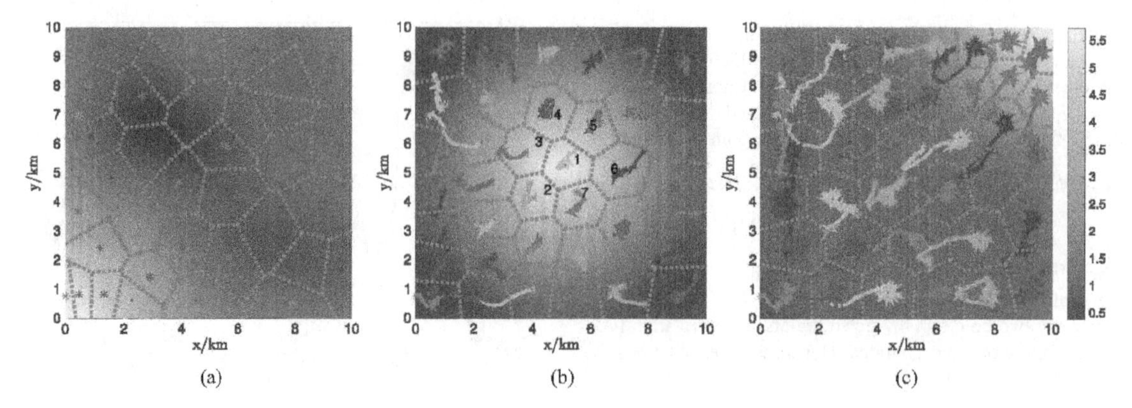

Fig. 2. Coverage behavior with a time-varying density function using Bayesian prediction. (a) $t = 0$ s. (b) $t = 5$ s. (c) $t = 50$ s.

TABLE I
AREAS OF MARKED VORONOI REGION AT $t = 5$ S

V_1	V_2	V_3	V_4	V_5	V_6	V_7
2.04	2.05	2.09	2.17	2.24	3.30	2.64

a normal distribution and weakly converge to a constant in Fig. 1. Moreover, as shown in Fig. 1, the maximum of e_ϕ is always under 0.6, which usually can be ignored in practical applications. Hence, the proposed estimation algorithm can effectively approximate the density function over the mission region.

To illustrate the coverage behaviors with time-varying density function, three figures [Fig. 2(a)–(c)] are provides to show the performance of coverage network at time $t = 0$ s, $t = 5$ s, and $t = 50$ s, respectively. In Fig. 2, the start points and the triangle points denote the initial positions and the current positions of agents, respectively. The solid lines are the trajectories of agents and the dash lines are the Voronoi partition with respect to the current agents' positions. The estimated density function generated from Bayesian prediction is illustrated by the colorful background with respect to a color bar. As shown in Fig. 2, the maximum of estimated density function is first located at the point (0, 0) and then moves to the point (10, 10) along a line. This spatial estimation result confirms the effectiveness of the proposed estimation algorithm in this paper. Moreover, it is observed that the agents with their Voronoi regions are always clustered around the maximum of density function (yellow part). This result shows the optimal deployment of the agents and indicates that the optimal deployment is closely related to the density function. Namely, using our proposed coverage strategy, the time-varying density function can be effectively estimated and the regions with higher interest will get more attentions from the agents.

Particularly, Fig. 2(b) is provided to show the performance of agents during the coverage process. In order to clearly and precisely show the cluster phenomena around the high-density regions, we mark some agents' Voronoi regions ($V_1, \ldots, V_7$) and present their areas in Table I. From Table I, we can clearly

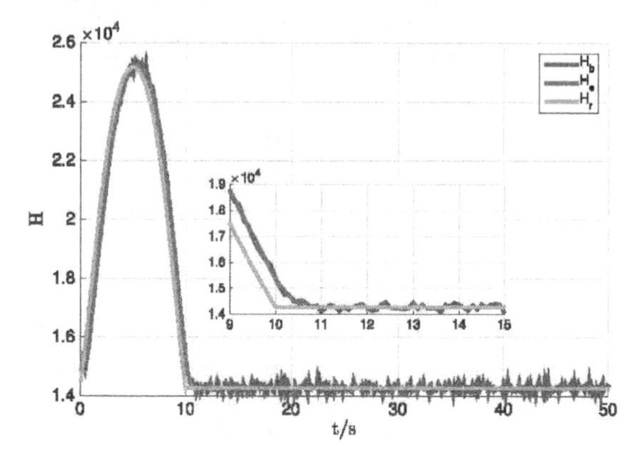

Fig. 3. Evolution of the cost function.

find that the Voronoi region containing the peak of density function (V_1) is the smallest around the others. This table precisely shows that the Voronoi regions with higher density function have smaller size and the agents are closer to each other in the high-density regions.

In addition, one may notice that there are some "U" shaped trajectories in Fig. 2(b) and (c). It is because that the density function over this given region is time-varying. In the beginning, all agents with their Voronoi regions are driven to the lower left corner (0,0). However, all the agents do not know that the density function is time-varying. When the peak of density function moves to the upper right corner (10, 10), some agents have to change their destinations, which produces the U shaped trajectories. This phenomena, on the other hand, shows that our proposed strategy can realize the optimal deployment with time-varying density function.

To further illustrate the performance of coverage network, the evolutions of cost functions with different type density functions are shown in Fig. 3, where H_b is the cost function with estimated density function from Bayesian framework and $H_e = \mathbb{E}[H_b]$; H_r denotes the cost function with real density function. As shown in Fig. 3, the expectation of the stochastic cost function converges to the real cost function. It confirms the convergence of the expectation of cost function and shows that the coverage network reaches a near-optimal deployment under our proposed control law. Furthermore, we can find that the stochastic process of H_b is bounded by a certain constant, which indicates the mean-square stability of the proposed coverage system.

VI. Conclusion

In this paper, we have addressed the coverage control problem with unknown density function. First, the Bayesian prediction was employed to estimate the density function with noisy measurements. Based on the features of Voronoi partition, a coverage-control-customized algorithm was developed to acquire the parameters in Bayesian framework. As the estimated density function from Bayesian prediction follows a normal distribution, the cost function with this estimated density function became a random variable. To further proceed the coverage control strategy with Bayesian prediction, a discrete control scheme was proposed to steer the agents to a near-optimal deployment. Moreover, we shown that the proposed coverage control system was mean-square stable. Finally, numerical simulations were provided to verify the effectiveness and stability of the proposed approaches.

References

[1] J. Cortés, S. Martinez, T. Karatas, and F. Bullo, "Coverage control for mobile sensing networks," *IEEE Trans. Robot. Autom.*, vol. 20, no. 2, pp. 243–255, Apr. 2004.

[2] S. L. Smith, M. Schwager, and D. Rus, "Persistent robotic tasks: Monitoring and sweeping in changing environments," *IEEE Trans. Robot.*, vol. 28, no. 2, pp. 410–426, Apr. 2012.

[3] F. Bullo, R. Carli, and P. Frasca, "Gossip coverage control for robotic networks: Dynamical systems on the space of partitions," *SIAM J. Control Optim.*, vol. 50, no. 1, pp. 419–447, 2012.

[4] T. M. Cheng and A. V. Savkin, "Self-deployment of mobile robotic sensor networks for multilevel barrier coverage," *Robotica*, vol. 30, no. 4, pp. 661–669, 2012.

[5] M. Zhong and C. G. Cassandras, "Distributed coverage control and data collection with mobile sensor networks," *IEEE Trans. Autom. Control*, vol. 56, no. 10, pp. 2445–2455, Oct. 2011.

[6] J. Qin, Q. Ma, H. Gao, Y. Shi, and Y. Kang, "On group synchronization for interacting clusters of heterogeneous systems," *IEEE Trans. Cybern.*, vol. 47, no. 12, pp. 4122–4133, Dec. 2017.

[7] Y. Shi, C. Shen, H. Fang, and H. Li, "Advanced control in marine mechatronic systems: A survey," *IEEE/ASME Trans. Mechatronics*, vol. 22, no. 3, pp. 1121–1131, Jun. 2017.

[8] J. L. Ny and G. J. Pappas, "Adaptive deployment of mobile robotic networks," *IEEE Trans. Autom. Control*, vol. 58, no. 3, pp. 654–666, Mar. 2013.

[9] C. Song, L. Liu, G. Feng, and S. Xu, "Optimal control for multi-agent persistent monitoring," *Automatica*, vol. 50, no. 6, pp. 1663–1668, 2014.

[10] Y. Girdhar, P. Giguère, and G. Dudek, "Autonomous adaptive exploration using realtime online spatiotemporal topic modeling," *Int. J. Robot. Res.*, vol. 33, no. 4, pp. 645–657, 2014.

[11] R. Graham and J. Cortés, "Adaptive information collection by robotic sensor networks for spatial estimation," *IEEE Trans. Autom. Control*, vol. 57, no. 6, pp. 1404–1419, Jun. 2012.

[12] Y. Xu, J. Choi, S. Dass, and T. Maiti, "Sequential Bayesian prediction and adaptive sampling algorithms for mobile sensor networks," *IEEE Trans. Autom. Control*, vol. 57, no. 8, pp. 2078–2084, Aug. 2012.

[13] Y. Chen and Y. Shi, "Consensus for linear multiagent systems with time-varying delays: A frequency domain perspective," *IEEE Trans. Cybern.*, vol. 47, no. 8, pp. 2143–2150, Aug. 2017.

[14] A. Kwok and S. Martínez, "Unicycle coverage control via hybrid modeling," *IEEE Trans. Autom. Control*, vol. 55, no. 2, pp. 528–532, Feb. 2010.

[15] C. Song, L. Liu, G. Feng, and S. Xu, "Coverage control for heterogeneous mobile sensor networks on a circle," *Automatica*, vol. 63, pp. 349–358, Jan. 2016.

[16] K. Laventall and J. Cortés, "Coverage control by multi-robot networks with limited-range anisotropic sensory," *Int. J. Control*, vol. 82, no. 6, pp. 1113–1121, 2009.

[17] J.-S. Marier, C. A. Rabbath, and N. Léchevin, "Health-aware coverage control with application to a team of small UAVs," *IEEE Trans. Control Syst. Technol.*, vol. 21, no. 5, pp. 1719–1730, Sep. 2013.

[18] L. Paull, C. Thibault, A. Nagaty, M. Seto, and H. Li, "Sensor-driven area coverage for an autonomous fixed-wing unmanned aerial vehicle," *IEEE Trans. Cybern.*, vol. 44, no. 9, pp. 1605–1618, Sep. 2014.

[19] J. Habibi, H. Mahboubi, and A. G. Aghdam, "Distributed coverage control of mobile sensor networks subject to measurement error," *IEEE Trans. Autom. Control*, vol. 61, no. 11, pp. 3330–3343, Nov. 2016.

[20] A. Kwok and S. Martínez, "A coverage algorithm for drifters in a river environment," in *Proc. Amer. Control Conf.*, Baltimore, MD, USA, Jun./Jul. 2010, pp. 6436–6441.

[21] I. I. Hussein and D. M. Stipanovic, "Effective coverage control for mobile sensor networks with guaranteed collision avoidance," *IEEE Trans. Control Syst. Technol.*, vol. 15, no. 4, pp. 642–657, Jul. 2007.

[22] S. H. Semnani and O. A. Basir, "Semi-flocking algorithm for motion control of mobile sensors in large-scale surveillance systems," *IEEE Trans. Cybern.*, vol. 45, no. 1, pp. 129–137, Jan. 2015.

[23] D. Mikesell and C. Griffin, "Optimal decision-making in an opportunistic sensing problem," *IEEE Trans. Cybern.*, vol. 46, no. 12, pp. 3285–3293, Dec. 2016.

[24] L. Zuo, W. Yan, and M. Yan, "Efficient coverage algorithm for mobile sensor network with unknown density function," *IET Control Theory Appl.*, vol. 11, no. 6, pp. 791–798, Apr. 2017.

[25] J. Yu and Y. Shi, "Scaled group consensus in multiagent systems with first/second-order continuous dynamics," *IEEE Trans. Cybern.*, to be published, doi: 10.1109/TCYB.2017.2731601.

[26] A. Yazici, G. Kirlik, O. Parlaktuna, and A. Sipahioglu, "A dynamic path planning approach for multirobot sensor-based coverage considering energy constraints," *IEEE Trans. Cybern.*, vol. 44, no. 3, pp. 305–314, Mar. 2014.

[27] J. W. Durham, R. Carli, P. Frasca, and F. Bullo, "Discrete partitioning and coverage control for gossiping robots," *IEEE Trans. Robot.*, vol. 28, no. 2, pp. 364–378, Apr. 2012.

[28] S. Bhattacharya, N. Michael, and V. Kumar, "Distributed coverage and exploration in unknown non-convex environments," in *Proc. Distrib. Auton. Robot. Syst.*, 2013, pp. 61–75.

[29] G. M. Atınç, D. M. Stipanović, and P. G. Voulgaris, "Supervised coverage control of multi-agent systems," *Automatica*, vol. 50, no. 11, pp. 2936–2942, 2014.

[30] C. Song, L. Liu, G. Feng, Y. Wang, and Q. Gao, "Persistent awareness coverage control for mobile sensor networks," *Automatica*, vol. 49, no. 6, pp. 1867–1873, 2013.

[31] M. Schwager, D. Rus, and J.-J. Slotine, "Decentralized, adaptive coverage control for networked robots," *Int. J. Robot. Res.*, vol. 28, no. 3, pp. 357–375, 2009.

[32] C. Song, G. Feng, Y. Fan, and Y. Wang, "Decentralized adaptive awareness coverage control for multi-agent networks," *Automatica*, vol. 47, no. 12, pp. 2749–2756, 2011.

[33] I. I. Hussein, "A Kalman filter-based control strategy for dynamic coverage control," in *Proc. Amer. Control Conf.*, New York, NY, USA, Jul. 2007, pp. 3271–3276.

[34] J. Cortés, "Distributed Kriged Kalman filter for spatial estimation," *IEEE Trans. Autom. Control*, vol. 54, no. 12, pp. 2816–2827, Dec. 2009.

[35] M. Jadaliha and J. Choi, "Environmental monitoring using autonomous aquatic robots: Sampling algorithms and experiments," *IEEE Trans. Control Syst. Technol.*, vol. 21, no. 3, pp. 899–905, May 2013.

[36] A. Dirafzoon, S. Emrani, S. A. Salehizadeh, and M. B. Menhaj, "Coverage control in unknown environments using neural networks," *Artif. Intell. Rev.*, vol. 38, no. 3, pp. 237–255, 2012.

[37] L. C. A. Pimenta *et al.*, "Simultaneous coverage and tracking (SCAT) of moving targets with robot networks," in *Algorithmic Foundation of Robotics VIII* (Springer Tracts in Advanced Robotics), vol. 57. Berlin, Germany: Springer, 2009, doi: 10.1007/978-3-642-00312-7_6.

[38] X. Liang and Y. Fang, "Time-varying environment coverage control by multi-robot systems," in *Proc. IEEE Int. Conf. Cyber Technol. Autom. Control Intell. Syst. (CYBER)*, 2015, pp. 1940–1945.

[39] A. Ghaffarkhah, Y. Yan, and Y. Mostofi, "Dynamic coverage of time-varying environments using a mobile robot—A communication-aware perspective," in *Proc. IEEE Globecom Workshops (GC Wkshps)*, Houston, TX, USA, 2011, pp. 1297–1302.
[40] H. Rue and L. Held, *Gaussian Markov Random Fields: Theory and Applications*. Boca Raton, FL, USA: CRC Press, 2005.
[41] Q. Du, V. Faber, and M. Gunzburger, "Centroidal Voronoi tessellations: Applications and algorithms," *SIAM Rev.*, vol. 41, no. 4, pp. 637–676, 1999.
[42] R. M. Sanner and J.-J. E. Slotine, "Gaussian networks for direct adaptive control," *IEEE Trans. Neural Netw.*, vol. 3, no. 6, pp. 837–863, Nov. 1992.
[43] Y. Xu, J. Choi, S. Dass, and T. Maiti, "Efficient Bayesian spatial prediction with mobile sensor networks using Gaussian Markov random fields," *Automatica*, vol. 49, no. 12, pp. 3520–3530, 2013.
[44] B. G. Pfrommer, M. Côté, S. G. Louie, and M. L. Cohen, "Relaxation of crystals with the quasi-Newton method," *J. Comput. Phys.*, vol. 131, no. 1, pp. 223–240, 1997.
[45] Z. Wu, S. Zhang, and P. Wang, "A CUSUM scheme with variable sample sizes and sampling intervals for monitoring the process mean and variance," *Qual. Rel. Eng. Int.*, vol. 23, no. 2, pp. 157–170, 2007.
[46] L. Ljung, "Analysis of recursive stochastic algorithms," *IEEE Trans. Autom. Control*, vol. 22, no. 4, pp. 551–575, Aug. 1977.

Yang Shi (SM'09–F'17) received the Ph.D. degree in electrical and computer engineering from the University of Alberta, Edmonton, AB, Canada, in 2005.

From 2005 to 2009, he was a Faculty Member with the Department of Mechanical Engineering, University of Saskatchewan, Saskatoon, SK, Canada. He is currently a Professor with the Department of Mechanical Engineering, University of Victoria, Victoria, BC, Canada. He was a Visiting Professor with the University of Tokyo, Tokyo, Japan, in 2013. His current research interests include networked and distributed systems, model predictive control, industrial cyber-physical systems, mechatronics, navigation and control of autonomous systems (AUV and UAV), and energy systems.

Dr. Shi was a recipient of the University of Saskatchewan Student Union Teaching Excellence Award in 2007, the Faculty of Engineering Teaching Excellence Award at the University of Victoria in 2012, the JSPS Invitation Fellowship (short-term), the 2015 Craigdarroch Silver Medal for Excellence in Research at the University of Victoria, and the Humboldt Research Fellowship (for experienced researchers) in 2017. He is currently a Co-Editor-in-Chief of the IEEE TRANSACTIONS ON INDUSTRIAL ELECTRONICS. He also serves as an Associate Editor for *Automatica*, the IEEE TRANSACTIONS ON CONTROL SYSTEMS TECHNOLOGY, the IEEE/ASME TRANSACTIONS ON MECHATRONICS, the IEEE TRANSACTIONS ON CYBERNETICS, for the *ASME Journal of Dynamic Systems, Measurement, and Control*. He is a fellow of ASME and CSME, and a Registered Professional Engineer in British Columbia, Canada.

Lei Zuo (M'17) received the B.Sc. and Ph.D. degrees from Northwestern Polytechnical University, Xi'an, China, in 2011 and 2017, respectively.

Since 2017, he has been with the School of Electronic and Control Engineering, Chang'an University, Xi'an, where he is currently an Assistant Professor. His current research interests include multiagent systems, coverage control, model predictive control, and vehicle platoon control.

Weisheng Yan received the B.Eng. and Ph.D. degrees from Northwestern Polytechnical University (NWPU), Xi'an, China, in 1993 and 1999, respectively.

He is a Professor with the School of Marine Science and Technology, NWPU, where he has been the Associate Dean of the School of Marine Science and Technology since 2013. His current research interests include advanced control theory and control of underwater vehicles.

5.4.2 示例写作解析

从论文整体来看，该论文可分为三部分：前置部分、正文部分以及结尾部分。

（1）前置部分

首先，分析论文前置部分的写作方法和特点。

该论文的前置部分与本书讲述的要求基本吻合，即由标题、作者署名、作者单位标注、论文摘要和关键词五部分组成。

由图5.4可知，在该论文的标题中，列出了该研究论文所研究的问题（Dynamic Coverage Control）、该问题的研究环境（Time-Varying Environment）以及解决该问题所使用的方法（Bayesian Prediction）等要素。简而言之，在构思论文标题的过程中，要求标题简洁、清楚、准确，让读者在读完论文标题后，即能初步了解该论文的主要内容。

Dynamic Coverage Control in a Time-Varying Environment Using Bayesian Prediction

Lei Zuo, *Member, IEEE*, Yang Shi, *Fellow, IEEE*, and Weisheng Yan

图5.4 论文的标题与署名

署名表明作者对论文的著作权以及对论文内容的承诺。图 5.4 中论文的作者有三人，为共同署名。由于该论文发表于英文期刊，按照英文姓名的书写顺序，要求名在前（如 Weisheng），姓在后（如 Yan）。此外，还需根据期刊的具体要求进行排版，如该论文在个人姓名后添加了个人的 IEEE 会员状态。总而言之，论文的署名要求清楚、准确，且符合期刊的具体要求。

图 5.5 为论文的脚注，其内容主要包括三部分。

Manuscript received April 25, 2017; revised September 8, 2017 and November 17, 2017; accepted November 18, 2017. Date of publication December 25, 2017; date of current version December 14, 2018. This work was supported in part by the Natural Science and Engineering Research Council of Canada, and in part by the National Natural Science Foundation of China under Grant 61473116. This paper was recommended by Associate Editor Z.-G. Hou. *(Corresponding author: Yang Shi.)*

L. Zuo is with the School of Electronic and Control Engineering, Chang'an University, Xi'an 710064, China (e-mail: l_zuo@chd.edu.cn).

Y. Shi is with the Department of Mechanical Engineering, University of Victoria, BC V8W 3P1, Canada (e-mail: yshi@uvic.ca).

W. Yan is with the School of Marine Science and Technology, Northwestern Polytechnical University, Xi'an, China (e-mail: wsyan@nwpu.edu.cn).

Color versions of one or more of the figures in this paper are available online at http://ieeexplore.ieee.org.

Digital Object Identifier 10.1109/TCYB.2017.2777959

图 5.5 论文脚注（论文重要日期、作者简介以及致谢等）

1）论文的重要日期，包括收稿日期、修订稿收到日期和接收稿件日期，这是许多正规刊物必须标注的事项。从该论文可见，该刊自收稿到经过修改至正式接收并发表的周期达一年之久，这是许多投稿者看重之处。

2）作者简介，主要包括作者的单位（一般具体到二级单位）、单位地址、单位邮编以及作者的邮箱。如该论文的三位作者分属两个研究机构，为清晰显示，分别列出了每位作者所在大学名称、院系、邮政信箱编号、邮政编码和国名。

3）论文的致谢，主要包括该论文受到的资助以及需要感谢的人。如该论文受到基金的支持，在此处就应明确指出支持该论文基金的名称以及编号。此外，如果还有需要额外感谢的人，也可以在此处提出。

总而言之，在此处的信息内容与排版要根据具体的期刊要求，内容要求简单精确，并符合期刊的规范要求。

论文摘要是论文前置部分的重要组成部分，要求能够在有限的篇幅内完整地反映出论文的主要内容。如图 5.6 所示的论文摘要，在篇幅上根据期刊要求，字数低于 200 个单词。在内容方面，首先通过一句话描述了该论文所针对的问题，如该论文研究未知环境下一组智能体的动态覆盖问题；接着采用层层递进的方式，描述了该论文所采用的方法、得到的结论以及对结论的分析与验证。需要注意的是，在编写论文摘要的过程中，不同层次内容之间通过适当关系介词连接，以凸显摘要的层次感。如在该摘要中采用的连接词有 Moreover，However，Finally 等。

另外，论文的关键词也在论文的前置部分体现，通常紧跟摘要之后。关键词选择那些能够高度概括和反映论文研究主题、方法、重要结果和结论的词语。如在图 5.6 所示的关键词中，使用的方法为“Bayesian prediction”，研究的问题为“coverage control”，研究的环境为“Gaussian Markov random fields”，获得的结论为“mean-square stability”。

Abstract—This paper investigates the dynamic coverage control problem for a group of agents with unknown density function. A cost function, depending on a certain metric and the density function, is defined to describe the performance of coverage network. Since the optimal deployment of agents is closely depending on the density function, we employ the Bayesian prediction approaches to estimate the density function. Moreover, a novel coverage-control-customized algorithm is proposed to acquire the Bayesian parameters. The merits of this Bayesian-based spatial estimation algorithm are the consideration of measurement noise and the capability of dealing time-varying density function. However, the estimated density function from Bayesian framework follows normal distribution, which leads the cost function to a stochastic process. To deal with this type of cost function, a discrete control scheme is proposed to steer the agents approaching to a near-optimal deployment. The mean-square stability of the proposed coverage system is further analyzed. Finally, numerical simulations are provided to verify the effectiveness of the proposed approaches.

***Index Terms*—Bayesian prediction, coverage control, Gaussian Markov random fields (GMRFs), mean-square stability.**

图 5.6　论文的摘要与关键词

这里需要说明的一点是，尽管论文摘要和关键词位于文章的前置部分，且位置靠前。然而在写作层次上来讲，这两部分通常是一篇科技论文最后才完成的工作。因为只有完成了论文的主要内容之后，才能对该论文的研究内容做出更简单精准的总结。

（2）正文部分

论文的正文部分一般由引言、研究方法和结尾三大部分组成，每一部分可以包含多个章节以体现文章的层次结构。在此分别从上述三个方面对科技论文的写作方法进行解析。

引言在不同的科技期刊中也被称作“前言”或者“序言”，其作用是介绍必要的研究背景与研究现状，指出现存研究中的问题，并在此基础上说明本论文的研究内容与贡献，最后概括介绍整篇论文的内容安排。如图 5.7 中的引言所示，论文首先介绍了覆盖控制的定义与应用领域。从第二段开始，将覆盖控制根据其特性分为两种覆盖类型，并分别对这两种覆盖类型的文献进行简介。在介绍文献的过程中，除了陈述该文献的研究内容外，还需对此类文献进行分析，进而总结出当前覆盖控制研究中存在的问题，如在该论文第二页的第一段中，通过“However…”来阐述目前覆盖控制领域内依然存在的问题。在此基础上，提出本论文的主要研究内容及贡献，如在该论文中，首先点明论文的第一个贡献点：提出了一种新的敏感度函数估计方法；然后另起一段，阐述了论文的第二个贡献点：设计了一种基于估计敏感度函数的控制方法；最后，简单概述论文每一章节的主要内容。

正文是科技论文的主体，也是论文所承载研究内容的主要体现部分。正文部分一般由多个章节组成，第一个章节一般为数据收集或问题描述（Problem Formulation），不同学科在此处的陈述方式有所不同，但其目的都是使读者更清晰、准确地认识论文所研究的主要问题，并阐述后续必需的基础知识。如图 5.8 所示，该论文属于工科类科技论文，该章节一般表述为“问题描述”，从数学的角度，详细地阐述了覆盖控制的相关基本定义（如代价函数 H、Voronoi 区域分割策略 V、质心 C_V 等），并在此基础上，严格表述了要解决的科技问题（见论文“To this end, we develop⋯”）。需要说明的一点是，这里仅给出了控制领域的论文示例，其风格与内容跟物理或者生物领域内的科技论文有所差别，前者更侧重于数学层次上的控制律设计与证明。所以，不同领域内的读者可以将本实例论文中的分析思路与自己领域内的科技论文相结合解读，从而更有利于理解科技论文的写作思路。

I. INTRODUCTION

THE COVERAGE control has received a substantially increasing interest in recent years [1]–[7]. Fundamentally, the main objective of coverage control is to offer a region partition strategy such that the more important regions can get more attentions. The distribution of interested information over the given region is described by a *density function*. Then, depending on both a metric and the density function, a *cost function* is provided evaluate the performance of coverage network. On this basis, a distributed control law is proposed

图 5.7　论文引言

II. PRELIMINARIES AND PROBLEM FORMULATION

Consider n agents in the given region Q. It can be called a Gaussian Markov random field (GMRF) if and only if a random vector $\phi_r = [\phi(p_1, t_1), \ldots, \phi(p_n, t_n)]^{\mathrm{T}} \in \mathbb{R}^n$ has the following form [40]:

III. SPATIAL ESTIMATION WITH BAYESIAN PREDICTION

Suppose that the agents are equipped with identical sensors. The noisy measurement from the ith agent is given by

IV. COVERAGE CONTROL SYSTEM WITH BAYESIAN PREDICTION

Considering the coverage control problem with a density function in normal distribution, the cost function becomes a random variable because of the stochastic properties of density function. We introduce a discrete control scheme for the agents and further show the convergence of the proposed coverage control system in this section.

图 5.8　论文的研究方法

结果部分一般通过设置适当的场景、参数，进而验证论文提出的方法在此场景中的效果。如该论文实例中，考虑 32 个智能体在 10×10 的区域内进行覆盖，目标区域内敏感度函数的峰值区域随时间从目标区域的左下角逐渐移动到右上角。然后将论文设计的控制律应用到这 32 个智能体上，观察每个智能体的航行轨迹及其负责的 Voronoi 区域，并分析整个覆盖网络代价函数的变化曲线。这些相应区域即是该仿真实验的结果。在此基础上对这些结果进行分析，进一步验证论文所提方法的有效性。

论文的结论部分是对整个文章的研究问题、研究方法以及相关的研究结果进行总结性的描述。如在图 5.9 中，结论部分的第一句话即表明了本论文所研究的问题。为了解决该问题，该论文首先利用 Bayesian 估计方法估计目标区域内的密度函数分布。在此基础上，论文提出了相应的分布式覆盖控制方法，并通过理论分析和仿真实验的手段，验证了该论文所提算法的稳定性与可行性。需要注意的是，为了体现结论部分内容的逻辑性，通常会采用适当的连接冠词，如 first，to further 等，以清楚地阐释各个研究内容之间的逻辑关系。

VI. CONCLUSION

In this paper, we have addressed the coverage control problem with unknown density function. First, the Bayesian prediction was employed to estimate the density function with noisy measurements. Based on the features of Voronoi partition, a coverage-control-customized algorithm was developed to acquire the parameters in Bayesian framework. As the estimated density function from Bayesian prediction follows a normal distribution, the cost function with this estimated density function became a random variable. To further proceed the coverage control strategy with Bayesian prediction, a discrete control scheme was proposed to steer the agents to a near-optimal deployment. Moreover, we shown that the proposed coverage control system was mean-square stable. Finally, numerical simulations were provided to verify the effectiveness and stability of the proposed approaches.

图 5.9　论文的结论

参考文献是科技论文不可缺少的部分，本论文共列出了 46 条参考文献，如图 5.10 所示，这些参考文献的表现形式与 3.12 节中叙述的要求并不完全一致。这是因为本书是按照我国科技论文写作的国家标准来叙述的，而 *IEEE Transactions on Cybernetics* 期刊有自己的要求，例如，*IEEE Transactions on Cybernetics* 并不要求以［M］或［D］来标注文献的性质等。尽管如此，这些参考文献表述的要素，还是相当一致的。

REFERENCES

[1] J. Cortés, S. Martinez, T. Karatas, and F. Bullo, "Coverage control for mobile sensing networks," *IEEE Trans. Robot. Autom.*, vol. 20, no. 2, pp. 243–255, Apr. 2004.
[2] S. L. Smith, M. Schwager, and D. Rus, "Persistent robotic tasks: Monitoring and sweeping in changing environments," *IEEE Trans. Robot.*, vol. 28, no. 2, pp. 410–426, Apr. 2012.
[3] F. Bullo, R. Carli, and P. Frasca, "Gossip coverage control for robotic networks: Dynamical systems on the space of partitions," *SIAM J. Control Optim.*, vol. 50, no. 1, pp. 419–447, 2012.
[4] T. M. Cheng and A. V. Savkin, "Self-deployment of mobile robotic sensor networks for multilevel barrier coverage," *Robotica*, vol. 30, no. 4, pp. 661–669, 2012.
[5] M. Zhong and C. G. Cassandras, "Distributed coverage control and data collection with mobile sensor networks," *IEEE Trans. Autom. Control*, vol. 56, no. 10, pp. 2445–2455, Oct. 2011.

图 5.10　论文的参考文献

（3）结尾部分

结尾部分主要是指分类索引、著者索引和关键词索引等，也不是必备项。本论文在结尾部分给出了著者索引，列出了作者的学历、工作单位、职称、研究方向和电子邮箱等项目，不同期刊有具体的要求。

5.5 本章小结

英文科技论文作为国际科技交流的一项重要内容，在科技论文写作中占有重要地位。发表高水平英文科技论文也是科研工作者提升学术知名度、加强同国际同行交流与合作的重要途径。本章对英文科技论文的写作做了系统阐述，主要就英文科技论文的构成、写作特点、英文题目、作者署名和工作单位、英文摘要及致谢等内容进行了详细说明。在此基础上，对英文科技论文写作中的常见问题进行了浅析，并以作者发表的一篇英文科技论文作为实例，对其进行了解析。

第6章　其他类型的科技论文写作与交流

科技写作涵盖的范畴极为广泛，除了常见的科技论文写作之外，还包含综述性/评述性论文写作、学位论文写作、基金申请书写作以及简历/求职信写作等多种写作形式，在科技交流中也具有举足轻重的作用，有必要对其进行介绍与说明。本章就常见的科技文章，如综述论文、评论性论文、学位论文、基金申请书、简历、求职信、个人陈述、推荐信、同行评议、会议论文（包含如何进行会议交流）的写作进行介绍，并对每种科技文章给出写作指导与建议。

6.1　综述论文

6.1.1　综述论文概述

文献综述（Review），简称综述，它使用已发表的文献作为原始材料，通过对已发表文献的分类、综合、评估以及当前的研究进展来解释问题。从某种意义上说，撰写一篇文献综述的意义在于以下四个方面。

1）定义问题。

2）总结前人研究成果，阐述围绕该问题的研究现状。

3）确定已发表文献中的各种关系、矛盾、差距和不同之处。

4）给出解决该问题的指导建议。

综述通常用于介绍某一专题、某一领域研究工作的最新进展情况。通过将该专题、该领域及其分支学科的最新进展、新发现、新趋势、新水平、新原理和新技术进行系统总结后，比较全面地介绍给读者，使从事该领域研究工作的读者得到启发。因此，综述是教学、科研以及生产的重要参考资料。

要想撰写一篇优秀的文献综述，不仅必须对现有的大量文献资料进行总结和归纳，从而完成综合分析，使数量众多的材料愈发精炼和明确，更具逻辑性，而且还需要对所写研究问题的主题进行较为全面、深入、系统的论述。由此可见，综述是对某一专题、某一领域的历史背景、前人工作、争论焦点、研究现状与发展前景等方面，以作者自己的观点写成的严谨而系统的评论性、资料性科技论文。

根据收集的原始文档的数量、提炼和处理的程度、组织写作的形式以及学术水平，可以将综述论文归纳为如下三类。

（1）归纳性综述

归纳性综述是作者基于汇总收集的文档，按一定顺序对其进行分类，以便它们相互关联和连贯，从而形成的具有组织性、系统性和逻辑性的学术论文。它在一定程度上反映了某一主题或某个领域的最新研究进展，但却极少包含作者本身的见解和看法。

（2）普通性综述

普通性综述的作者具有一定的研究能力，能够在收集大量文献资料的基础上撰写系统、逻辑的学术论文，并借此表达作者对该研究领域的观点或见解。因此，该类型的综述对从事该领域研究的读者具有一定的指导意义和参考价值。

（3）评论性综述

评论性综述的作者在该领域具有较高学术水平和学术成就。该类型的综述文章需要在收集大量数据的基础上，对原始材料进行汇总与综合分析，并在较为权威的学术期刊上进行发表，以反映该领域当前的研究进展和发展前景。评论性综述的逻辑性和作者的认知与见解较前两种更丰富，所以它对读者具有重要的指导意义，能够在一定程度上引导与影响读者的研究工作。

6.1.2 综述论文的结构

综述型论文的结构安排包含对该课题的综合介绍、分析，评述该学科（专业）领域国内外的研究新成果、发展新趋势，表明作者自己的观点，做出学科发展预测，并提出比较中肯的建设性意见和建议等内容。

一篇合格的综述论文除中英文摘要和参考文献外，其正文部分应当包含以下三个方面的内容。

（1）序论

序论用于说明论文的研究课题、目的和意义。这一部分需要做到简洁扼要、客观真实，并且要避免使用过长的篇幅书写对该课题的主观感受，比如选定这个课题的思考过程等。

问题的提出是序论的核心部分，提出的问题要明确、具体，甚至可以加入一些对该问题的历史回顾。比如，关于这个课题，哪些人做了哪些研究，本篇论文将有哪些补充、纠正或发展。

此外，还需要说明论证这一问题所要采用的方法。如果是一篇较长的论文，在序论中还有必要对本论部分加以简明扼要地介绍，或提示论述问题的结论，便于读者阅读、理解正文。

（2）本论

本论是综述论文的主体部分，在这一部分作者将展开论题，表达其个人观点。

一般议论文的本论安排分三类：①直线推论，又称为递进式结构，即提出一个论点之后，步步深入，层层展开论述论点，由一点到另一点，循着一个逻辑线索直线移动；②并列分说，又称为并列式结构，这种结构把从属于基本论点的几个分论点并列起来，分别加以论述；③混合型，将上述两者结合起来运用。

实际中，综述论文中的直线推论与并列分论是多重结合的，其他一些篇幅较长、论述问题比较复杂的论文也多采用这种方式。

（3）结论

结论是论文的收尾部分，对本论分析、论证的问题加以综合概括，引出基本论点。这部分论述要简要具体，使读者能明确了解作者的见解。

除以上内容之外，作者还可以根据自己论文谋篇布局的需要进行适当的增加，使文章层次更加鲜明、结构更加合理，从而使读者更能理解文章的内容。

【**例 6.1**】为方便读者理解，标题为“Mechanisms of cytokinesis in Eukaryotes”的文章就尽可能多地使用了小标题的形式，其论文目录如下。

题目：Mechanisms of cytokinesis in Eukaryotes

目录：Introduction
Origins of cytokinesis genes
Mechanisms specifying the position of the division plane
  Fission yeast
  Budding yeast
  Animal cells
Mechanism of contractile ring assemble
  Fission yeast
  Animal cells
Architecture of the ring
Mechanism of constriction and disassembly of the contractile ring
Actinfilaments
Myosin-Ⅱ
  Mechanism of constriction
  Sources of drag
  Modeling
Conclusions

6.1.3 综述论文的写作

综述论文的写作一般按照以下四个步骤进行。

（1）选题

综述的选题应遵循以下四个原则。

1）选题的领域应是近年来发展迅速、内容新颖、知识尚未普及的主题；或是研究结论不一致，还存在一定争议的主题；或选在我国有应用价值的新发现和新技术为主题。

2）选题应与作者从事的专业密切相关，或与作者从事专业交叉的边缘学科的主题；或作者即将进行探索与研究的主题；或与作者从事专业关系不大，但乐于探索的主题；或以科学情报工作者的研究成果为主题。

3）题目要具体、明确，范围不宜过大，切忌无的放矢，泛泛而谈。

4）选题必须有所创新，具有实用价值。

（2）搜集文献

综述论文的主题选定后，就需要大量查阅该主题相关文献资料，这是写好综述的基础。搜集的文献越多、越全，对综述的写作越有帮助。通常，可采用文摘、索引等检索工具书查阅文献，也可上网检索相关电子文献。

（3）阅读和整理文献

阅读文献是写好综述的关键环节。通过文献阅读，可以系统掌握选题领域的发展现状与最新进展，并了解其内在发展逻辑。阅读文献时，要做好“读书笔记”，及时记录阅读过程中得到的启示、体会和想法，为撰写综述积累最佳的原始素材。最终将文献进行分类整理，在对其进行科学分析的基础上，结合作者的实践经验，写出体会，提出自己的观点。

(4) 撰写成文

待相关准备工作完成后，就可以进行综述论文的撰写。撰写之前，应先拟定写作大纲，然后写出初稿，并邀请同行对其进行审阅与修改。

6.2 评论性论文

6.2.1 评论性论文概述

评论性论文通过述事评理来阐明论点，是议论文的类型之一。这类议论文，论是评的由头和依据，评是论的目的和归宿。评论性论文不属于原创性发表，极少情况下，评论性论文包含尚未发表在主要期刊上的新数据（来自作者的实验室）。但是总体来说，评论性论文的目的是对已发表的文章进行评论，阐述作者的观点。

与研究性论文相比，评论性论文的主题更为广泛，主要任务就是评论文献，但是真正好的评论性论文绝非注释性的目录资料，而是能对已发表文献给予批判性的评价，并基于文献工作给出重要结论。

常见的评论性论文有述评和书评两种。其中述评类论文又可以分为评论型论文和论证型述评两类。针对同期发表的某篇科技论文，评论型论文介绍其论文背景信息，并对论文进行评论。论证型述评论证某个具体观点（如关于科学政策问题），但不论采取何种论证结构，述评中都要包含有利论据、不利论据和其他观点。

为种类繁多的科技出版物（如教科书、参考书、科技专著、科普读物等，以及出现在众多期刊、杂志上的出版物）撰写的评论性文章称为书评。书评既能帮助读者选择图书，又能帮助读者了解图书，还能向作者和出版社提供反馈，有助于后续图书向积极方向修正。

总的来说，评论性文章均是为了表达某种看法，但这些看法均是源自相关领域的科研人员，而不是普罗大众的看法。在写作风格方面，评论性文章允许创意，但须严格符合“证据应当支持点，逻辑应当严谨”的要求，该要求与科技论文一致。简言之，评论文章应当有理有据地表明科研人员的观点。

6.2.2 评论性论文的结构

评论性论文的结构通常与研究性论文的结构不同。在评论性论文中一般不会采用由“引言”“材料与方法”“结果”与“讨论”等各部分组成的论文结构，也无须遵循 IMRAD 格式。不过，有的评论性论文或多或少地采用 IMRAD 格式。比如，评论性论文中可能会有方法部分，以讲述作者所采用的评论方法。

一篇评论性论文常按如下格式进行安排。

1）中英文摘要。

2）引言。

3）研究现状介绍。

4）存在问题和未来发展趋势预测。

5）结论。

【例 6.2】发表在《高电压技术》期刊上标题为“电气设备局部放电检测技术述评”的评论性文章，其目录结构安排如下。

标题：电气设备局部放电检测技术述评

0 引言
1 局部放电的检测技术
　1.1 脉冲电流法
　1.2 特高频检测法
　1.3 超声波检测法
　1.4 其他检测法
2 局部放电类型的模式识
　2.1 局部放电信号特征提取方法
　2.2 模式识别算法
3 局部放电源定位技术
　3.1 特高频定位法
　3.2 超声波定位法
4 存在的问题和未来的发展
　4.1 在线监测和带电检测
　4.2 检测技术的盲点
　4.3 更为准确和深入的结果分析方法
　4.4 不同种类电压作用下局部放电的检测和分析
　4.5 非常规检测方法标准体系的建立
5 结论

如果撰写的评论性论文的主题是从未被评论过的，或者是曾经被错误看待过的，又或者是有争议的主题，应该在论文中增加一些相关的历史分析。如果评论的主题已被充分有效地评论过，评论的起始点应是上篇评论性论文中所引用的最新文献的发表日期。当然，新的评论性论文中应该首先引用上篇评论性论文。

6.2.3 评论性论文的写作

在撰写评论性论文之前，需要判断欲投期刊对投稿的要求。例如，有一些期刊要求稿件对文献有深入的批判性评价，有一些杂志要求作者尽可能多地对相关文献进行调研。在撰写论文的时候，还要注意欲投稿期刊对论文结构、风格和评论重点等方面的要求。

评论性论文的写作应当重点关注引言和结论部分。评论性论文的引言部分对读者影响非常大。如果论文题名还可以让读者产生一点兴趣，很多时候读者会根据论文的引言段落来决定自己是否要继续读下去。

论文各主要部分的第一段对读者的影响也很大。读者在读完某个部分的第一段后，就能根据已读的内容决定是否仔细通读该部分的其余段落。如果某部分的第一段写得好，那么不管读者是仔细通读了这一部分，还是略读或跳过了这一部分，都能对相关内容有一定程度的理解。

同样，评论性论文的读者背景各异，覆盖的主题也较为广泛。作者有必要给出“结论”部分，以此满足专家和普通人员的阅读需要，这对于包含高度技术性与前沿性的主题十分重要。总而言之，好的结论能总结和简化文章中的多余内容。

6.3 学位论文

6.3.1 学位论文概述

学位论文是大学本科生、研究生为申请学位而提交的学术论文。学位授予单位向申请者授予学位，必须以合格的学位论文作为前提条件和必要依据。学位论文是本科生、研究生学习阶段学习成果的集中体现，是检验学生掌握本专业基础理论、专业知识、基本技能的深度和广度，以及检验学生运用所学理论、知识、技能开展科学研究、分析解决问题基本能力的一份综合性考卷。

学位制始于中世纪的欧洲。1150 年，法国巴黎大学授予了第一批神学博士学位；1158 年，意大利的波伦亚大学授予了第一批法学博士学位。随后，德国开创了学位论文答辩制度，以后各国相继效仿该制度。后来，经历了一段很长的历史时期，学位制度不断发展演变并广泛流传至欧洲各国乃至世界各地。

改革开放后，学位制度在我国开始实行。1980 年 2 月 12 日，经第五届全国人民代表大会常务委员会第十三次会议审议通过，颁布了《中华人民共和国学位条例》并于 1981 年 1 月 1 日正式施行。1981 年 5 月 20 日，国务院颁发了《中华人民共和国学位条例暂行实施办法》。2004 年 8 月 28 日，第十届全国人民代表大会常务委员会第十一次会议《关于修改〈中华人民共和国学位条例〉的决定》修正了《中华人民共和国学位条例》，明确规定我国的学位分为学士、硕士和博士三个等级。

与学术论文不同，学位论文是高等学校的毕业生或研究单位的研究生为获取学位而撰写的作为考核评审的文章。它可以以书的形式正式出版、公开传播，也可以以非正式出版物的形式在一定范围内传播。而学术论文是由学术研究者对其创造性的研究成果进行理论分析及科学总结并发表于正式期刊上，或得到学术界正式认可的叙述文件。期刊论文、会议论文和报告等都属于学术论文。学位论文与学术论文的不同之处常常体现在以下四个方面。

1）学位论文的撰写目的是获取学位，培养学生的研究能力。

2）学位论文的研究范围和对研究成果的要求不同于普通的学术论文。

3）学位论文的撰写标准不同于学术论文。

4）学位论文的出版形式不同于学术论文。

6.3.2 学位论文的选题

学位论文的选题就是确定学位研究和写作的大致方向，具有很强的指导性。选题确定后，学位论文的资料搜集和写作都应当严格围绕该选题进行。因此，选题既包括科学研究课题的选择和确定，也包括论文内容的选择和确定。本节从选题的意义、目的、遵循的原则以及选题方法等四个方面，对学位论文选题这一关键环节进行阐述。

（1）选题的意义

选题是科学研究工作需要迈出的第一步，也是至关重要的一步。所谓“题好文一半”，一个好的选题，能够使得后续论文的题目确定、材料收集与整理、目录结构的制定顺利进行。

具体来说，选题的意义可以具体从以下三方面进行阐述。

1）选题事关文章价值与和写作成败。选题是文章写作的第一步，选准题、选好题直接关系后续论文的写作过程，从而直接影响学位论文的成败。一个不好的选题使得作者在写作过程中不仅无法下笔，也会使得论文研究价值不足，可能最终致使作者的学位论文申请失败。

2）选题影响研究者的研究进度与态度。一个合适的选题要符合研究者的专业背景和研究兴趣。不符合研究者专业背景的选题，可能会造成研究者前期需要进行大量调研与资料整理工作，消耗研究者的工作热情；同样，一个研究者不感兴趣的选题可能造成其工作态度消极，影响研究进度。所以，一个好的选题能够促进研究工作的有效进行，并且提高研究者的研究热情。

3）选题促进研究者学术能力的提高。选题一经确定，研究者的研究便有了明确的方向，有了研究方向，研究才有动力、有指引。研究工作的起点始于选题，选题能够使研究目标更加明确，研究者才能为此进行有目的、有计划的调整，包括调整自己的知识结构、人员安排等，以此适应该选题研究工作的需要。

由此可见，选题工作具有十分重要的意义，每一个研究者在选题阶段都应做好充分的准备，谨慎选择。

（2）选题的目的

学位论文的选题，是整个研究的第一步，决定了整个研究的价值、走向和提升空间。因此，在研究正式开始前，一定要将论文的选题视为重中之重。

学位论文选题的目的就是确定论文的研究内容、研究目标、写作范围，以及所要表达的主要观点或主题。选题是提炼论文主题的基础，也是进一步拟定论文题名的基础。当需要完成学位论文时，学位论文应该写些什么内容，是作者在写作过程中遇到的第一个问题，而选题便是在较为宏观的层面对其进行限定。例如，当一个硕士论文的选题确定为汽车无人驾驶技术的研究后，可以确定其硕士学位论文的写作内容为汽车无人驾驶技术，而不是飞行器或其他交通工具的无人驾驶技术。作者今后的资料收集、整理以及论文写作都要围绕车辆的无人驾驶技术展开，这便确定了其科学研究的目标和范围。因此，选题在科学研究的初始阶段，具有十分重要的意义。

（3）选题需要遵循的原则

选题的基本原则包括需要性原则、可行性原则、创新性原则和科学性原则。

1）需要性原则。

需要性原则是指科学研究不仅要满足社会生产、经济和其他方面的需要，还要满足科学自身发展的需要。满足科学发展需要的基础理论性研究课题，是科技论文和学位论文选题的重点，具有较高的学术价值。

按需选题是科研选题时必须遵守的首要原则。因此，在选题时要首先考虑如下性质的课题：亟须解决的课题；质疑传统观点的、颇具争议的课题；能够填补理论空白的课题。只有这样，科学研究才能为社会需要服务。

2）可行性原则。

可行性原则要求选题必须具备一定的主客观条件，才有成功的可能性和希望。主观条件包括研究人员的知识、技能、专业、兴趣、爱好、身体状况乃至奉献精神；客观条件包括目前科学发展程度、经费、设备器材、人员数量和研究时间等。没有一定条件，就不可能完成研究任务。因此，在选择题目时，一定要根据目前研究者的主客观因素合理选题，切忌眼高手低或浅尝辄止。

选题类似于“撑竿跳”：如果运动员选择的高度很低，他便可轻而易举登顶，但这样的跳跃不会给人们带来任何乐趣；如果选择了一个很高的高度，即使运动员素质再好，也不可能跳跃过去。只有把杆的高度放在合适的位置，即一个撑竿跳运动员可以通过不断的尝试或努力跳过去，才有意义。

3）创新性原则。

创新性原则要求选题时要选择具有先进性和新颖性的课题。它指的是前人没有解决的问题。前人已解决或已证明无法解决（“如永动机不可造原理”）的课题是不具备研究价值的。创新性原则主要体现在两个方面：一是课题要有难度，有利于挖掘研究者的潜力，发挥其创新精神；二是创新，要有前瞻性和先进性。

创新性原则是科学研究价值原则的体现。创新课题的成果可以体现为理论研究的新思路、新观点、新理论或应用开发研究的新技术、新产品、新工艺、新材料等方面。因此，在选题时一定要遵循创新性原则。

4）科学性原则。

科学性原则指出选题必须符合最基本的科学原则和客观实际，必须以科学理论为基础，尊重事实和科学理论，不迷信权威和传统观念。违反科学原则和客观规律，就没有科学性而言。比如，对“永动机”追求，违背了最基本的科学原理和客观规律，便永远不可能成功。

就学位论文而言，所谓科学性，就是要求论文具有全面准确的信息和先进的内容。一个失去了科学性的论文选题，是不具备任何价值和意义的。一个学位论文的生命在于其科学性，虽然学位论文不是以科学研究为唯一目的，但它应当含有科学研究的性质。因此，一篇学位论文，强调其选题的科学性是十分有必要的。

（4）选题的方法

选题方法将根据选题来源的不同，向研究者提供如何选择研究课题的思路和方法。一般情况下，选题来源主要有以下三种途径。

1）题目由指导教师或学校提供的选题方法。

该种情况下，学生在指导教师和学校提供的课题范围内，根据自己的实际情况选择课题。这种选题方式简单直接，但留给学生自己的可操作空间较小，比较适合不具备自主选题或专业背景不够深厚的学生。事实上，我国大部分学士学位论文的选题工作均按这种方式进行。虽然该种选题方式留给学生的自主操作空间十分有限，但是学生还是可以就以下三个问题进行考虑，选择出更适合自己的选题：①哪个题目最适合你；②哪个题目最容易获得文献；③哪个题目最具创新性。选题时需要充分考虑上述三个方面，反复权衡，以便选出适合自己的题目。

2）题目源于导师科研课题的选题方法。

一般来说，在完成导师课题的基础上选择论文题目比较简单。因为导师在确定课题时，已经做了相关前期调研工作，所以采用这种选题方式，无须再进行额外的前期工作。但是，由于课题和学位论文的侧重不同，课题和课题的研究成果不能与学位论文的选题和论文画上等号。这种情况要求教师和学生在课题和选题的转换过程中共同学习，寻找解决方案。这里必须明确指出，在确定题目的过程中，导师起着决定性的作用，但必须在与学生充分讨论的基础上做出决定，否则将不利于论文的写作。因为论文写作的主体是学生，如果学生对选题不满意，就很难完成写作任务。对于选择导师课题的子课题作为论文选题的学生来说，与上述情况基本相同；不同的是，导师要做好协调工作，让每个学生都很清楚自己论文的写作对象，避免在研究对象和内容上重复。

3）题目源于自我选择的选题方法。

这种选题方式不仅仅是学位论文的选题方式，也是科技论文中最受欢迎的选题方式。在科技论文的写作中，大多是独立的主题，一般是先成文，再确定题目；较少情况先确定题目，再进行论文写作。但这种选题方式的弊端在于，不具备相关领域深厚专业背景的学位论文作者，往往不能较好地把握选题所需要遵循的原则，从而导致选题过于平庸而不具备足够的研究价值，或实现难度较大使其不具备驾驭该选题的能力。因此，采取这种选题方式，需要充分做好前期调研工作，有必要的情况下，需要在拟确定选题后向导师或其他专业人士请教，保证选题的可行性，防止因选题不当，导致学位论文在写作过程中遭遇困难。

6.3.3 学位论文的结构

学位论文，尤其是硕博士论文，需要遵循较为严格的格式规范。参考国家标准 GB 7713.1-2006《学位论文编写规则》中的规定，规范的学位论文由前置部分、主体部分、参考文献、致谢、附录和结尾部分等构成。前置部分包括封面、封二（如有）、题名页、英文题名页（如有）、勘误页（如有）、摘要页（中文摘要和关键词、英文摘要和关键词）、序言或前言（如有）、目次页、插图和附表清单（如有）、缩写和符号清单（如有）、术语表（如有）等；主体部分包括绪论（引言）、正文和结论等；结尾部分包括相关索引、作者简介和学位论文数据集等。

（1）学位论文的前置部分

前置部分包括封面、中英文摘要、关键词和目次等内容。

1）封面。封面是学术论文的外表面，提供应有的信息，并起保护作用。作为学位论文必须有封面且包括下列内容：题名（包括副题名）、作者姓名、指导教师姓名、专业及研究方向、完成日期等。

2）版权页。版权页通常置于论文的题名页之后，包含学位论文的原创性声明和使用授权说明。其中学位论文的原创性声明是作者关于论文内容未侵占他人著作权的声明，声明的内容及格式由所在学校统一拟订；学位论文使用授权的说明是对于读者使用该篇论文的授权说明，其签署直接影响版权人对其论文的保护。学位论文使用授权的说明内容也由所在学校统一拟订。

3）摘要。摘要是论文基本内容的浓缩，学位论文的摘要一般要求写成“指示-报道性摘要”，毕业论文摘要的字数要比期刊论文适当增加，一般博士学位论文的摘要为 1500 字左右，硕士学位论文的摘要为 500~1000 字，学士学位论文的摘要为 500 字左右。学位论文的摘要内容主要有本课题的研究背景、目的、任务范围及在本学科研究中所占的重要地位；研究的主要内容、研究对象的特征，所运用的原理、理论、手段和方法以及与他人研究的不同之处；主要结果、试验数据，以及观点和结论；主要结果和成果的意义，实践价值和应用范围；今后进一步研究的方向等。

4）关键词。关键词是为了文献标引工作而从学术论文中选取出来用以表示全文主题内容的词语。一般情况下，关键词是未规范的自然语词，但如果有条件的话，可以参考并选择各种词表中的主题词（规范语词）作为关键词。具有实际意义和检索意义的实词都可以选作关键词，学位论文的关键词列于摘要之后，个数为3~8个，并且中英文关键词应一一对应分别排在中英文摘要下方。

5）目次。目次是书刊上的目录，表示内容的篇目次序。目录既是论文的提纲，也是论文组成部分的小标题。编制目次，将各章节的大小项目按先后次序列出，并标明各自所在的页码，这样就能方便读者把握文章的逻辑格局，方便阅读或选读。一般来说，目录应该列出一级标题和二级标题，如果实在有必要的话，可以列出三级标题。如果学位论文中的图表较多，还可以编写有图（表）序、图（表）题和页码的图表清单置于目录页之后。

（2）学位论文的主体部分

主体部分包括绪论、正文和结论等内容。

1）绪论。绪论是学位论文的起始部分，具有引出正文的作用，被置于正文之前，且不能脱离正文而单独存在。对于学位论文来说，绪论具有文献综述的性质，其主要内容包括本课题研究的目的、意义以及国内外研究现状；理论分析和依据；研究设想、方法及实验手段。

2）正文。正文是学位论文的主体和核心部分，是分析问题的主体部分，是观点和材料大量聚集的部分，也是全文结构中的主体部分。不同学科专业和不同的选题可以有不同的写作方式。正文应包括论点、论据、论证过程和结论。正文是一篇论文的本论，属于论文的主体，它占据论文的最大篇幅。论文所体现的创造性成果或新的研究结果，都将在这一部分得到充分的反映。

3）结论。学位论文的结论包括每章小结和全文总结两个部分。在每章小结中要求概括出本章所取得的主要研究成果，得出的重要结论，并且要指出作者在本章中所进行的创新工作，取得的创新成果。全文总结常用的标题有“结论”“结束语”“结尾语”“全文总结与展望”等，通常是对全文的研究工作进行总结并对今后的研究方向进行展望。

（3）参考文献

参考文献是指为撰写或者编辑学位论文而引用或者参考的有关文献资料，通常附在论文之后，有时也以注释（附注或者脚注）形式出现在正文中。

（4）致谢

致谢是对需要感谢的组织或个人表述谢意的文字说明。致谢部分包括所有对研究或论文有贡献的单位和个人以及他们的具体贡献，读者可以了解到许多有用信息。可以包含对导师的感激，或者对父母学长等在完成论文工作过程中给予的帮助和支持表示感谢；也可感谢在感情上、生活上、精神上给予关心、帮助和支持的人。

（5）附录

附录是论文主体的补充项目。当学位论文中涉及很多材料、数据、图表和计算程序等不便编入正文，但为了帮助读者更好地理解正文内容时，可以使用附录将其列出。每一附录均另页起，学位论文的附录依次用大写正体A，B，C…编序号，如附录A。附录中的图、表、式子和参考文献等应另编序号，与正文区别开，序号一律用阿拉伯数字，在数字前冠以附录序号，如图A1、表C2等。不同学校对附录的编号会有不同要求，作者应按所在学校的要求进行编号。

（6）结尾部分

结尾部分通常包括相关索引、作者简介和学位论文数据集等。

1）索引。一般来说，学位论文可能需要提供专门术语索引、人名地名索引等。就专门术语索引来说，需要收集在论文中出现的专门术语，包括中文的和外文的，并注明每个术语在论文中出现的位置（位置可以只是页码，也可以精确到行数），最后对这些术语进行排序（通常的排序标准为音序法）。

2）作者简介。作者简介应包括作者的教育经历、工作经历、攻读学位期间发表的论文和完成的工作。

3）学位论文数据集。学位论文数据集由反映学位论文主要特征的数据组成，主要包括学位论文及其作者和学位论文授予单位的基本信息，还有学位论文评阅及答辩委员会情况。

6.3.4 学位论文的写作要求

与一般科技论文相比，学位论文具有明显的自身特征，学位论文的基本特征也就是对其写作的基本要求。综合起来，学位论文的基本写作要求主要有下列十个方面。

（1）完成论文的独立性

学位申请者必须独立完成论文。因此，每个学生必须独立完成论文的写作，从选题、数据收集到方案的确定，并完成初稿和终稿。所有的学生都不能依赖导师，在学位论文的完成过程中，导师只负责起指导作用。学生不能等待导师为其选题，制定论文写作方案，完成论文实验甚至是论文的撰写工作。总而言之，用于申请学位的学位论文，必须在很大程度上由申请人自主独立完成，方能体现其是否达到所申请学位的学术能力与水平。

（2）论证对象的专业性

由于大学生、研究生所学专业的不同，决定了学位论文的一个重要特点便是其突出的专业性。无论是在内容上还是形式上，不同专业对学位论文的写作要求是有所不同的。在内容上，学生在校期间学习的专业不同，所研究的课题不同，反映在学位论文的内容方面自然也不同。不难想象，一个法学相关专业的学生，其论文内容同一个机械相关专业的学生是截然不同的。在形式上，由于专业不同，学位论文的结构、语言、论证方式和读者对象等也会有所不同，不同专业的学位论文有其自身的构成特点。例如，自然科学类的学位论文，除运用文字完成必要的叙述外，还需要运用大量的公式、图表和定理等符号系统进行说明，而人文社科类的学位论文则不然。

（3）研究内容的学术性

学位论文的学术性，体现了申请人的学术修养和能力，是学位论文写作的一个关键要求。但必须要说明一点是，学士学位论文一般情况下不过分强调其学术性，但硕士和博士学位论文则必须着重强调。学位论文的学术性主要表现在以下三个方面。

1）具有一定的理论高度和深度。要把对本专业或该选题的感性认识提高到理性认识的高度，使论文具备较强的理论研究色彩，达到一定的理论高度和深度。

2）侧重理论论证和客观说明。为了在学位论文中建立一个严密的理论体系，需要通过对抽象思维或逻辑思维的运用，用科学的方法对客观事物和现象进行分析和推理。

3）灵活运用专业理论和最新研究成果。学位论文必须用论据来说明论点，这就是论证过程，需要通过引用他人的研究成果，恰到好处地使用本专业理论及最新研究成果，以寻求在理论或结论上的创新。

（4）论证过程的科学性

一切学术性论文的灵魂在于其科学性，学位论文作为学术性论文的一种，在写作时也应遵循科学性这一要求。科学性是学位论文的品格和特质，一旦丧失了科学性，就无法体现学位论文的学术性。

任何一篇论文都需要用论据来阐释论点，即用合适的材料来证明论文中的论点。为了准确反映客观事物，得出正确结论，除了论证（材料）的真实性和科学性外，论证过程还必须具有科学性，这就要求在对问题进行讨论和得出结论时，不带主观感受、主观臆断、个人偏见，实事求是地评价他人的研究成果。

（5）揭示规律的创新性

衡量学术论文价值的根本标准是创新性，创新是科学研究的使命。因此，作为反映科学研究成果的学位论文必须要具备创新性。理论创新的过程中，需要方法创新和实践创新进行支撑。理论创新是指提出新观点、新思想；方法创新是指提出新的分析方法，构建新的数学模型和新的评价方法等；实践创新是指提出新方案，揭示出特定对象的本质属性等。

通常情况下，对学士学位论文没有创新要求，但硕士学位论文和博士学位论文必须有创新。硕士学位论文在概念、观点、建议和措施等方面要有新意；博士学位论文在概念、观点、思想和结论等方面要有独创性，并揭示出事物发展的规律。

（6）研究成果的应用性

硕士学位论文和博士学位论文一般都具有一定的学术价值。由于它们均在理论上解决了该专业的一些实际问题，因而具备了一定的应用价值，或兼具学术价值和实用价值。对于工程硕士学位论文来说，要着重强调学位论文中研究主题的实用性和实践性，但学士学位论文不强调实用性，只需要符合实际即可。

（7）知识结构的系统性

学位论文的知识结构是一个完整的体系，具有系统性的特点，包括知识体系、理论体系、方法体系和结构体系四大特点。学位论文系统除具有一般系统、人工系统的属性外，还具有抽象性、真理性以及逻辑思维统一性的特征，从而体现出科学思维体系。

（8）表述格式的规范性

学位论文中不论是毕业论文还是毕业设计说明书，在行文格式上区别于文学创作和其他一般文章的一个显著特点就是，必须遵循约定俗成的规定和规范。这是由学位论文的性质、内容、特点和功用所决定的。

各大高校均对学士、硕士和博士论文制定了相应的撰写格式规范，如规定学位论文的上下左右边距，章、节、条三级标题的格式，论文正文部分的字体与行距。这是因为学位论文与一般科技论文相比，篇幅更长，内容上也更复杂。因此，撰写格式的规范化有利于导师指导、有关部门管理以及学生撰稿。

虽然各大高校均制定了学位论文的撰写格式规范，但各高等学校没有统一的格式规定，大体都包括摘要、关键词、前言、各章小结和全文总结等内容。在博士学位论文中均包括相关研究与评述、参考文献与注释等共项（或称常项）内容。学位论文编排的顺序及格式通常为封面、任务书、目录论文（全部章节标题及页码）、正文（包括中、英文摘要与关键词、参考文献等)、指导教师评议表、评阅教师评议表和答辩小组评议表。

(9) 论文篇幅的规模性

学位论文，尤其是硕士和博士学位论文，在篇幅规模上要大大超过一般的学术论文。如长安大学在“长安大学研究生学位论文撰写规范”中明确指出：“学位论文主体部分的篇幅(包含图、表和公式)，硕士学位论文一般为40~60页，博士学位论文一般为60~100页”。造成学位论文篇幅长的原因，除了正文所要论述的内容多外，与其绪论篇幅长、参考文献数量多和专门增设附录有关。

绪论（或引言）一般作为第一章，是论文主体的开端。绪论的内容应简要说明研究工作的目的、范围、相关领域的前人工作和知识空白、理论基础、研究设想、研究方法和实验设计、预期结果和意义等。绪论应言简意赅，不要与摘要雷同，不要写成摘要的注释。一般教科书中有的知识，在绪论中不必赘述。

凡有直接引用他人成果（文字、数字、事实以及转述他人的观点）之处，均应加标注说明列于参考文献中，以避免论文抄袭现象的发生。

附录是作为论文主体的补充项目，并不是必需的。下列内容可以作为附录编于论文后。

1）为了整篇论文材料的完整，但编入主体部分又有损于编排的条理和逻辑性，这一材料包括比主体部分更为详尽的信息、研究方法和技术更深入的叙述、建议阅读的参考文献题录，或对主体部分内容有用的补充信息等。

2）篇幅过大或取材于复制品而不便于编入论文主体部分的材料。

3）不便于编入论文主体部分的罕见的珍贵资料或需要特别保密的技术细节和详细方案(这种情况可单列成册)。

4）对一般读者并非必要阅读，但对本专业同行有参考价值的资料。

5）某些重要的原始数据、过长的数学推导、计算程序、框图、结构图、注释、统计表和计算机打印输出文件等。

(10) 内容表达的可读性

各高校对于学位论文内容表达的可读性均有一定的要求，大致均要求用于申请学位的学位论文应做到结构合理、层次分明、叙述准确、文字简练、文图规范。此外，格式规范，严格遵守国际标准、国家标准和行业标准也是学位论文具有可读性的原因之一。在硕士和博士学位论文中要求有摘要、小结、结论等格式方面的规范化写法，其目的就是在形式方面增强学位论文的可读性。

6.4 基金申请书

6.4.1 基金申请书概述

科学研究需要资金，其资金来源一般为政府部门、私人基金组织或其他渠道。要能在职业道路上顺利发展，大多数科研人员需要申请科研基金。撰写基金申请书的目标就是要说服基金组织对某一科研项目提供资助。

通常情况下，要能获得资助，申请人递交的基金申请书必须在以下六个方面说服决策人。

1）要求资助的科研项目具有重要意义。

2）科研项目的目的与该基金组织的使命或职责密切相关。

3）科研项目的研究方法切实可行。

4）参与此科研项目的人员具备完成此科研项目的能力。

5）申请人或申请人所在机构具备开展此科研项目所需要的设备。

6）所申请的资金数额合理。

申请基金时竞争十分激烈，因此一份好的基金申请书，更有可能获得专家的垂青，以便最终得到资助。就像撰写科技论文一样，写好基金申请书的关键在于参考成功的基金申请书，严格遵守基金申请的相关要求并进行反复修改。

6.4.2 基金申请书的主要内容

不同基金组织在篇幅上对基金申请书有不同的要求。例如，一些大学内部的基金申请书有时仅几页长度，但是重大的基金申请书一般对篇幅有严格的要求。但无论篇幅长短，好的基金申请书一般由三部分组成：基本信息、正文和附件。

基金申请书的基本信息是用于表明申请项目的基本信息，要求写作内容简明扼要，能尽可能多地在有限字数内提供申请人以及所研究内容的基本信息，以期达到评阅人在读完该基本信息后，就知道哪个单位、哪个人申请的什么项目。具体的内容包括以下七个方面。

1）申请人基本信息。

2）依托单位信息。

3）合作单位信息。

4）项目基本信息。

5）项目关键词。

6）项目摘要。

7）项目预算。

基金申请书的正文是申请项目所研究内容的载体，不仅需要文笔通顺、逻辑性强，还应把研究背景、研究的意义、研究的创新性、研究思路、研究方案和工作条件等内容有效地传递给评审人，充分反映申请人的学术水平、学术积累等。简而言之，基金申请书的正文就是科技写作、学术内容和学术积累的统一。具体的内容包括以下六个方面。

1）项目的立项依据。包括所申请项目的研究意义、国内外研究现状及发展动态分析。结合科学研究发展趋势来论述本项目研究的科学意义。此外，还应附上文献介绍中的主要参考文献目录。

2）项目的研究内容、研究目标，以及拟解决的关键科学问题。作为基金项目的主体，申请书要求思路清晰，逻辑性强，能准确地展示出本项目要干什么、要达到什么样的目标以及在干的过程中会解决什么样的技术难题。

3）研究方案。主要用于阐述上述研究内容的解决方法，具体包括上述研究内容中每一项的技术路线、实际手段以及关键技术说明等。

4）研究计划（若申请资助的项目是教育或服务性质的项目，需要提供活动计划）。

5）项目经费预算。

6）项目组成员的资历（提供履历）等。

除上述的六点以外，若基金申请书篇幅较长，通常还要制作标题页和摘要。基金申请人还可视情况添加一些其他材料，包括但不限于申请信、目录、表格列表、图片列表、申请资助的科研项目的可能影响、推广研究成果的计划、已有实验设备或器材的相关信息。同时，重要的基金申请书与其他研究性报告一样，必然要引用文献，所以还应该为基金申请书附上参考文献。有些基金申请书还提供附录，以便评审人查阅。附录中可以给出已被录用但尚未发表的论文、项目合作人的证明信，或者开展该科研项目的一些细节材料。

6.4.3　基金申请书的写作建议

基金申请书的撰写主要分为基金申请书的准备和撰写两大工作。

（1）基金申请书准备工作

所谓“知己知彼，百战不殆”，要想成功获得基金资助，基金申请书必须符合所申请基金组织的研究内容和利益。因此，在撰写基金申请书之前，首先要调研待申请的科研项目是否属于该基金组织的资助范围。

通常需要仔细阅读该基金组织的基金申请指南。如果有不清楚的地方，应随时联系该基金组织中负责为基金申请人提供指导和建议的工作人员。如果想知道一项基金申请书是否能得到该基金组织的考虑，也应联系相关的工作人员，工作人员会告知申请人如何调整基金申请书才能增加申请获批的机会。如果申请的科研项目不属于该基金组织的资助范围，那么最好向其他对口基金组织递交基金申请书。

如同撰写科技论文一样，撰写基金申请书时参考优秀的基金申请书既节省时间，又可免去各种不必要的麻烦，从而加大申请获批的机会。如果有条件，最好参照同一基金组织曾经批准的同一类型的基金申请报告，或者获得之前同一基金组织资助的基金申请书，还可以向基金组织里的工作人员询问是否可以提供样本供申请人参考。

（2）基金申请书撰写工作

在撰写申请书时，要依照基金申请的截止日期合理安排申请方案的完成时间，并在可能需要帮助的情况下，请专业科技写作人员或相关编辑人员进行帮助。着手开始写作后，要仔细阅读基金申请的所有规定，并在撰写方案的时候认真遵守这些规定。要提供申请所需的所有信息，并且要严格遵守长度和其他方面的格式要求。未遵守规定的基金申请书可能得不到评审人的考虑。因此，在递交基金申请书之前要再对照申请要求检查一遍。

应该根据评审人的水平来确定基金申请书中的语言和内容的深度。政府部门通常都有懂得申请人所在研究领域的科研人员，他们具备评审专业性很强的基金申请书的能力，这种情况下，应该在基金申请书中给出足够多的技术细节。但是，一些私人基金组织里的评审人很可能对申请人所在研究领域知之甚少，这种情况下，基金申请书不用提供太多的技术细节，其技术深度同科普期刊上的科学文章大致相同。如果不清楚评审人的专业背景以致不知道基金申请报告中应提供何种程度的技术细节，应该直接向基金组织查询。

不管基金评审人的专业背景如何，基金申请书都应该写得清楚易懂。评审申请方案的专家通常都十分忙碌，没有时间对某份基金申请书反复琢磨，因而那些清楚易懂的基金申请书就比较容易获得青睐。当然，写得清楚易懂的基金申请书也为那些非专业人士的评审人理解该方案提供了很大便利。要写出清楚易懂的基金方案，就要组织好各部分内容，先给出方案概貌再提出方案细节，尽量使用简单的非技术性语言，不用冗言赘语，擅用但不滥用标题、黑体和斜体等格式，遵守基金申请指南中给出的写作要求。必要情况下，使用表格、图片或其他视觉辅助工具，并保证这些辅助工具制作精良，摆放正确。

如果要为基金申请书提供摘要，那么摘要务必要做到结构合理、言之有物、意思清楚。这是因为有些基金组织可能会基于基金申请书的摘要来为其聘请合适的评审人。如果摘要意思不清或者表达模糊，基金组织可能会把该方案分派给并非是最合适的评审人来评审，最终也就导致该基金申请书得不到最恰当的评价。而且，评审人通常通过阅读基金申请书的摘要获得对该方案的第一印象，因此拙劣的摘要会使得评审人对该方案留下不好的印象。此外，评审人在对该方案进行讨论前，会再次重读摘要以记起方案中的主要内容，所以在方案的讨论和评定阶段，制作精良的摘要也带来一定的优势。

许多基金组织要求申请人使用基金组织要求的标准申请表格。这些表格可以通过网络获取。很多时候，填写后的申请表格可以在线提交。总之，申请人在撰写和提交基金申请书的时候都要遵守基金组织的要求。如果基金申请书中含有大段的文字，则要编排好这些文字的格式以便评审人阅读。

如果基金组织对文字提出字体、字号和边距等方面的要求，在编排文字的时候就要遵守这些要求。如果基金组织没有字体、字号和边距等方面的要求，要使用标准的印刷字体（如 Times New Roman），10~12 磅的字号，1 in（约 25 mm）或稍微再大点的页边距。另外，除非特别注明，文字一般都是左对齐而右不对齐。千万不要为了想在每一页多塞进一点文字而把页边距调得太小，否则，评审人会觉得排版很不美观，从而对该方案产生排斥心理。

6.5 简历、求职信、个人陈述和推荐信的写作

6.5.1 简历的制作

对于商业人士，通常需要撰写称为 Resume 的简历。对于科研人员，通常需要撰写称为 Curriculum Vitae（CV）的简历。两者均提供个人的专业背景，但在内容与结构上存在差异。

一般来说，简历内容主要包含以下六个方面。

（1）个人资料

个人资料方面包含个人的姓名、性别、出生年月、联系方式以及联系地址等信息。

（2）教育经历

教育经历方面要求科研人员依次从最高学历写至学士学位，每段教育经历均需要包括受教育时间、受教育高等院校名称、所学专业以及取得何种学位。

（3）研究领域

研究领域方面需要科研人员注明个人的研究领域，包括之前的研究方向与现在的研究方向。

（4）工作经历

工作经历方面要求科研工作者如实撰写从参加工作以来所有的工作经历，包括但不限于任职时间、任职公司或单位、享有何种职称以及担任何种职务。需要详细描述时还可以写出具体在某一岗位负责何种项目或具体工作内容。

(5) 科研项目

科研项目方面需要科研人员列出近年来主持或参与的科研项目（基金）以及个人所承担的角色信息。

(6) 各种荣誉

荣誉方面需要科研人员列出近年来本人所获得的各项荣誉，包括荣誉获得时间、荣誉名称、荣誉等级和本人排名等信息。

在简历中，要列出已发表论文、所做的重要口头报告（如在国家级科技会议等）和所获科研基金。罗列已发表论文时，要使用某种标准参考文献格式，比如，可以使用所在领域一流期刊中的参考文献格式。若论文已被录用但尚未出版，则需注明。若论文已经提交但仍在评审中，或者论文还在撰写中，则不要将其列入“论文与著作”项目中，但可以在“科研经历”项目中提及这些论文。

在撰写简历时要客观真实，切忌自吹自擂。一旦实际情况被发现与简历不符，职业生涯就会遭遇坎坷。一份好的简历需要集中呈现专业背景，但通常不要提供婚姻状况、健康状况和兴趣爱好等个人信息，也不要列出身份证号等个人身份信息。

同时，在书写简历时还要注意下面三个问题。

1）简历通常是逆序编排的（即项目内容依时间由近及远排列）。

2）如果有曾用名，可以放在名字后面的括号内。如果有英语名字，同样可以放在母语名字后面的括号内。

3）要提供一种长久不变的联系方式，以便对方联系。

【例 6.3】 下面是一个可供参考的简历模板。

基本信息

姓　名：	***	导　师：	***	照片
性　别：	男	出生年月：	***	
籍　贯：	*******	政治面貌：	中共党员	
专　业：	交通信息工程及控制	学　历：	博士研究生	
电子邮箱：	********@163.com	联系电话：	***********	
通信地址：	西安市长安大学校本部**信箱		邮政编码：710064	

研究领域

主要研究领域或方向为：XXX

教育背景

XXX 大学	XXX 专业	博士学位	2007.09-2012.06
XXX 大学	XXX 专业	硕士学位	2004.09-2007.06
XXX 大学	XXX 专业	学士学位	2000.09-2004.06

工作经历

XXX 大学	负责 XXX	副教授	2017.06-至今
XXX 研究所	负责 XXX	研发工程师	2014.10-2017.06
XXX 公司	负责 XXX	研发工程师	2012.09-2014.06

专利论文

[1] ***, ***, ***, et al. ********* [J]. *********, 2017, 11 (2): 325-335. (**SCI 二区**)

[2] ***, ***, ***. ************* [J]. **********, 2017, 17 (1): 98-105. (**EI, 发表**)

[3] *****, ***. 一种基于*****方法, 专利号, 排名第 X, 2012-11-11

科研项目

项目 1

- 项目描述，XXX

- 主要职责，XXX

项目2
- 项目描述，XXX
- 主要职责，XXX

奖励荣誉

2009、2010、2011年获长安大学“校三好学生”，并获一等奖学金；

2010年在陕西省第六届高等数学竞赛中获得二等奖；

2011年获博士研究生国家奖学金，并获“优秀研究生”荣誉称号。

自我评价

[1] 做事认真、踏实、负责；

[2] 较强的学习能力和适应能力；

[3] 良好的团队协作精神。

6.5.2 求职信的撰写

求职时，除了简历还可能要附一封求职信（Cover Letter），求职信同样是自我介绍的良机，一封求职信能直接体现求职者的书面表达能力。

在书写求职信称呼时，如有可能，要用姓名称呼对方，且对方姓名务必拼写正确。若不清楚对方性别或者不清楚对方的学历信息，就要想办法得到正确无误的信息，以便正确称呼对方。如果无法搞清楚，就不要使用Dear Mr. Jones这种称呼，而要使用Dear Kelly Jones这种称呼。如果不知道对方姓名，可以使用To Whom It May Concern这种笼统的称呼，也可以使用Dear Selection Committee。对于正式信函，称呼之后通常加冒号，不加逗点。

在求职信的开头，要说明申请什么职位。不要使用“您所在部门职位”之类的笼统说法，以免申请错了职位。在第一句话中，可以指明自己的核心资质。比如，可以这么写：“我刚刚获得XXX大学分子XXX学博士学位，现在申请上周刊登在《科学》上的XXX研究博士后一职”。

在求职信的中间，要论述自己的资质，可以请对方参照简历。当要证明自己的资质符合职位要求时，可以对简历所列内容进一步说明。例如，可以总结自己所做的科研工作或可以说明自己擅长的技术，还可以详细阐述担任助教期间的具体工作。

在撰写求职信的结尾时，要充满自信，但不要自负。比如将“因此，我是分子XXX学助理教授的理想人选。我期待着面试”改为“因此，我认为自己的专业背景满足担任分子XXX学助理教授的要求。我希望尽快收到能否面试的答复”更为妥当。需要特别注意的是，在求职信中不要提薪水问题。当对方明确表达聘用意向后，再谈薪水问题较为适宜。

【例6.4】下面是一份合格的求职信参考范例。

求 职 信

尊敬的××：

您好！

首先向您致以真诚的问候和良好的祝愿！非常感谢您在百忙之中审阅我的求职材料。作为一名应届毕业生，我应聘分子XXX学助理教授岗位。本人有如下优势：

1. 优势1：XXX，[…]；

2. 优势 2：XXX，[…]；

3. 优势 3：XXX，[…]；

综上所述，我认为自己的专业背景满足担任分子 XXX 学助理教授的要求。我希望尽快收到能否面试的答复。最后，衷心祝愿贵单位事业发展蒸蒸日上！

6.5.3 个人陈述的写作

由于个人陈述（Personal Statement，PS）可以更全面地显示出申请者的素质，因此，个人陈述往往作为各高校审查和判断申请者的重要依据之一。个人陈述是一篇关于申请者自身的漫谈体文章，往往按时间顺序组织内容，用于描述申请人与申请事项相关的个人成长历程。

不同的高校对个人陈述均有不同的要求，但总的来说，一篇合格的个人陈述至少应当让评审人了解到以下信息。

1）申请者的学术背景，包含学校学习、实习和科研等。

2）申请者感兴趣的研究方向或学术兴趣。

3）为什么申请该学校的这个专业以及对申请学校/专业的了解。

4）申请者对未来学习和职业的规划。

5）申请者能为所申请的学校做出什么样的贡献。

在个人陈述的写作过程中，第一段往往首先概述自己的基本个人信息以及学术背景等，让评审人对自己有一个较为初步的了解。随后，详细描述申请人对本专业的认识，详细谈及申请人今后想要从事的研究方向以及为何感兴趣。其次，申请人还需要使评审人了解自己对今后的职业规划和对未来的打算。最后，可以简单描述自己若申请成功后可以为所申请学校做出什么样的贡献，也可以说明经过充分论证后，自己才做出此项申请决定。

尽管个人陈述的要求各不相同，但一般个人陈述都包括固定信息，一篇合格的个人陈述，可以参照以下格式。

（1）自我介绍

许多个人陈述从类似电子邮件的开头开始，作为引起评审人注意的一种方法。申请人可以使用多种方法来提高评审人的关注，例如，从何处了解此申请、谁进行的推荐、谁已成功完成该申请、申请人认识哪个审查委员会成员等。申请人所寻找的职位/学位应清楚在第一段进行叙述。

（2）详细的支撑段落

后续段落应该结合申请人自身的长处、资格、位置、团队精神、长远目标和过去经验等，直接回答申请要求的具体问题。每一个段落应该集中有一个主题句，来展示本段的重点内容。此外，每段都需要案例，每个案例都必须和申请人的申请要求有密切关系，以支持申请人有资格通过该申请。

（3）结论

整理各种主题，再次对其进行强调，并重申申请人对申请目标的兴趣以及感兴趣的原因。在此，申请人也有必要对自己今后的学术或职业路径规划进行说明，以使评审人了解到申请人的长远规划，让人认为该申请不是一时的心血来潮。

根据笔者经验，在写作个人陈述时还有以下三点需要注意。

1）若个人经历存在特殊情况，例如，曾经从事其他职业、出现过延期毕业等，通常需要在个人陈述中进行解释，不要让评审人自行去猜测。比如，简历中的日期看上去不符合预期数字，谈到不同寻常的背景时，不必刻意维护面子，要积极去展示自己如何周全地解决了问题。

2）根据个人陈述的写作原则，对于自身情况要尽量以展示的形式使评审人了解，而不是告知。例如，为了展示自己颇具领导才能，可以列举自己担任过的领导职位，指出其中的主要领导职位，谈谈自己因此获得的奖励。而不要按："第一，我有良好的临床态度……；第二，我有杰出的专业技能……；第三，最重要的是，我有谦逊的心灵"这种写作方式进行撰写。

3）在个人陈述中，通常不谈（或者尽量少谈）无关问题，尤其不要涉及政治与宗教。如果评审人与申请人观点不同，就会产生隔阂。即使评审人与申请人观点一致，也让人觉得不专业或不严谨。此外，要努力提高个人陈述的可读性，可读性好的个人陈述能够让本就十分忙碌的评审专家了解申请人的背景、现状和规划等，更愿意支持申请者。

6.5.4 推荐信的写作

推荐信是一个人为推荐另一个人接受职位或参加工作而写的信。这是一种应用写作文体，在某些情况下特指本科生或研究生去其他（通常是外国的）大学研究生院攻读硕士或博士学位时由权威人士写的推荐信。

面对他人写推荐信的请求，当事人要清楚知道：这只是他人的请求而已，自己完全可以拒绝他人的这个请求。如果无法对他人做出一个客观而又有利的评价，或者无法赶在截止日期前提供推荐信，就应该直接拒绝他人的请求，这样请求写推荐信的人还可以去请别人帮忙。如果对被推荐人印象不佳，那么可以委婉地告诉请求写推荐信的人。但是当决定帮别人写推荐信后，就应当开始着手准备一些信息了。

写推荐信也像写科技论文一样，有很多前期工作要做，包括熟悉写作要求、收集相关材料、整理数据和熟悉有关事例等。除了要知道推荐信的截止日期和递交方式，还要收集有用的信息，包括推荐表、被推荐人所获得过的荣誉或奖励、被推荐人的履历和被推荐人的工作成果。如果被推荐人听过你讲授的某门课，可以找出被推荐人的成绩排名。如果以前给被推荐人写过推荐信，可以找出以前的那封推荐信作为参考。如果被推荐人事先已经填写好推荐表的部分内容，就要检查被推荐人是否填写好那些应该填写的部分。

推荐信的长度和内容应该根据领域不同或文化背景不同而有所变化。因此，如果没有见过要写的某种类型的推荐信，最好是想办法获取一些类似范例。

如同常用格式 IMRAD 的使用为科技论文写作带来极大方便一般，使用常用的推荐信格式可以为写推荐信节省不少工夫，下面介绍一种常用的推荐信格式。

1）第一段：通常指出因为什么事推荐什么人。第一段可以只有一句话，比如"我非常高兴地推荐 XXX 大学的 XXX（被推荐人姓名），前往 XXX 大学的 XXX 专业攻读研究生"。对被推荐人的姓名用黑体加粗，能使收信人一下就知道是给谁写的推荐信，从而能对这封信合理地归档。

2）第二段：讲一下如何认识被推荐人的。比如下面这段话："我认识XXX（被推荐人姓名）已经一年多了。大三时，她上过我的XXX课程。自六月起，她也一直在我的实验室从事研究工作，并且干得很好……"。

3）中间详细内容：在第二段后接下的一段或两段对被推荐人做出评价。评价时要具体，比如，不要只是说被推荐人是个优秀的学生，还要具体给出被推荐人取得过的成绩，还可以给出被推荐人的排名，最好是指出被推荐人的学术或专业特长，以及相关的性格特点。当然，要根据被推荐人申请的事项来调整推荐信的内容。

4）结尾段落：在推荐信的最后一段对全文进行总结，再次强调推荐内容。比如可以这样写："总之，我认为XXX（被推荐人姓名）是一名杰出的候选人，我热情地推荐他"。随后附上推荐人的签名，在签名下面要提供推荐人的姓名、头衔。

关于推荐信写作的几点建议。

1）具体的例子好于空洞的叙述。例如，许多推荐信都常写道："推荐人在上课期间积极表达自己的观点，并在下课后继续与老师讨论学术问题"。但在后续并未给出任何支撑该观点的实例。

2）事例一定要具体。例如，为了举例说明被推荐人学习十分努力，许多推荐人常会这样写道："我经常看到XXX在图书馆或自习室里学习"。但这就像渔夫在湖里捕鱼，农民在田里劳作一样，在图书馆或自习室学习是很多学生的日常生活，这不足以使人相信。所以应当在给出这些具体事例的同时，给出他通过这些努力所取得的成绩，例如，很高的绩点、含金量很高的奖学金等，更能使人信服。

3）切记过分夸大被推荐人的能力。有些推荐信语言过于夸张，完全失去了说服力。在读了这封推荐信后，容易使得收信人产生这个学生的水平很高，他/她不需要再学习的错觉。因此，对被推荐人的夸奖应当从实际出发，切不可言过其实。

6.6 同行评议

6.6.1 同行评议概述

同行评议（Peer Review）是科技期刊遴选论文，维护和提高学术质量的重要途径之一。科技期刊采取的同行评议形式主要有单盲评审（作者姓名对审稿人公开，但审稿人姓名不对作者公开）；双盲评审（作者姓名和审稿人姓名互不公开）；公开评审（作者姓名和审稿人姓名互相公开）。

如果科技工作者在某些正式出版物出版过自己的学术成果，便有机会收到同行评议的邀请。同行评议的作用在于为期刊编辑部提供评议论文在该领域的专业意见，能有效地帮助编辑判断该评议论文的水平，同时也能帮助论文或图书作者提高作品质量。

在学术界，科技论文的同行评议一般是一种相互的无酬服务。这是因为科技工作者在评议他人论文的时候，他人也在积极地评阅你的论文。这种相互评阅的方式，能帮助科研人员改进其论文中的不足，了解其研究领域中的最新动向，并锻炼个人的科学评论技巧。因此，科技工作者通常会积极响应某期刊或基金组织的同行评议邀请。此外，积极参加某些期刊的同行评议，有可能会成为这家期刊的编辑委员会成员，进而成为这家期刊的编辑，接触到更多的科技前沿理论，提高个人的科技水平。

当然，有时可能不得不拒绝同行评议邀请。譬如，如果科技工作者感觉自己在截止日期前没有足够的时间完成同行评议，就应该婉言拒绝编辑的邀请，并尽可能向编辑推荐其他的合适人选。又或者当科技工作者觉得自己不具备为某文章提供同行评议所需的知识和能力，应该直接拒绝同行评议邀请，避免给出不恰当的评议意见。

6.6.2 科技论文同行评议的内容

科技论文同行评议是对论文内容的评价，具体需要评议的内容包括以下几个方面。

1）科技论文同行评议应首先判断论文的内容是否新颖、重要。对论文所涉及内容创新性和重要性的评价包括选题是否新颖、结果是否具有新意、数据是否真实、结论是否明确等。

2）科技论文同行评议应判断论文的实验描述是否清楚、完整。实验部分应提供足够的细节以便他人重复或允许有经验的审稿人根据实验描述来判断数据的质量。此外，评阅人还应根据自己的学识来评判稿件中的实验或理论工作是否完善，测量中是否有缺陷或人为因素，以及采用的技术对于作者要表达的数据是否合适、数据是否具代表性等。

3）科技论文同行评议应阐述论文的讨论和结论是否合理，包括论文中问题的提出、研究动机与论文整体研究思路。论文中的讨论是否紧扣作者本人的实验结果，结论是否合理。如果认为论文作者外推的数据不足以支持结论，应给出适当的建议，包括是否需要获得更多的证据或数据，或删除论据不足的推测部分，甚至建议对数据或结果的其他可能性解释。

4）科技论文同行评议应当判断论文的参考文献的引用是否必要、合理。有关参考文献的评审方面主要有参考文献的各著录项、作者姓名、论文题名、期刊名、出版年、卷期号和页码等应正确无误，并且要与正文中的引用保持内部一致性，所引用的参考文献应确有必要引用。作者如果在论文中声称自己的工作取得突破或很大进步，评审人则要注意检查作者是否合适地引用了论证的文献，尤其是他人的关键工作。

5）科技论文同行评议应判断论文的文字表达与图表使用是否正确。论文中的文字表达应遵循简洁、清楚的原则。然而，评议人不应将自己的文风强加给作者，但可指出表达欠清楚的地方，或建议作者删除稿件中过量的修饰词并使用更为清楚、明晰的词汇。具体的内容包括如下。

① 论文篇章结构的组织应条理清楚，合乎逻辑。

② 摘要应具有自明性，并且要高度概括论文的主要内容。

③ 引言应简明地阐述论题并提供相关的背景信息、材料与方法。

④ 结果与讨论应视具体内容予以取舍或合并，力戒重复。

⑤ 图表应必要且具有自明性，争取使评阅人和读者无须参照正文就能读懂图表。此外，应尽量避免正文和图表不对应，重复同样的数据或内容。

6.6.3 科技论文同行评议的写作建议

科技论文同行评语的主要任务就是评价论文的内容。在撰写科技论文同行评议的过程中，首先应明确该论文所述的研究工作质量是否很高，如果不是，研究工作的主要不足是什么，论文是否给出了所有应该给出的内容，文章里是否有多余的内容。

在明确上述问题的基础上，结合6.6.2节中的科技论文同行评议的主要内容，即可开始同行评议的撰写工作。但在评论的过程中，应注意以下几点。

1）不要对文章的写作细节发表评论。科技论文同行评议的主要任务并不是指出每个标点的错误和拼写错误，这些工作会由编辑部的文字加工编辑进行纠正。好的同行评议要能评价文章总体上的清楚程度、准确程度和正确程度，指出意思含糊不清的段落，提出更适于论文内容的结构，点评论文中图片和表格设计上的优劣。如果论文中的某些措辞专业性太强，以致文字加工编辑很难做出正确的修改，那么评议人应该给出修改建议。

2）撰写评议意见时，要意识到这个评阅意见是供编辑和文章作者共同参考的，编辑与论文作者都是充满感情的人，尤其是论文作者很关心自己的文章，很在乎别人对自己论文的评价，很愿意听到关于自己的论文的建设性意见。所以，在给出意见的时候，措辞要讲究策略，不能冷嘲热讽。

3）撰写评议意见时，应该在评议中先肯定文章的优点，然后给文章作者提出可行的建议，最后以鼓励性的语句结束评议。尽管评论一般都是针对每个部分或每个段落给出的，也可以时不时给出一些对全文的赞誉。

6.6.4 作者如何应对同行评议的结果

为了有效地与编辑和审稿人沟通、维护自己的学术观点，作者在处理审稿意见时应尽量注意以下几点。

1）作者无须为了使论文得到发表而过于屈从审稿人的意见，对于不合理或难以认同的建议，在稿件的修改中可不予接受，但一定要向编辑和审稿人说明理由。

2）如果审稿意见中的批评源于误解，也不要将误解归罪于审稿人的无知、粗心和恶意；相反，作者应反思自己如何更清楚地表达，以免其他的读者不会再发生类似的误解。对于偶尔收到的粗心或不合适的评议，要尽量避免言辞过激的回应（即使这种辩护是有理的）。

3）尽量逐条回复审稿人的意见。如果审稿意见没有按条目列出，就先按条目将其分开并加注序号，然后再分别回答。如果有认识或观点上的分歧，应尽可能地使用学术探讨性的证据和语言来解释审稿人的错误（尽管有时审稿人并不是这样），以便编辑在必要的时候将其转达给原审稿人或另请他人进一步评议。

4）寄回修改稿时应将标有修改注记的原稿附上，以便编辑容易识别出作者是如何回复审稿意见的。此外，应附寄一份按条目列出的审稿意见和作者的修改说明，以便编辑处理或再次送审。

6.7 会议论文写作与交流

6.7.1 会议论文概述

会议论文是指科研人员为参加学术会议提交的或在会议上宣读的论文，它属于公开发表的论文。正式的学术交流会议通常都会出版自己的论文集，会议上宣读的文章都会收录进去。简而言之，会议论文就是在学术会议上公开宣读发表的文章，下面简单列举几项会议论文与期刊论文的不同之处。

1）投稿对象不同。会议论文一般是针对某个学术会议投稿，并且由学术会议的专家委员会决定是否录用。而期刊论文是针对某学术期刊投稿，是期刊编辑部决定是否录用，而不是审稿专家，审稿专家只是审稿并返回意见，真正决定录用权在期刊编辑上。

2）是否参加会议。会议论文录用后，可以自行选择是否参加在特定地点举办的会议，但无论个人投稿者是否参加，学术会议都会如期召开。期刊论文录用后只需等着出版即可，无须参加会议。

3）承载论文的出版物不同。会议论文收录在大会统一出版的会议论文集中，但也有部分会议会将论文提交到国际期刊上发表，并将出版后的期刊寄送给作者；而期刊论文一定是通过期刊的形式出版，并且出版后一定是以期刊的形式寄送给作者。

4）审核周期不同。会议论文一般审稿周期都比较短，通常 2 周左右；但是期刊论文相对较慢，国内中文核心期刊一般为 2 个月，普通期刊审稿周期为 1~3 周。

5）行内认可度不同。一般而言，在国内的会议论文的认可度不如期刊文章。

6.7.2 会议论文的结构

不同的会议采用的稿件要求不同，读者可根据需要去待投稿的相关会议官网下载其提供的投稿模板，按照模板进行论文写作。虽然不同会议的格式要求不同，但是大体结构一致，下面给出一个经典的会议论文模板，用以讲解会议论文的篇章结构。

【例 6.5】 中国控制会议（CCC）论文模板。

会议论文电子文档格式要求

张三[1]，李四[1,2]，王五[2]

1. xxx 大学 xxx 学院，　北京 123456

E-mail：xxx@ xxx. cn

2. xxx 大学 xxx 学院，　西安 123456

E-mail：xxx@ xxx. cn

摘　要：xxx xxx。

关键词：xxx，xxx，xxx

Template for Preparation of Papers for Conference

San Zhang[1], Si Li[1,2], Wu Wang[2]

1. Academy of xxx, xxx, Beijing 123456

E-mail：xxx@ xxx. cn

2. Academy of xxx, xi'an150001, China
E-mail: xxx@ xxx. cn

Abstract: xxx .

Key Words: xxx, xxx, xxx

引言

……

正文

……

子标题 1

……

子标题 2

……

子标题 3

……

总结与分析

……

参考文献

[1] 洪奕光，程代展. 非线性系统的分析与控制. 北京：科学出版社，2005.
[2] 孙铁民，郭雷. 关于平面仿射非线性系统的全局渐近能控性. 中国科学（E 辑），2005，35（8）：830-839.

由上述结构看出，会议论文的基本格式与期刊论文并无太大差别，从内容上看主要包含题目、中英文摘要、正文部分、结论和参考文献等部分。下面在会议论文写作部分分别给出对应的写作建议。

6.7.3 会议论文的写作

会议论文与科技论文的构成类似，写作方法也大体一致。但作为会议论文，亦有其特殊之处，在此进行简要介绍。

（1）写作前的准备

进行写作前，应当首先查询待投递会议的有关投稿规定，详细阅读投稿须知，确保撰写的论文主题符合待投递会议的收稿范围，尤其需要注意会议收稿截止日期、会议论文篇幅限制等，切不可着急动笔，否则可能会因为未在会议规定的日期范围内进行论文提交，导致投稿失败，或者写出的论文超出论文篇幅限制导致投稿被拒。

会议论文模板是在写作前必须重点阅读，写作时必须重点参照的资料。其中包括了该会议规定的页面和字体设置、题目及摘要写作规范、标题、正文、表格、图片、数学公式和参考文献等版面要求。当完成这些写作前准备工作后，作者便可以开始进行写作了。

(2) 写作过程中的注意事项

1) 题目。

论文题目是一篇论文给出的涉及论文范围与水平的第一个重要信息。会议论文应该符合待投稿会议的主题，并且醒目引人、含义精准，使人能够快速了解文章的主旨，以便感兴趣的读者继续阅读。论文的题目十分重要，必须谨慎斟酌。

2) 摘要。

摘要可以看作是一份简短、浓缩的研究报告，其结构与论文本身的结构相对应，在写作时应当注意其包括的内容由研究背景（可略去）、研究的主题和目的、研究的工具和方法、主要发现和结果、主要结论和推论等构成。好的摘要是全文的高度概括，能够让读者通过其窥见全文的主要内容。因此，摘要的写作十分重要。

3) 正文部分。

正文部分又可以分为如下几个部分。

① 引言部分

引言部分的撰写，可以按照如下逻辑进行：首先，结合背景资料对论文的研究主题进行阐述，并对收集的国内外文献资料进行回顾；随后，指出该研究方向目前仍存在的问题；最后，给出本文研究内容以及解决方案，指明研究价值。

② 理论分析部分

理论分析部分需要介绍论文中所采用或开发的理论模型，说明作者分析问题的理论基础，阐明作者所发明的技术的理论依据。

③ 实验与方法部分

实验与方法部分的基本内容包括：介绍所采用的材料、仪器仪表、设备与测试系统，说明实验的程序，对整个实验的概述，选用特定材料、设备或方法的理由，实验的特殊条件或工况，特殊实验设备或方法的详细介绍，应用的统计、分析方法的描述。

④ 实验结果的讨论

讨论部分主要介绍实验结果和现象。首先采用文字叙述与图表相结合的表达方式，将较为重要的研究结果进行概述；随后，进行机理讨论与猜测、寻找规律；最后，对研究结果进行概括，以及由此得出推论。

4) 结论。

论文的结论通常包含：概述主要的研究工作（可略去）；陈述研究的主要结论，包括简略地重复重要的发现和结果，指出其重要内涵以及必要的说明；研究结果可能的应用前景以及进一步的研究方向（可略去）。

6.7.4 会议论文的推介与交流

与期刊论文不同，会议论文更侧重与同参会同行的面对面直接交流。因此，如何使论文获得推介机会并能够与同行进行学术交流，就显得尤为重要。

(1) 论文推介机会的获取

要进行会议交流的首要前提是获得论文推介的机会，有些学者可以依靠自身在学术界的地位或优质的论文收到大会的推介论文邀请，但是大部分学者想要在大型会议上获得推介论文的机会，还是得主动向会议组织递交自己希望做推介的论文的摘要，接受同行评议，若通过则可以得到在大会上进行论文推介的机会。

（2）论文推介交流建议

如果有机会介绍论文，推荐者应注意口头介绍论文所用的结构与撰写科技论文时所用的结构大致相同，但必须明确的是，口头论文不等同于正式出版物。因此，口头报告和正式出版物之间存在一些差异。最大的不同是，正式发表的论文必须给出完整的实验步骤，以便其他人可以重复这些实验。但是，没有必要提供所有细节。口头推荐该论文时，不要引用大量文献。

大多数的口头推介都很简短（许多会议规定口头推介一篇论文的时间不得超过 10 min）。有效把握以下三个基本要领可以增加推介的成功概率。

1）充分的准备。

在进行推介时，要秉持“少而精，少则得，多则惑”的观念，在进行相关准备工作时要将口头推介的论文中部分内容进行适当删除，比如论文中的理论性内容。无论论文结构有多好，在口头推介的短短几分钟给出太多观点会让读者不得要领。

2）适当的练习。

熟能生巧，在事前可以先组织一场“模拟”的会议交流，请同事或较为有经验的专家指出不足，对可能发生的错误或尴尬提前预知，避免在真正的会议交流现场出现不能应付的情况。

3）生动的演讲。

听众的注意力保持的时间是相当有限的，短短几天的会议，很多听众可能会听完几十篇论文的推介。所以，在进行推介时，很难在有限的时间把所有的观点都陈述出来，富有激情的演讲以及紧紧围绕主要的观点或研究成果的简短推介往往更有效果。

绝大多数情况下，口头推介的听众相比科技论文的读者背景差异性更大。所以，在进行口头推介时还需要注意以下问题。

① 口头推介论文使用的口吻不必像书面科技论文的专业性那么强。

② 口头推介时不要给出太多的技术细节。

③ 对推介中出现的术语要给出解释说明。

④ 使用不为读者熟知的缩写时要特别小心。

⑤ 对较难理解的概念多做解释。

⑥ 重点描述推介中的重要观点。

（3）对提问与回答环节的一些建议

在推介完成后的提问与回答环节，可以参考以下建议。

1）听完听众的提问或评论后，要先感谢这位听众。如果有合适的答案，可以就该听众的提问或评论给出回答。

2）如果有些粗鲁的听众在进行交流时对你恶语相向，甚至诋毁你的研究成果，请务必保持冷静和礼貌。

3）如果某位听众对某个问题穷追不舍，可以提出在会后与其再进行讨论。

4）如果有的提问与推介主旨毫不相干，可以将其转移到自己想讨论的话题上来或者委婉拒绝。

5）如果对听众的问题没有合适的答案，可以直接告诉听众自己不知道如何回答这个问题。如果可能，可以告诉听众以后会给出这个问题的答案。如果知道如何找到问题的答案，那么就告诉听众如何找到答案。

6）如果推介的内容尚未在刊物上正式发表，那么应该对听众的提问和评论做记录（或是请人帮忙记录）。听众就好比是作者研究工作的早期同行评议人，在将推介的内容写成科技论文的时候多回想一下当初做口头推介时听众的提问，这会对论文有不少帮助。

6.8 本章小结

本章围绕其他类型的科技写作与交流这一主题，从综述论文、评论性论文、学位论文、基金申请书、简历、求职信、个人陈述、推荐信、同行评议、会议论文写作与交流这十个方面进行展开阐述，并给出了适宜的写作建议。

第 7 章　高质量科技论文排版软件 LaTeX

论文排版是科技论文写作中的重要环节，规范、美观的排版不仅能提升论文的观赏性，而且能给审稿人和读者留下认真负责的印象，也有助于论文的接收、录用以及将来的引用。目前，科技论文的排版工具主要有 Word 和 LaTeX 两种，其中 LaTeX 以其较高的排版效率和优美的排版结构，受到了国内外学术出版界的广泛关注。

本章全面介绍 LaTeX 的各项基本功能，并就公式符号、图形、表格以及参考文献的排版等操作做了详细说明，使读者对 LaTeX 排版有更为直观、清晰的认识。

7.1　LaTeX 简介

LaTeX 是一种基于 TeX 的排版系统，由美国计算机学家莱斯利·兰伯特（Leslie Lamport）在 20 世纪 80 年代初期开发。利用这种排版系统，使用者能够在很短的时间内生成很多具有书籍质量的印刷品，尤其是对于复杂的表格和数学公式，这一点表现得尤为突出。此外，该系统还适用于生成其他类文档，包括从简单的信件到完整书籍。在排版过程中，LaTeX 通常是将版面设计与文稿内容分开处理，只要选定文档的类型，LaTeX 就会自动将版面和标题按照这种文档类型的典型格式来进行设置，作者只需关注于文稿的内容即可，极大提升了排版效率。

CTeX 是 LaTex 中文套装的简称，属于 TeX 的一个具体的实现版本。CTeX 中文套装是基于 Windows 下的 MiKTeX 系统，集成了编辑器 WinEdt、PostScript 处理软件 Ghostscript 和 GSview 等主要工具，并重点对其中的中文支持部分进行了配置，使得安装后马上就可以使用中文进行编译，CCT 和 CJK 是两种中文 TeX 的主要处理方式。

7.1.1　LaTeX 常用功能

本书以 CTeX_2.9.2.164_Full 版本为例，简单介绍 WinEdt 的常用功能。

（1）环境的自动补全

输入一个环境名，比如\begin{definiton}，紧接着输入一个右括号“}”，即输入：

```
\begin{definiton}}
```

窗口会自动出现与之配对的\end{definiton}，即得到

```
\begin{definiton}
  ***
\end{definiton}
```

此外，WinEdt 还有更多其他的补全功能，可以通过按 Tab 键在弹出窗口中进行选择。

（2）工具栏的常用功能

1）单击“ （Figure）”图标，或者“ （Table）”图标（见图 7.1），在当前光标处插入图片或者表格。

图 7.1　WinEdt 工具栏之一

2）单击“ （Tabular）”图标，在当前光标处插入表格或矩阵。

3）单击工具栏的“ （Windows Explorer）”图标，打开当前文档的所在目录。

4）单击图标“ （TeX Symbols GUI）”（见图 7.2），可见大量数学符号，单击相应的数学符号，可在光标处插入该数学符号的 LaTex 指令。

图 7.2　WinEdt 工具栏之二

5）单击“垃圾箱”按钮“ （Erase Output Files）”，可清除编译文档时产生的数个编译信息文档。

6）蓝色的“Wrap”键是 WinEdt 的文本自动换行状态键（见图 7.3）。要阻止自动换行，单击该按键，使其变成灰色即可。

? | A | 1213:51 | 1374 | Wrap | Indent | INS | LINE | Spell | TeX:UNIX | !UTF-8 | --src

图 7.3　WinEdt 状态栏

7）按键“LINE”或“Block”为行（Line）选定或块（Block）选定按键。此功能在复制、删除文本时经常用到。

8）按键“Insert Comment”与“Remove Comment”用于快速注释选定的文档，使其不参加编译。

9）按键“Show Line Numbers”用于显示文本行号。

10）按键“Set Bookmark (1)”用于设置文档标签。可标记多个 Bookmark，实现光标的快速穿梭。

（3）查找与替换

1）使用组合键〈Ctrl+R〉，在弹出的窗口填入要查找和替换的对象。

2）使用正则表达式（Regular Expressions）完成查找和替换。

例如，要把文中所有形如\url{user@website.com}的文字换成形如\href{mailto:user@website.com}{user@website.com}，搜索\\url\{\(0*\)\}，替换为\\href\{mailto:\0\}\{\0\}即可。

（4）修改 WinEdt 默认字号

1）单击菜单栏“Options”按钮，选择“Options Interface”。

2）在弹出窗口的左边边框中寻找 Font 选项。单击 Font 按钮，编辑右侧文本，如图 7.4 所示。建议修改为 FONT_NAME="Verdana"，FONT_SIZE=14。

3）修改完毕，单击保存。在 Font 选项上单击右键，选择 Load Script。

（5）TeX、pdfTeX、XeTeX 和 LuaTeX 排版引擎

LaTeX 是一种编译方式，上述四个引擎都有对应的编译方式，将输入的语法转换成排版

引擎能够处理的内容。编译可以生成 DIV、PDF 和 PostScript 类型的文件，它们对应的编译工具如下。

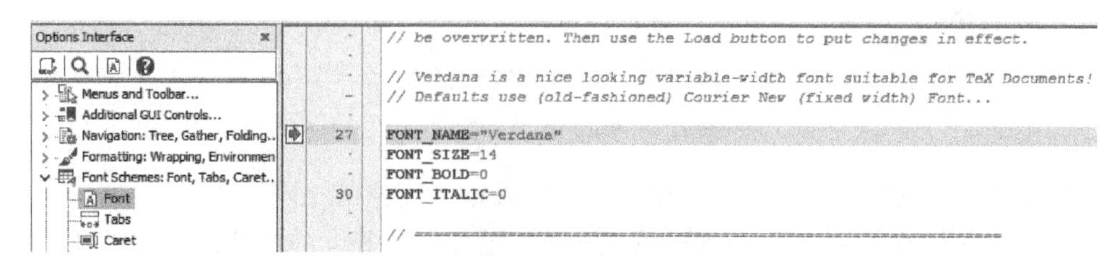

图 7.4　WinEdt 中修改文本字体和字号

1）TeX：编译 TeX 的源文件生成 DVI 文件。

2）PDFTeX：编译 TeX 的源文件生成 PDF 文件。

3）XeTeX：编译 TeX 的源文件生成 PDF 文件。

4）LaTeX：编译 LaTeX 的源文件生成 DVI 文件（经常使用的一个命令）。

5）PDFLaTex：编译 LaTeX 的源文件生成 PDF 文件。

6）XeLaTeX：编译 LaTeX 的源文件生成 PDF 文件。

7）dvi2ps：将 DVI 文件转换成 PostScript 文件。

8）dvipdf：将 DVI 文件转换成 PDF 文件。

现在 XeLaTeX 编译方式已经成为越来越多人编译中文的选择，因为使用 XeTeX 排版引擎有两个优点。

1）XeTeX 是为了支持多语言而重新设计的新一代排版引擎，这意味着在使用 XeLaTeX 编译时，中文文档和英文文档没有任何区别，无须额外的外挂包（如 CJK），也无须专门构建中文环境。

2）XeTeX 排版引擎支持系统字体，这意味着无须额外编译字体，可以直接调用系统中安装的字体。

这可以大大减少工作量，所以推荐使用 XeLaTeX 进行中文编译。

7.1.2　LaTeX 模板基本框架

一篇 LaTeX 文档由三个部分组成，即文档类声明、导言区和正文。

（1）文档类声明

文档类的声明指令是\documentclass{...}，通常在里面声明要书写的文档样式。常用的文档类型有以下几种。

1）article：排版科技期刊、短报告、程序文档和邀请函等。

2）report：排版多章节的长报告、短篇的书籍和博士论文等。

3）book：排版书籍。

4）slides：排版幻灯片。

也可以自定义一个新的文档类（cls 格式文件），对文档的总体样式和各个细节进行声明。通常情况下，杂志社或者出版公司会给出其期刊的要求文档格式，如著名的 IEEEtran、elsarticle 文档类型等。这些文档类及其使用说明，在其标准模板中均有说明。

文档类的选项有以下几种。

1）纸张大小（a4paper、a5paper、b4paper、letterpaper、legalpaper、executivepaper）：默认的 letterpaper 纸张常见于美国，和国内常用的 A4 纸张的大小稍有差别，建议自己指定。

2）字体大小（10 pt、11 pt、12 pt）：默认为 10 pt。

3）纸张方向（portrait、landscape）：默认为 portrait（纵向），在屏幕阅读也许 landscape（横向）更方便。

4）草稿定稿（draft、final）：默认为 final（定稿）；如果是 draft（草稿），页面内容有溢出时会显示粗黑条。

5）单面双面（oneside、twoside）：对于 article 和 report 文档类，默认设置为单面，页码总是在右边；对于 book 文档类，默认设置为双面，奇数页页码在右边，偶数页页码在左边，这样双面打印时页码总在外侧。

6）新章开始（openright、openany）：仅对 book 文档类有效，默认值为 openright，即每章都从奇数页开始；如果设置为 openany，则每章仅从新的一页开始，不管奇偶页。

（2）导言区

导言区是在\documentclass{...}和\begin{document}之间的部分，主要用于放置需要使用的 Latex 宏包，或者自定义一些新的命令。

\usepackage 是 LaTeX 的基本命令，用于载入 LaTeX 宏包，可对 LaTeX 的基本功能进行各种扩展。LaTeX 的常用宏包包括以下几种。

1）geometry：用于设置页面的大小。使用该命令可自动居中排放页面，自动计算并平衡页面各部分，如页眉、页脚、左右边空等的大小。

2）rmpage：提供了简单的命令来设置页面的大小，并通过调整页面的宽度来确保文本在打印区域内。若页面需要特定的页面布局参数，最好还是使用上面的 geometry 宏包。

3）floatflt：用于设置图形或表格的位置。该宏包提供了 floatingfigure 和 floatingtable 两个环境，可将浮动图形或表格放置于文字段落的旁边。

4）float：用于设置对象的浮动方式。利用该宏包可以定义自己喜欢的浮动对象的式样而不必拘泥于 LaTeX 所预定的设置。

5）rotating：用于旋转文本、表格、图形。该命令提供了 sidewayfigure 和 sidewaystable 两种环境来使图形或表格横排。另外，也可以用 rotcaption 命令来只对图形或表格的标题加以横排。

6）rotfloat：将 rotating 宏包和 float 宏包结合起来，通过对 float 宏包所定义的命令加以扩展，可以很方便地定义新的被旋转 90°或 270°的浮动对象。

7）caption：用于设计浮动图形和表格的标题式样。

8）array：增强了 tabular 环境的功能，可以更好地排版表格。

9）longtable：用于设置大小超过一页的表格。

10）supertabular：用于自动计算表格的高度，并将超出页面的部分表格放置在下一页。

11）tabularx：可以设定表格的宽度。

12）tocloft：用于设置目录的式样。

13）multitoc：用于设置文章，使其只将目录，包括图形和表格目录用两栏或多栏排版。

14）bibtex：用于为 LaTeX 文档构造参考文献。

15）natbib：用于重新实现 LaTeX 的 cite 命令。

16）footbib：用于定义 footcite 命令，使得由该命令得到的参考文献会像引用脚注一样被放置在页面的底部。

此外，还经常用到 AMSLaTeX，其包括两部分：amsmath 宏包和 amscls 宏包。amsmath 宏包主要用于排版数学符号和公式；amscls 宏包主要用于提供美国数学会要求的论文和书籍的格式。此外，AMSLaTeX 还包括了以下格式。

1）AMS Fonts：美国数学会还提供一套数学符号的字库，这套字库中增加了很多 TeX 的标准字库 Computer Modern 所没有的一些数学符号，如粗体数学符号等。

2）Theorem：通过定义不同的 theorem 环境，可以定义定理、定义、引理等的式样。

3）Algorithms：提供排版算法步骤的 algorithmc 和 algorithm 环境，对其中的关键词可采用不同的显示效果。

LaTeX 的宏包有很多，在使用中应根据需求去使用。

（3）正文

正文即\begin{document}和\end{document}之间的部分。

1）正文部分首先是文章标题。通常在\title{标题}中输入标题，至于标题字体大小和位置（例如是否居中），模板都已经设定好，无须作者设置。

2）接下来是作者信息\author{作者信息}。不同的模板，作者信息的格式不同，通常期刊或者会议给出的 LaTeX 模板中，都会给出示例。

3）紧接着是文章正文内容。摘要\begin{abstract}…\end{abstract}。章节为\section{第一层标题}，\subsection{第二层标题}，\subsubsection{第三层标题}（注意：没有\subsubsubsection{第四层标题}这样的命令）。这几层编号在文章中对应的形式是 1，1.1，1.1.1…。

4）致谢部分\section*{Acknowledgements}。其中*表示该部分不计入编号。

5）参考文献部分。LaTex 中的参考文献可以通过两种方式实现：第一种方法是使用环境\begin{thebibliography}{最大条数}…\end{thebibliography}，在该环境内部手工逐条添加文献信息；第二种方法是使用 bibTex 文档编译，在此方法中，首先需建立一个后缀名为***.bib 的文献数据库文件，里面有按要求包括文献的信息以及相应的“引用关键词”。在此基础上，在正文末尾用\bibliography{文献数据库名.bib}，最后编译运行即可。

7.1.3 LaTeX 模板常用设置

LaTeX 模板通过将相关页面排版提前设定好，便可使作者安心于论文内容的撰写。下面对 LaTeX 模板常用设置进行介绍。

（1）页面大小

文档页面的大小，是通过在 documentclass 加入关于纸张大小的选项即可。系统默认的纸张大小是 A4：

```
\documentclass[a4paper]{article}
```

其他可用的选项还有以下几种。

1）a4paper（297 mm*210 mm）。

2）a5paper（210 mm*148 mm）。

3）b5paper（250 mm * 176 mm）。

4）letterpaper（11 in * 8. 5 in）。

5）legal paper（14 in * 8. 5 in）。

6）executivepaper（0. 5 in * 7. 25 in）。

这些页面设置，实际上是设置页面的高度\paperheight 和宽度\paperwidth。如果需要其他页面的高度，可以手动更改它们的值。

```
\setlength\paperheight{高度}
\setlength\paperwidth{宽度}
```

（2）页边距

LaTeX 一般通过使用 geometry 宏包调整页面布局。例如，页面为 B5 纸张大小的页面布局就是用如下的代码设定的：

```
\usepackage[text={125mm,195mm},centering]{geometry}
```

其中，text={width,height}选项指明页面的宽度和高度，centering 表示将正文区域自动居中。

（3）单双栏

在 LaTeX 文档的最开始使用单栏或双栏可选项。

1）单栏：\documentclass[onecolumn]{article}。

2）双栏：\documentclass[twocolumn]{article}。

同时，实现双栏可以用宏包\usepackage{multicol}以及环境：

```
\begin{multicols}{2}
    .....
\end{multicols}
```

注意：后面的 2 代表双栏（同理，数字几就是几栏），不可缺少。

（4）段落对齐

1）居中对齐。在 LaTeX 中，可以用 center 环境得到居中的文本段落，其中可以用\\换行。

2）单侧对齐。可以用 flushleft 和 flushright 环境分别得到向左对齐和向右对齐的文本段落。

（5）字体

ctex 宏包及其文档类自带字体，可直接使用\songti（宋体）、\heiti（黑体）、\fangsong（仿宋）、\kaishu（楷书）、\lishu（隶书）和\youyuan（幼圆）六种字体。

在 LaTeX 导言区设置如下命令：

```
\usepackage{xeCJK}    %中文字体
\setCJKfamilyfont{kaitibold}{Kaiti SC Bold}
\newcommand{\kaitiB}{\CJKfamily{kaitibold}}          %楷体加粗
\setCJKfamilyfont{heitibold}{Source Han Sans CN}
\newcommand{\heitiB}{\CJKfamily{heitibold}}          %黑体加粗
\setCJKfamilyfont{songtibold}{Songti SC}
```

```
\newcommand{\songtiB}{\CJKfamily{songtibold}}      %宋体加粗
```

其中，Kaiti SC Bold 等是运行查找得到的所需要的字体名称。

对于英文科技论文而言，文章的主体部分使用的 Times New Roman 字体，局部可以使用其他的字体。要使用不同的英文字体，首先需要确定所需英文字体，得到名称，然后使用 fontspec 设置即可。

```
\usepackage{fontspec}
\newcommand{\tnewroman}{\fontspec{Times New Roman}}    %Times New Roman
\newcommand{\adobegothicstdb}{\fontspec{Adobe Gothic Std B}}    %Adobe Gothic Std B
\newcommand{\Centaur}{\fontspec{Centaur}}    %Centaur
```

（6）字号

使用命令 zihao{}设置中文字号，例如，\zihao{-4}为小四号。括号中的参数有 16 个，小号字体在前面加负号表示，见表 7.1。

表 7.1　\zihao{}命令

命　令	大小（bp）	意　义
\zihao{0}	42	初号
\zihao{-0}	36	小初
\zihao{1}	26	一号
\zihao{-1}	24	小一
\zihao{2}	22	二号
\zihao{-2}	18	小二
\zihao{3}	16	三号
\zihao{-3}	15	小三
\zihao{4}	14	四号
\zihao{-4}	12	小四
\zihao{5}	10.5	五号
\zihao{-5}	9	小五
\zihao{6}	7.5	六号
\zihao{-6}	6.5	小六
\zihao{7}	5.5	七号
\zihao{8}	5	八号

同时，在 LaTeX 中有各种命令来改变文本字号，可以用来处理英文文本，见表 7.2。它的实际大小和文档类的正常字体大小（即\normalsize 的大小）设置有关。在代码里，直接添加字体命令即可。

表 7.2　字号命令

字号命令	正常 10 pt	正常 11 pt	正常 12 pt
\tiny	5 pt	6 pt	6 pt
\scriptsize	7 pt	8 pt	8 pt

（续）

字号命令	正常 10 pt	正常 11 pt	正常 12 pt
\footnotesize	8 pt	9 pt	10 pt
\small	9 pt	10 pt	11 pt
\normalsize	10 pt	11 pt	12 pt
\large	12 pt	12 pt	14 pt
\Large	14 pt	14 pt	17 pt
\LARGE	17 pt	17 pt	20 pt
\huge	20 pt	20 pt	25 pt
\Huge	25 pt	25 pt	25 pt

（7）行距

LaTeX 中的行距是与字号直接相关的。

1）基本行距：在设置字号时，同时设置了基本行距为文字大小的 1.2 倍。

2）行距：基本行距乘上一个因子。对 article 等标准文档类来说，因子默认为 1；对 ctexart 等中文文档类来说，因子默认为 1.3，即行距是字号大小的 1.2×1.3=1.56 倍。

下面以字号为小四号（大小为 12bp）、设置 20 磅行距为例进行说明。

1）\zihao{-4}\linespread{1.389}\selectfont

命令\linespread{}设置行距为基本行距的多少倍，即上面行距定义中提到的因子。此时，字号大小为 12bp，基本行距为 12×1.2=14.4bp，欲设置行距为 20bp，则因子为 20÷14.4≈1.389。

2）\zihao{-4}\setlength{\baselineskip}{20bp}

行距为 baselineskip，这是直接设置行距的方法。

3）\fontsize{12bp}{15.3846153846bp}\selectfont

命令\fontsize{12bp}{15.3846153846bp}设置的是字号和基本行距，对 ctexart 等中文文档，由于行距为基本行距的 1.3 倍，因此基本行距为 20÷1.3≈15.3846153846。

7.2 数学符号及公式排版

7.2.1 数学符号的排版

LaTeX 使用特定的命令来排版数学符号和公式。段落中的数学表达式应该置于\和\、$和$或者\begin{math}和\end{math}之间。对于比较短的数学公式或者符号，使用$和$即可。常见的数学符号有以下几种。

1）小写希腊字母（Lowercase Greek Letters）的输入命令为\alpha、\beta、\gamma…，大写希腊字母只要把命令的首字母大写即可，输入命令为\Gamma、\Delta…。

例如，希腊字母 λ、μ、Φ、Ω 所对应的命令如下：λ、μ、Φ、Ω。

2）平方根（Square Root）的输入命令为\sqrt，*n* 次方根相应地为\sqrt{n}。

3）水平线命令\overline 和\underline 在表达式的上、下方画出水平线。

4）大括号命令是\overbrace 和\underbrace。

5）数学重音符号命令是\widetilde 和\widehat。

6）向量（Vectors）由\vec 得到。从 A 到 B 的向量可使用命令\over right arrow 和\overleft arrow。

7）命令\cdot 表示乘法算式中的圆点。

8）罗马字体正体排版的函数名可通过下列命令实现：

\arccos \cos \csc \exp \ker \limsup \min \arcsin \cosh \deg \gcd \lg \ln \Pr \arctan \cot \det \horn \lim \log \sec \arg \coth \dim \inf \liminf \max \sin \sinh \sup \tan \tanh

9）模函数（Modulo Function）为\bmod 和\pmod，其中\bmod 用于二元运算符 a mod b，\pmod 用于表达式 $x \equiv a(\bmod b)$。

10）\frac{…}{…}用于排版分数（Fraction）。

11）积分运算符 $\int$（Integral Operator）用\int 来生成。

12）求和运算符 $\sum$（Sum Operator）由\sum 生成。

13）乘积运算符 ×（Product Operator）由\prod 生成。

14）对于括号（Braces）和其他分隔符（Delimiters），圆括号和方括号可以用相应的键输入。花括号用“\{”实现，其他的分隔符用专门命令（如\updownarrow）来生成。

15）将 3 个圆点（Three Dots）输入公式可以使用几种命令。\ldots 将点排在基线上。\cdots 将它们设置为居中。除此之外，可用\vdots 命令使其垂直，而用\ddots 将得到对角型（Diagonal Dots）。

16）双引号。论文写作过程中可能会需要用到引号或者双引号，如果像 Word 一样直接敲入"，会出现错误。例如，如果在源文件中输入" emulates"，那么生成的 PDF 中会显示“emul ates”。在 LaTeX 中有专门的左引号和右引号。如果想在 PDF 中出现“emulates”的效果，应该在源文件中输入" emulates"。

需要注意的是,"不是两个单引号，而是键盘中 Tab 键上方的符号。

17）单引号在 LaTeX 中也不能直接用'emulates'，而是应该用`emulates'，对应的 PDF 中显示‘emulates’。注意是 Tab 键上方的符号，而’是键盘中的单引号键。

18）波浪号~。有时候网址中需要用到波浪号，但是在 LaTeX 源文件中直接输入~，编译后的 PDF 却不是这种结果，此时可以在~前面加一个符号\，变成\~。

19）度的符号（°）。在 LaTeX 中无法直接敲入该符号，可以使用\circ 表示度符号°。

20）省略号。在 LaTeX 中，省略号虽然可以直接通过键盘输入，但是前一个字母贴得非常紧，效果不好。LaTeX 有一个专门的命令输出省略号，即\ldots。

在数学模式中，TeX 根据上下文选择字体大小。例如，使用较小的字体排版上标。如果想用罗马字体排版方程中的一部分，不要使用\textrm 命令，因为当\textrm 暂时脱离文本模式时字体大小交换机制不起作用。这时可以使用\mathrm 来确保字体大小交换机制起作用。但是需要注意的是，\mathrm 只对于较短的项才起作用，空格仍然不起作用，并且重音字符也不起作用。

尽管如此，有时必须告诉 LaTeX 正确的字体大小。在数学模式中，字体大小用四个命令来设定：

```
\displaystyle (123), \textstyle (123), \scriptstyle (123), \scriptscriptstyle (123)
```

7.2.2 数学公式的排版

与 Word 相比，LaTeX 的一大优势就是数学公式的排版比较优美。在 Word 中，需要用户自己调节公式的大小和位置，在 LaTeX 中，这些都可以通过命令行的形式控制。

（1）行内公式

行内公式指公式插入文本行内，与文本融为一体，其适用于编写简单的公式。

LaTeX 提供了三种行内公式的编排方法。

1）$... $

2）\(…\)

3）\begin{math}…\end{math}

三种行内公式的排版效果完全相同，第一种方法较为常用。

（2）行间公式

公式插入在文本行之间，自成一行或者一个段落，上下文之间附加一段垂直空白，使公式比较醒目。

LaTeX 提供了五种方法来编写行间公式。

1）$$... $$

2）\[…\]

3）\begin{displaymath}…\end{displaymath}

4）equation 环境

5）eqnarray 环境

前三种公式编排方法适用于无编号公式，对于需要编号的公式，通常用 equation 环境命令编写，其适用于有编号的单行公式；而 eqnarray 适用于编写有编号的多行行间公式。若要求公式编号包含章节编号，可在导言中加入命令：

```
\numberwithin{equation}{section} %公式序号增加章节编号
```

注意：该命令必须加载 amsmath 宏包才能生效。

（3）矩阵的编写

1）直接用 matrix、pmatrix、bmatrix、Bmatrix、vmatrix 或者 Vmatrix 环境：

```
$$
\begin{gathered}
\begin{matrix} 0 & 1 \\ 1 & 0 \end{matrix}
\quad
\begin{pmatrix} 0 & -i \\ i & 0 \end{pmatrix}
\quad
\begin{bmatrix} 0 & -1 \\ 1 & 0 \end{bmatrix}
\quad
\begin{Bmatrix} 1 & 0 \\ 0 & -1 \end{Bmatrix}
```

```
\quad
\begin{vmatrix} a & b \\ c & d \end{vmatrix}
\quad
\begin{Vmatrix} i & 0 \\ 0 & -i \end{Vmatrix}
\end{gathered}
$$
```

编译效果如图 7.5 所示。

$$\begin{matrix} 0 & 1 \\ 1 & 0 \end{matrix} \quad \begin{pmatrix} 0 & -i \\ i & 0 \end{pmatrix} \quad \begin{bmatrix} 0 & -1 \\ 1 & 0 \end{bmatrix} \quad \begin{Bmatrix} 1 & 0 \\ 0 & -1 \end{Bmatrix} \quad \begin{vmatrix} a & b \\ c & d \end{vmatrix} \quad \begin{Vmatrix} i & 0 \\ 0 & -i \end{Vmatrix}$$

图 7.5　各类矩阵环境编译效果

2）使用 array 环境来输入矩阵，示例如下。

```
\begin{equation}               %开始数学环境
\left[                         %左括号
  \begin{array}{ccc}           %该矩阵一共 3 列,每一列都居中放置
    a11 & a12 & a13\\          %第一行元素
    a21 & a22 & a23\\          %第二行元素
  \end{array}
\right]                        %右括号
\end{equation}
```

编译结果如图 7.6 所示。

$$\left[\begin{array}{ccc} a11 & a12 & a13 \\ a21 & a22 & a23 \end{array} \right]$$

图 7.6　array 环境矩阵编译效果

（4）数学公式的换行与对齐

在实际使用中，由于论文是双栏的，因此比较长的公式在排版时会比较困难（见图 7.7）。

```
\begin{align}
  a=(1+2+3+4+5+6+7+8+9+10)
\end{align}
```

$$a=1+2+3+4+5+6+7+8+9+10$$

图 7.7　长公式

但是当公式很长时，公式可能会从一栏侵入另一栏，这就需要对公式换行，使用“\\”换行符进行换行（见图 7.8）：

```
\begin{align}
```

```
a=1+2+3+4+5
    \\+6+7+8+9+10
\end{align}
```

$$
\begin{aligned}
a &= 1+2+3+4+5 \\
&+6+7+8+9+10
\end{aligned}
$$

图 7.8　长公式换行

该方法会自动对齐，如需手动设置对齐位置，可以在相应位置前加上“&”对齐符（见图 7.9）。

```
\begin{align}
  &a=1+2+3+4+5\\
  &b=6+7
\end{align}
```

$$
\begin{aligned}
&a = 1+2+3+4+5 \\
&b = 6+7
\end{aligned}
$$

图 7.9　多行公式对齐

注意： 换行符“\\”与对齐符“&”可用于 align 环境，但是不能用于 equation 环境。

（5）公式编号

equation、align 等环境均可以对公式自动编号为（1），（2），…；子公式标号为（1a），（2a），…。如图 7.10 所示。

```
\begin{equation}
  y1=x1+z2
\end{equation}
\begin{align}
  y2=x2+z2 \label{YY} \\
  y3=x3+z3 \tag{\ref{YY}{a}} \label{YYa} \\
  y3=x3+z3 \notag \\
  y4=x4+z4 \tag{\ref{YY}{b}} \label{YYb}
\end{align}
```

$$y1 = x1 + z2 \qquad (1)$$

$$
\begin{aligned}
y2 &= x2 + z2 && (2) \\
y3 &= x3 + z3 && (2a) \\
y3 &= x3 + z3 \\
y4 &= x4 + z4 && (2b)
\end{aligned}
$$

图 7.10　公式编号

对于不需编号的公式，可以在环境名 equation，align 后加 *：

```
\begin{equation*}
  ***
\end{equation*}
```

对于多行公式，若对其中部分公式不采取编号，可以使用\notag 或者\nonumber 命令（见图 7.11）。

```
\begin{subequations}
\begin{align}
  y5=x5+z5\\
  y6=x6+z6 \notag \\
  y7=x7+z7 \nonumber
\end{align}
\end{subequations}
```

$$y5 = x5 + z5 \tag{3a}$$
$$y6 = x6 + z6$$
$$y7 = x7 + z7$$

图 7.11　公式部分不编号

7.2.3　相关数学环境定义

在 LaTex 中用到有关定理、公理、命题、引理、定义等时，需要在导言区添加如下命令：

```
\newtheorem{环境名}{标题}[主计数器名]
```

例如：

```
\newtheorem{thm}{Theorem}[section]                %定理
\newtheorem{axiom}{Axion}[section]                %公理
\newtheorem{prop}{Proposition}[section]           %命题
\newtheorem{lemma}{Lemma}[section]                %引理
\newtheorem{def}{Definition}[section]             %定义
\newtheorem{assumption}{Assumption}[section]      %假设
\usepackage{amsthm}                               %证明
```

在正文写作中，需要用到相应数学环境时，直接用下述方法添加即可。

（1）定理

```
\begin{thm}\label{thm}
  ***
\end{thm}
```

（2）公理

```
\begin{axiom}\label{axiom}
```

```
    ***
\end{axiom}
```

（3）命题

```
\begin{prop} \label{prop}
    ***
\end{prop}
```

（4）引理

```
\begin{lemma} \label{lemma}
    ***
\end{lemma}
```

（5）定义

```
\begin{def} \label{def}
    ***
\end{def}
```

（6）假设

```
\begin{assumption} \label{assumption}
    ***
\end{assumption}
```

（7）证明

```
\begin{proof} \label{proof}
    ***
\end{proof}
```

7.2.4 数学公式的引用

针对带编号的公式，引用公式需要给公式添加一个标签\label{xx}，引用这个公式时用命令\ref{xx}即可引用该公式（见图7.12）。

```
\begin{equation} \label{equ1}
  a^2+b^2=c^2
\end{equation}
The equation (\ref{equ1}) is the Pythagorean theorem.
```

$$a^2+b^2=c^2 \tag{1}$$

The equation (1) is the Pythagorean theorem.

图7.12 公式的引用

同理，引用定理、公理、命题、引理、定义等也需添加标签\label{YY}，引用命令\ref{YY}即可引用所需定理、公理、命题、引理、定义等（见图7.13）。

```
\begin{thm} \label{thm1}
  ***
\end{thm}
As shown above, we have Theorem \ref{thm1}.
```

Theorem 1: ***

As shown above, we have Theorem 1.

图7.13 定理引用

7.3 图形排版

7.3.1 LaTeX图形格式

在LaTeX中，最常用的图片格式是EPS和PDF格式。

（1）EPS格式

EPS称为被封装的PostScript格式，又称为带有预视图像的PS格式，它是由一个PostScript语言的文本文件和一个（可选）低分辨率的由PICT或TIFF格式描述的代表像组成。EPS文件是目前桌面印刷系统普遍使用的通用交换格式中的一种综合格式。

EPS格式的缺点是文件通常相当大，而且除非使用PostScript打印机，否则只能印出低分辨率的预视档或根本印不出图形。如果在不支持PostScript的输出设备上输出EPS文档，唯一的方法是先使用RIP（Raster Image Processor）程序将其转换成位图格式再打印。

EPS格式生成方式有以下几种。

1）使用Adobe Photoshop生成EPS格式

2）使用MATLAB生成EPS格式。

3）使用Visio生成EPS格式。

（2）PDF格式

使用WinEdt编辑LaTeX源文件时，可以直接插入PDF格式的图片。使用PDF格式的图片比EPS格式的图片简单，不需要转换。可以直接从Visio或者Adobe Photoshop生成PDF文件。但是转换后也存在一个问题，就是生成的图片会有一些白边，需要裁掉。如果图片是Visio生成的，就可以将图片转换成PDF格式，然后使用Adobe Acrobat Pro打开PDF文件。如果图片周围有大片留白，此时将图片插入LaTeX中，图片周围这些空白会影响图片的显示，可以使用Adobe Acrobat Pro中的裁剪工具"工具"→"高级编辑"→"裁剪工具"命令将留白去掉。裁剪后，将图片保存，再次插入LaTeX文件中，则没有留白。

7.3.2 图形插入及设置方法

插图功能不是由LaTex的内核直接提供的，而是需要由宏包graphicx提供。因此要使用宏包的话，就需要在引言区插入该宏包。

导入宏包之后就可以使用\includegraphics 命令进行插图。

```
\documentclass{article}
\usepackage{graphicx}
\begin{document}
    \includegraphics[scale=0.6]{fig1.eps}
\end{document}
```

在和文本相同的路径下面放置一张命名为 fig1. eps 的图形。使用了上面的语句之后就可以得到一张插入的图形（见图 7. 14）。

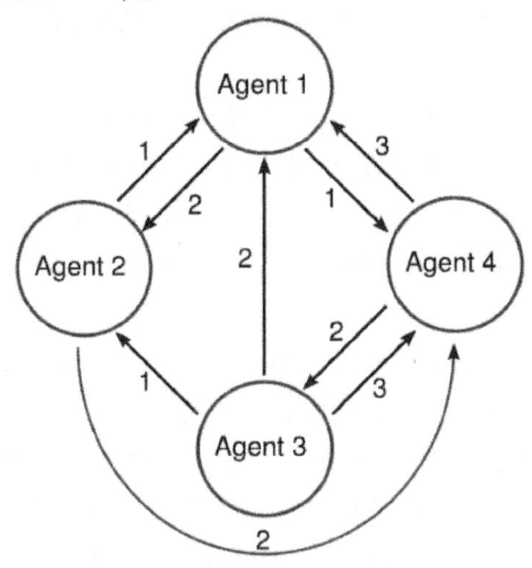

图 7. 14　插入的 fig1. eps 图形

\includergraphics[option]{filename. eps}具有两个参数，其中第一个参数是关于图形规格的选项，第二参数是图形的名字全称（在这里要编译成功，那么必须和 tex 文件放在同一个路径下）。

第二个参数是必需的，而第一个参数是可选的。第一参数的意义是，由于一般要插入的图形是提前选好的，那么有可能就存在着和文档的规格不符合的情况，就需要对图形做一些适当的调整。例如，设定图形的高度和宽度或者按比例缩放：

```
width=5cm,height=8cm, scale=0.6
```

（1）图形的浮动环境

```
\begin{figure}[htp]
  \centering
    \includegraphics[scale=0.6]{fig1.eps}
  \caption{this is a figure demo}
  \label{fig:label}
\end{figure}
```

1）\centering 表示的是里面紧跟的内容都居中。

2）\includegraphics[ ]{ }表示插入图形。

3）\caption{ }设置图形的一个编号以及为图形添加标题。

4）\label{}设置图形标签，用以引用。

（2）图形位置设置

[!htp]设置图形的位置，图形（Figure）环境有一个可选参数项允许用户来指示图形有可能被放置的位置。这一可选参数项可以是下列字母的任意组合。

1）h：当前位置。将图形放置在正文文本中给出该图形环境的地方。如果本页所剩的页面不够，这一参数将不起作用。

2）t：顶部。将图形放置在页面的顶部。

3）b：底部。将图形放置在页面的底部。

4）p：浮动页。将图形放置在一个允许有浮动对象的页面上。

注意：

1）如果在图形环境中没有给出上述任一参数，则默认为［tbp］。

2）给出参数的顺序不会影响最后的结果。因为在考虑这些参数时，LaTeX 总是尝试以 h-t-b-p 的顺序来确定图形的位置，所以［hb］和［bh］都使 LaTeX 以 h-b 的顺序来排版。

3）给出的参数越多，LaTeX 的排版结果就会越好。［htbp］、［tbp］、［htp］、［tp］这些组合得到的效果会更好。

4）编译时不能使用 PDFLaTeX，否则会出错。即使不出错，也看不到图。应使用 LaTeX 编译生成 dvi，然后使用 dvi2ps、ps2pdf 就可以看到图了。

5）只给出单个的参数项极易引发问题。如果该图形不适合所指定的位置，它就会被搁置并阻碍对后面的图形的处理。一旦这些阻塞的图形数目超过了 18 幅（这是 LaTeX 所能容许的最大值），就会产生 Too Many Unprocessed Floats 的错误。

当 LaTeX 试图放置一浮动图形时，它将遵循以下规则。

1）图形只能置于由位置参数所确定的地点。

2）图形的放置不能造成超过版面的错误。

3）图形只能置于当前页或后面的页中，所以图形只能“向后浮动”而不能“向前浮动”。

4）图形必须按顺序出现。这样只有当前面的图形都被放置好之后才能放置后面的图形。只要前面有未被处理的图形，另一幅图形就不会被放在当前位置。一幅“不可能放置”的图形将阻碍它后面的图形的放置，直到文件结束或达到 LaTeX 的浮动限制。

（3）图形大小设置

在 Word 中可以双击图形设置图形的大小，或者可以直接拖动图形，更改图形的大小。在 LaTeX 中也可以通过命令行来设置图形的大小。

在\includegraphics 中可以加入［选项］来指定图形大小：

1）\includegraphics[width=3in]{file.eps}设定图形宽度为 3inches，图形高度会自动缩放。

2）\includegraphics[width=\textwidth]{file.eps}除了直接设定图形宽度外，还可以设定图形比例。

3）\includegraphics[width=0.8\textwidth]{file.eps}设定图形宽度为文本宽度的 0.8 倍。

4）\includegraphics[width=\textwidth-2.0in]{file.eps}设定图形宽度比文本宽度少 2 in。

也可以使用［选项］指定图形旋转角度：

```
\includegraphics[angle=270]{file.eps} 将图形旋转 270°
```

两个选项同时使用，中间用逗号隔开：

```
\includegraphics[width=\textwidth,angle=270]{file.eps}
```

（4）图形子图插入

使用 subfigure 环境（需要使用宏包\usepackage{graphicx}以及\usepackage{subfigure}），如图 7.15 所示。

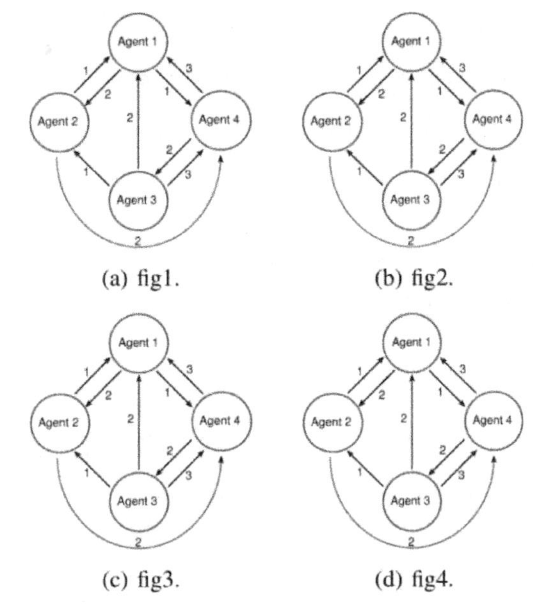

Fig. 1. fig

图 7.15　subfigure 子图环境

```
\begin{figure}[htbp]
\centering
\subfigure[fig1.]
{
  \includegraphics[width=3cm]{fig1.eps}
}
\quad
\subfigure[fig2.]
{
  \includegraphics[width=3cm]{fig1.eps}
}
\quad
\subfigure[fig3.]
{
  \includegraphics[width=3cm]{fig1.eps}
}
```

```
\quad
\subfigure[fig4.]
{
  \includegraphics[width=3cm]{fig1.eps}
}
\caption{fig}
\end{figure}
```

7.3.3 图形单双栏排版

对于双栏的文章，如果图形太大，可以考虑将图形单栏，只需在\begin{figure}与\end{figure}的 figure 后面加上 * 即可（见图 7.16）。

```
\begin{figure*}[ht]
  \centering
    \includegraphics[scale=0.6]{fig1.eps}
  \caption{this is a figure demo}
  \label{fig:1}
\end{figure*}
```

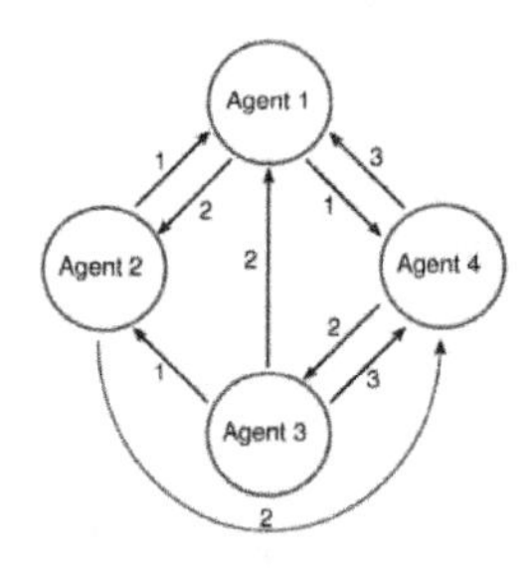

Fig. 1. this is a figure demo

2) Technical notes and correspondence: Up to 5 pages

Page length is mesured in two-coloumn format in this template. Over-length paper can be considered, but justification needs to be provided when the initial submission

man capital bold 10pt. The numbered level-two heading must be shown in Time New Roman 10 pt font.

The main text uses Time New Roman 10 pt with single spacing. New paragraphs indent 3.5 mm on the first line.

图 7.16　图形双栏显示

7.3.4 图形的引用

图形的引用类似于公式的引用，需要在图形环境内添加一个标签\label{xx}，引用这个图形时用命令\ref{xx}即可引用该图形（见图 7.17）。

```
\begin{figure}[ht]
\centering
\includegraphics[scale=0.6]{fig1.jpg}
\caption{this is a figure demo}
\label{fig:1}
\end{figure}
```

The Fig. \ref{fig:1} demonstrates the relationships between agents.

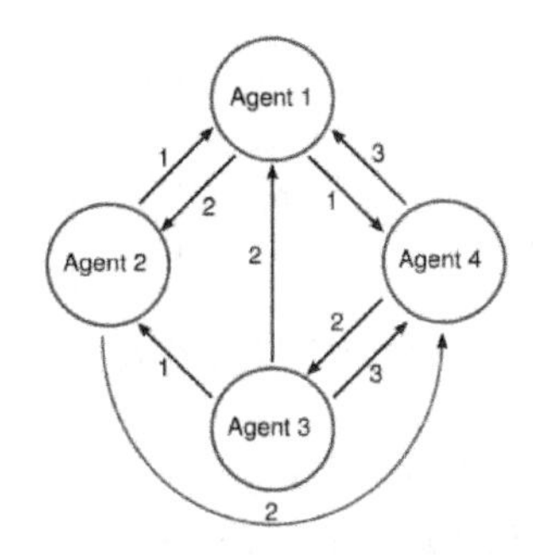

Fig. 1. this is a figure demo

The Fig. 1 demonstrates the relationships between a-gents.

图 7.17　图形的引用

7.4　表格排版

7.4.1　表格基本命令

表格也是科技文献中常见的一种形式，它的排版和图形类似。插入表格的基本命令如下。

```
\begin{table}[! htp]
\caption{title}
\centering
\begin{tabular}{lccc}
\hline
  a1 & b1 & c1 & d1\\
\hline
  a2 & b2 &c2 & d2 \\
  a3 & b3 &c3 & d3 \\
  a4 & b4 &c4 & d4 \\
\hline
\end{tabular}
\label{tab:example}
\end{table}
```

1） \begin{table}…\end{table}表示插入一个表格。

2） [!htp]用于设置表格的位置，详细说明参见图 7.18 中的位置。

3） \centering 表示表格居中显示。

4） \begin{tabular}…\end{tabular}表示制表环境。LaTeX 提供了两种制表环境 array 和 tabular，它们的格式如下。

Table 1. title

al	b1	c1	d1
a2	b2	c2	d2
a3	b3	c3	d3
a4	b4	c4	d4

图 7.18　表格插入

```
\begin{array}[表格位置]{列样式}\end{array}
\begin{tabular} [表格位置]{列样式}\end{tabular}
```

这两个环境的选项和参数定义是相同的，区别在于 array 主要用于数组矩阵的排版，且只能用在数学环境中，如 equation 等。较为常用的是 tabular 制表环境。

5）{lccc}表示各列元素对齐方式，有 left-1、right-r、center-c 三种取值。另外，需对表格中的每一列对齐方式进行说明。如上表中有 4 列，其中第一列左对齐，剩余三列居中对齐。

6）\hline 表示在此行下面画一横线。

7）\\表示重新开始一行。

8）& 表示列的分隔线。

9）在\caption{title}中，title 表明表格的标题。

10）\label{tab：example}中的 fig：example 表明表格在引用时的标示。

7.4.2　表格中字体设置

表格默认的字体大小和正文字体相同，如果需要单独设置表格字体大小，需要在\begin{table}后加入控制字体大小的控制命令。LaTeX 设置字体大小命令由小到大依次为\tiny, \scriptsize, \footnotesize, \small, \normalsize, \large, \Large, \LARGE, \huge, \Huge。

注意：表格字体大小设置的命令行也适合正文字体的设置。

7.4.3　表格单双栏排版

对于双栏的文章，如果表格太大，可以考虑将表格单栏排版，类似于图形单栏排版，只需在\begin{table}与\end{table}的 table 后面加上 * 即可。

```
\begin{table*}[!htp]
\caption{title}
\centering
\begin{tabular}{lccc}
\hline
  a1 & b1 & c1 & d1\\
\hline
  a2 & b2 & c2 & d2 \\
  a3 & b3 & c3 & d3 \\
  a4 & b4 & c4 & d4 \\
```

```
\hline
\end{tabular}
\label{tab:example}
\end{table*}
```

7.4.4 表格的引用

表格的引用类似于图片的引用，需要在表格环境内添加一个标签\label{xx}，用命令\ref{xx}即可引用该表格（见图7.19）。

```
\begin{table}[!htp]
\caption{title}
\centering
\begin{tabular}{lccc}
\hline
  a1 & b1 & c1 & d1\\
\hline
  a2 & b2 & c2 & d2 \\
  a3 & b3 & c3 & d3 \\
  a4 & b4 & c4 & d4 \\
\hline
    \end{tabular}
    \label{tab:example}
    \end{table}
    The Table \ref{tab:example} is shown as above.
```

Table 1. title

a1	b1	c1	d1
a2	b2	c2	d2
a3	b3	c3	d3
a4	b4	c4	d4

The Table 1 is shown as above.

图7.19　表格引用

7.5 参考文献排版

7.5.1 LaTeX参考文献基本格式

参考文献是科技论文中必不可少的一部分，参考文献的引用从某个方面反映出作者的严谨态度。一般来说，在论文中凡是引用他人已发表甚至未发表文献中的概念、定义以及定理等资料，都需要在引用处明确标示，并且在论文尾部列出所引用文献列表。

在 Word 中可以通过交叉引用的方式自动生成参考文献。但是，一旦参考文献的编号出现变动，在 Word 中更新参考文献标号时，会出现找不到对应编号的情况。此时，必须对参考文献重新编号，重新进行交叉引用。而在 LaTeX 中就没有这种问题，只要 LaTeX 所引用的参考文献标示不改变，LaTeX 会自动对参考文献编号，无须作者手工调整。

LaTeX 模板中参考文献编写的命令如下。

```
\begin{thebibliography}{编号样本}
\bibitem[记号]{引用标志 1}文献条目 1
\bibitem[记号]{引用标志 2}文献条目 2
  ***
\end{thebibliography}
```

在这个格式中，每一项的说明如下。

1）编号样本：表示参考文献项目符号的形式。例如，{99} 表示参考文献的项目是按照数字进行编号，并且最多允许列出 99 个参考文献，如果需要列出更多的参考文献，可以修改这个数字。

2）引用标志：可以唯一标示本条文献，引用标志不能重复。在正文中引用该文献时，使用\cite{引用标志}可以引用该文献。

3）文献条目：包括标题、作者、期刊、年代和页码。

默认参考文献的行间距为一行，有时候显得太大了。可以在\begin{thebibliography}{ }后添加\addtolength{\itemsep}{-1.5ex}来缩小行间距。-1.5ex 表示每行缩小 1.5ex。

注意：

1）在引用参考文献时\begin{thebibliography}和\end{thebibliography}一定要成对出现，否则会出现错误。

2）thebibliography 其实是一个枚举环境，因此对于 itemize 和 enumerate，可以用同样的方法缩小行间距。

在所列文献中，斜体和黑体的地方需要作者利用\textit{ }和\textbf{ }修饰一下（见图 7.20）。

```
\begin{thebibliography}{00}
\bibitem{BaCh} R. C. Baker and B. Charlie, "Nonlinear unstable systems," \textit{International Journal of Control}, vol. 23, no. 4, pp. 123-145, May 1989.
\bibitem{Hong} G.-D. Hong, "Linear controllable systems," \textit{Nature}, vol. 135, no. 5, pp. 18-27, July 1990.
\bibitem{HongKim} K. S. Hong and C. S. Kim, "Linear stable systems," \textit{IEEE Trans. on Automatic Control}, vol. 33, no. 3, pp. 1234-1245, December 1993.
\bibitem{ShFiDu} Z. Shiler, S. Filter, and S. Dubowski, "Time optimal paths and acceleration lines of robotic manipulators," \textit{Proc. of the 26th Conf. Decision and Control}, pp. 98-99, 1987.
\end{thebibliography}
```

REFERENCES

[1] R. C. Baker and B. Charlie, "Nonlinear unstable systems," *International Journal of Control*, vol. 23, no. 4, pp. 123-145, May 1989.

[2] G.-D. Hong, "Linear controllable systems," *Nature*, vol. 135, no. 5, pp. 18-27, July 1990.

[3] K. S. Hong and C. S. Kim, "Linear stable systems," *IEEE Trans. on Automatic Control*, vol. 33, no. 3, pp. 1234-1245, December 1993.

[4] Z. Shiler, S. Filter, and S. Dubowski, "Time optimal paths and acceleration lines of robotic manipulators," *Proc. of the 26th Conf. Decision and Control*, pp. 98-99, 1987.

图 7.20 参考文献插入

7.5.2 参考文献管理工具 Bibtex

当论文中参考文献的数目较多时，每一条文献的内容也需要作者一一录入，这样大大增加了参考文献的复杂程度。此时，可采用参考文献管理工具 Bibtex 对参考文献进行统一管理。

期刊的 LaTeX 模板中参考文献编写的命令是\bibliography{bib 文件名}。其中，bib 表示参考文献所在的文件，bst 表示参考文献样式文件。一般情况下，bst 由系统提供，不需要编写。不过当发表期刊时，期刊一般会提供样式文件，毕竟各个期刊对参考文献的要求不一样。在此，以 IEEEtran. bst 为例：

```
FUNCTION {bbl.and} { "and" }
FUNCTION {bbl.etal} { "et~al." }
FUNCTION {bbl.editors} { "eds." }
FUNCTION {bbl.editor} { "ed." }
FUNCTION {bbl.edition} { "ed." }
FUNCTION {bbl.volume} { "vol." }
FUNCTION {bbl.of} { "of" }
FUNCTION {bbl.number} { "no." }
FUNCTION {bbl.in} { "in" }
FUNCTION {bbl.pages} { "pp." }
FUNCTION {bbl.page} { "p." }
FUNCTION {bbl.chapter} { "ch." }
FUNCTION {bbl.paper} { "paper" }
FUNCTION {bbl.part} { "pt." }
FUNCTION {bbl.patent} { "Patent" }
FUNCTION {bbl.patentUS} { "U.S." }
FUNCTION {bbl.revision} { "Rev." }
FUNCTION {bbl.series} { "ser." }
```

```
FUNCTION {bbl.standard} { "Std." }
FUNCTION {bbl.techrep} { "Tech. Rep." }
FUNCTION {bbl.mthesis} { "Master's thesis" }
FUNCTION {bbl.phdthesis} { "Ph. D. dissertation" }
FUNCTION {bbl.st} { "st" }
FUNCTION {bbl.nd} { "nd" }
FUNCTION {bbl.rd} { "rd" }
FUNCTION {bbl.th} { "th" }
```

可以看出，期刊的期卷号使用 no. 和 vol. 表示，页码用 pp 表示。

注意：如果需要改变期卷号或页码的显示方式，可以修改 IEEEtran. bst 文件的对应位置，但是一般不建议读者修改 bst 文件。

为了使用第二种方法自动生成参考文献，除了在文件夹中包含 bst 文件以外，还需要其他的工作。

1）在文件的头部需要包含宏包 natbib。具体操作如下：在\begin{document}之前加入语句\usepackage{natbib}。

2）IEEEtran. bst 表示参考文献的类型，如果在文章中使用该模板，需要在文件头部标识。

```
\bibliographystyle{IEEEtran}
```

如果期刊没有提供 bst 文件，可以使用 LaTeX 默认的 bst 文件，标准类型为 plain。引用语句为

```
\bibliographystyle{plain}
```

除了标准类型外，还有其他的类型。

① unsrt：基本上跟 plain 类型一样，除了参考文献的条目的编号是按照引用的顺序，而不是按照作者的字母顺序。

② alpha：类似于 plain 类型，当参考文献的条目的编号是基于作者名字和出版年份的顺序。

③ abbrv：缩写格式。

3）标记引用（Make Citations）。当在文档中想引用相应参考文献时，插入 LaTeX 命令\cite{标号}。

例如，\cite{Gettys90}，根据 els 文件的不同定制，以及在正文引用格式的不同要求，也可能是\citet{}命令或者\citep{}命令。

4）告诉 LaTeX 生成参考文献列表。在 LaTeX 的结束前输入如下命令行：

```
\bibliographystyle{jmb}
\bibliography{./MYREFS}
```

文件中应包含 jmb. bst（定义参考文献类型）文件和 MYREFS. bib 文件。运行 BibTeX 分为下面四步。

① 用 LaTeX 编译 . tex 文件，生成一个 . aux 文件，告诉 BibTeX 将使用哪些引用。

② 用 BibTeX 编译 . bib 文件。

③ 再次用 LaTeX 编译 . tex 文件，这时在文档中已经包含了参考文献，但此时引用的编号可能不正确。

④ 最后用 LaTeX 编译 . tex 文件，如果一切顺利，这时所有东西都已正常了。

BibTeX 文件的后缀名为 . bib。举例如下：

```
@article{guo2017cnn,
title={CNN-based distributed adaptive control for vehicle-following platoon with input saturation},
author={Guo, Xiang-Gui and Wang, Jian-Liang and Liao, Fang andTeo, Rodney Swee Huat},
journal={IEEE Transactions on Intelligent Transportation Systems},
volume={1},
number={99},
pages={1--12},
year={2017},
publisher={IEEE}
}
```

说明：

第一行@ article 告诉 BibTeX 这是一个文章类型的参考文献。还有其他格式，例如 article、book、booklet、conference、inbook、incollection、inproceedings、manual、misc、mastersthesis、phdthesis、proceedings、techreport、unpublished 等。接下来的 guo2017cnn，就是在正文中引用这个条目的名称，其他就是参考文献里面的具体内容。

7.5.3 参考文献管理工具 EndNote

如果论文中引用的参考文献较多，可以使用 EndNote 对文献进行管理，它适用于对大量文献的处理，尤其当有文献稍做改动时，其优点更明显。本节介绍参考文献管理工具 EndNote 及其用法（见图 7.21）。

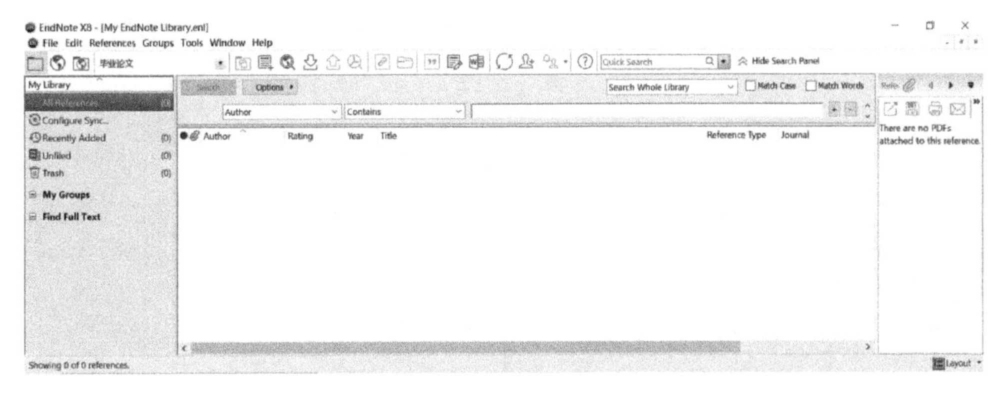

图 7.21　EndNote 界面

EndNote 是 SCI（Thomson Scientific 公司）的官方软件，支持国际期刊的参考文献格式有 3776 种，写作模板几百种，涵盖各个领域的杂志。简单来说，EndNote 的功能就是管理文献，一键插入固定格式的参考文献。

顾名思义，文献管理是将之前看过的文章进行收集、分类，以便在写论文的时候作为参考。使用 EndNote 进行文献管理，主要分为两个步骤：收集和管理。

（1） 文献收集

EndNote 自带有搜索功能，不再赘述。这里主要介绍从谷歌学术和知网进行文献下载。

1）谷歌学术。

利用谷歌学术搜索文献，下载 enw 文件，使用 EndNote 软件打开，文献自动进入本地数据库。

2）知网。

搜索关键字，打开文献详细信息，选择 EndNote 格式，注意下载到本地的文件是 txt 文件，直接将后缀名改为 . enw 即可。

（2） 文献管理

通过搜索得到了许多文献，随着时间增加文献越来越乱，这时可以使用 EndNote 软件的分组功能，将不同文献根据文章方向进行分类（见图 7.22）。

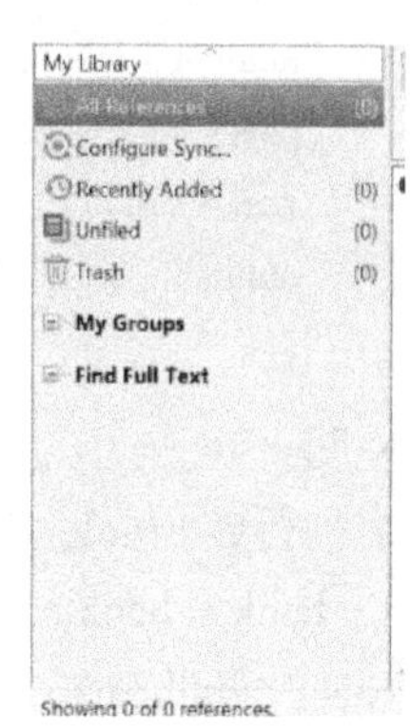

图 7.22　文献分类

在满足平时的文献管理需求之外，EndNote 最重要的功能就是对于参考文献格式的管理。发表的 SCI 期刊、会议都对参考文献有一定的要求，下面简单介绍一下如何方便快捷地进行格式管理。

可以在 EndNote 格式库或者网上找到所需求的格式，直接在格式管理器（“Edit” → “Output Style” → “Open Style Manager”）选择所需要的格式即可（见图 7.23）。

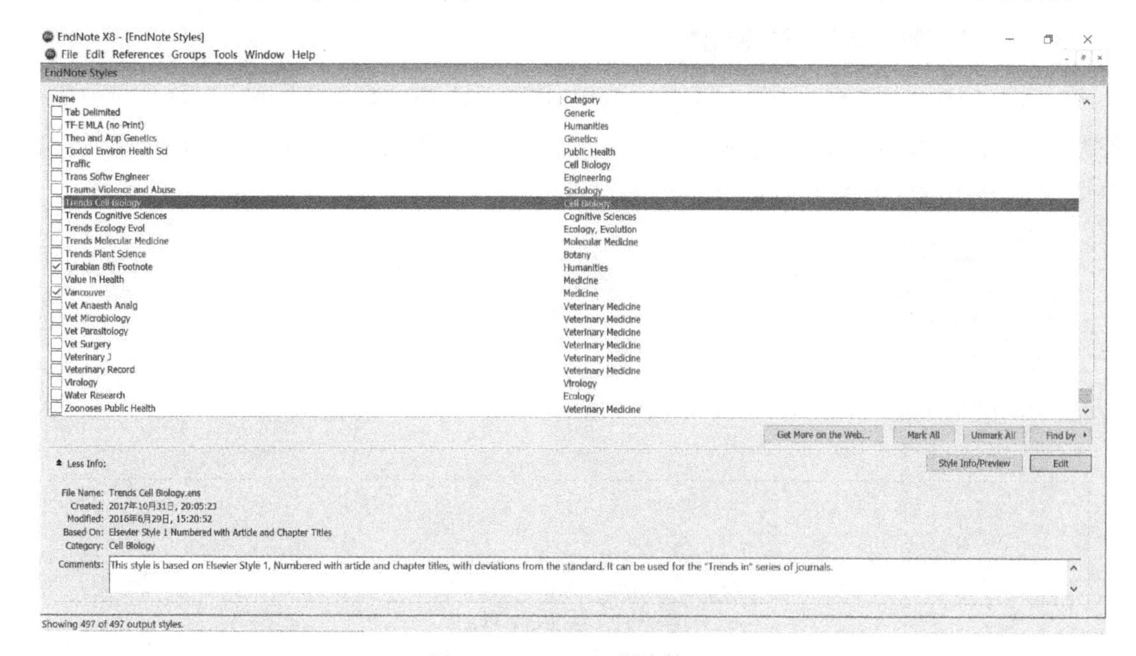

图 7.23　EndNote 格式管理

如果没有所需要的格式，那么就需要在原有格式基础上进行修改。同样是在格式管理器里，进行一些小的修改。具体细节读者可以自行思考。

7.5.4 参考文献的引用

LaTeX 中，引用参考文献主要有两种方式。

（1）不使用 Bibtex 工具

```
\begin{thebibliography}{编号样本}
\bibitem[记号]{引用标志 1}文献条目 1
\bibitem[记号]{引用标志 2}文献条目 2
   ***
\end{thebibliography}
```

利用引用标志，可以唯一标示本条文献，引用标志不能重复。在正文中引用该文献时，使用\cite{引用标志}可以引用该文献。

（2）使用 BibteX 工具

在.bib 文件中，有多个条目，格式为

```
@article{引用标志,
title={标题},
author={作者},
journal={期刊},
volume = {卷},
number={号},
pages={页码},
year={年份},
publisher={IEEE}
}
```

@article 后的引用标志，可以唯一标示本条文献，引用标志不可重复。正文中引用文献时使用\cite{引用标志}可以引用该文献。

7.6 本章小结

本章介绍了 LaTex 论文排版软件的常用功能与基础知识，包括数学符号及公式排版、图形排版、表格排版、参考文献排版以及文献管理工具 EndNote 等，使读者能够详细了解科技论文写作中使用的工具。工欲善其事，必先利其器，LaTeX 作为一个工具，能够通过美丽的排版、精美的公式、漂亮的插图为科技论文的撰写与发表锦上添花。

第8章　科技论文的投稿与发表

科技论文历经确定选题、准备材料、设计结构、分析结果、撰写初稿和修改定稿等过程后，就可以进行论文投稿与发表了。投稿与发表是科技论文写作的最终环节，也是至关重要的一环。一篇高水平高质量的论文，如果投稿工作做得不好，将导致论文退稿或增加稿件的审稿时间，甚至会错过论文发表的最佳时机。本章主要介绍著作权与许可、稿件投稿、审稿过程以及论文发表等内容，来提高论文的中稿率，并在录用后使论文质量进一步提升。

8.1　著作权与许可

8.1.1　科技论文著作权取得的必要性

21世纪是一个全球化进程和国际交流飞速发展的时代，身处于当下背景环境中的科技工作者，在进行科研工作时都离不开撰写和发表科技论文，因此保护科技论文的著作权就显得尤为重要。

著作权又称版权，是基于文学、艺术和科学作品而产生的权利，是作者对自己作品依法享有的发表权、署名权、修改权、保护作品完整权等人身权和包括以各种方式使用作品并获得报酬的财产权。

近年来，期刊出版中的著作权问题逐渐成为关注热点。由于科技期刊具有商品属性较弱、文化属性较强的特点，期刊社大多更重视编辑校对，而发行出版和相关经营则未能予以重视，因此在科技期刊的编辑出版过程中，科技期刊编辑和科技论文作者之间经常会出现利益冲突，导致侵权现象的发生。为了解决双方之间的矛盾，在实际工作中，需要依据著作权法律，明确划分科技期刊作为汇编作品以及科技论文作为原创作品之间的权力。一方面，科技期刊作为学术信息的传播载体，应尊重、保护作者的著作权；另一方面，科技论文作者也要遵守学术道德，避免侵犯期刊的利益。

科技期刊侵犯作者著作权的主要表现在以下几个方面：①发表权；②署名权；③修改权和保护作品完整权；④网络传播权；⑤其他问题。

科技论文作者也可能会出现如下几种侵权现象：①一稿多投；②对他人作品的非法使用；③剽窃、抄袭他人作品；④其他问题。

科技期刊侵犯作者权利时常发生。例如，期刊在编辑出版的过程中，没有经过作者的许可而随意删改文章内容，编辑出版稿件的时间超过约定期限，不通知作者是否录用而侵犯作者的发表权；期刊编辑在编辑评审多人合作的稿件时，没有认真核实每一位签字作者的真实性和署名顺序，或者利用职务之便，不尊重事实，署上自己的名字而侵犯作者的署名权等等。

同理，作者也因为不熟悉自己的权利范围而侵犯他人的权利，比如将稿件进行一稿多投，不仅侵犯了科技期刊的经济利益，浪费出版资源，而且给读者的阅读和保存资源造成了障碍；再如，作者对他人的作品进行非法使用，在学术论文出版中，作者为了佐证自己的观点，引用别人的研究成果却不注明被引用作者的姓名和引文出处；抑或作者在创作时，剽窃、抄袭他人的作品，把别人的作品偷换成自己的研究成果，并从中获取非法利益。

通过上述对科技期刊与科技论文作者之间侵权行为的列举，不难看出，侵权问题的发生大多由于期刊与作者对自身权利模糊和错误的认识以及信息不对称等造成。例如，作者不了解编辑在汇编过程中对于作品的处理情况、发表与否，而编辑也不可能掌握作者是否一稿多投或署名是否有争议等。因此编辑和作者需要清楚认识到自己权利的界限，既能保护自己的权利不受侵害，又能保证不侵犯别人的权利。

另一方面，科技期刊是由不同作者的作品所构成的汇编语言，科技期刊能更好发展的前提就是作者的权利得到尊重和保护；作者的权利得到充分的保障之后，能够更好地激发其创作灵感，所以两者是相辅相成、唇齿相依的。只有将两者的权利统一起来，才能更好地保障彼此的权利，更好地促进科学的研究、创新和传播。

综上所述，随着我国信息化建设步伐的加快，科技期刊著作权的保护对我国学术期刊的发展和学术创作的进步有着至关重要的作用，是我国法制建设和施法实践的重要组成部分。因此，我们要依法维护科技期刊的著作权，在作者和期刊编辑的共同努力下，促进中国科技期刊著作权的保护与国际接轨。

8.1.2 科技论文著作权的许可

在数字化迅速发展的趋势下，科技论文的著作权在作者、科技期刊出版单位和信息服务提供商等主体的流转中往往会因为权利归属不明而产生纠纷，因此著作权许可在规定各方权利方面就显得尤为重要。著作权许可使用是著作权人授权他人以一定的方式、在一定的时期和一定的地域范围内商业性使用其作品并收取报酬的行为。著作权许可使用是一种重要的法律行为，通过著作权许可使用可以在许可人和被许可人之间产生一定的权利义务关系。著作权人利用许可使用合同可以将著作权中的一项或多项内容许可他人使用，同时向被许可人收取一定数额的著作权许可使用费。即著作权许可使用是指著作权人在保留其著作权人身份的前提下，允许他人在一定的条件下行使其著作权。所谓“一定的条件”除了指使用费以外，还包括对使用方式、时间和地域范围等方面的限制。

著作权的专有使用权是指著作权所有人对其作品排他性使用的权利。著作权人对其作品享有的权利（法律规定的）可以自己行使，也可以授权他人行使。著作权许可主要有三种基本类型，分别为普通许可、排他许可和独占许可。

1）普通许可，也可称“一般实施许可”或“非独占性许可”，是指许可方许可被许可方在规定范围内使用作品，同时保留自己在该范围内使用作品以及许可其他人使用该作品的许可方式。

2）排他许可，是指许可方许可被许可方在规定范围内使用作品，同时保留自己在该范围内继续使用该作品的权利，但是不得另行许可其他人使用该作品的许可方式。

3）独占许可，是指许可方许可被许可方在约定范围内使用作品，同时在约定许可期内自己也无权行使相关权利，更不得另行许可其他人使用该作品的许可方式。

一般情况下，著作权许可分为九步：①许可方和被许可方就许可范围达成协议，签订许可合同；②申请人提交登记申请材料；③登记机构核查接收材料；④通知缴费；⑤申请人缴纳登记费用；⑥登记机构受理申请；⑦审查；⑧制作发放登记证书；⑨公告。

根据上面所讨论的内容可知，著作权许可的使用并不改变著作权的归属，仍然是属于著作权人，被许可人所获得的仅仅是在一定期限（5~10 年较为常见）、在约定的范围内（一般以国家为界限）、以一定的方式对作品的使用权。同时，被许可人的权利受制于合同的约定，根据许可程度的大小而享有不同程度的权利，被许可人不能行使超出权力范围外的权利，同时也只能以约定的方式在约定的地域和期限内行使著作权。需要注意的是，被许可人对第三人侵犯自己权益的行为一般不能以自己的名义向侵权者提起诉讼，因为被许可人并不是著作权的主体，除非著作权人许可的是专有使用权。

在著作权许可中，著作权人往往是弱小的一方，因此法律对著作人做了倾斜性的保护，即合同。因著作权许可使用而设立的合同叫许可使用合同，它是一种民事合同。合同的形式可以采用书面形式，也可以采用口头形式或者其他形式。根据《中华人民共和国著作权法实施条例》（以下简称《著作权法实施条例》）第二十三条规定：“使用他人作品应当同著作权人订立许可使用合同，许可使用的权利是专有使用权的，应当采取书面形式，但是报社、期刊社刊登作品除外。”完整的著作权许可使用合同还包括许多具体的内容，例如作品名称、主体身份、违约责任、侵权责任担保以及对他人侵权行为的追究等。

8.1.3 科技论文著作权的转让

著作权分为著作人身权和著作财产权，其中财产权按照法律规定是可以进行转让的。著作权的转让是指著作权人将自己对作品享有的财产权部分或全部在法定的有效期内转移给他人所有的法律行为。著作权的使用许可和著作权的转让有着本质上的区别。著作权的许可使用声明非著作权人取得的仅仅是作品的使用权，其著作权的实际占有人仍是原著作权人；而著作权的转让表明非著作权人取得的是原著作权人所享有的部分著作权的所有权，原著作权人则丧失了这部分权利。对于具有多个作者合作的科技论文，其著作权由合作作者共同享有，无正当理由，任何一方不得阻止他方行使除转让以外的其他权利。任何一个作者均有权许可他人使用，但是著作权的转让必须征得全部作者的同意。

一般情况下，著作权的转让要求申请人提交登记申请材料，在登记机构核查接收材料之后，会通知申请人进行缴费，申请人缴纳登记费用成功之后，登记机构就会进行受理申请，随后进行审查、制作发放登记证书、公告。需要注意的是，在进行材料提交的时候，需要申请人员准备著作权合同备案申请表、申请人的身份证明、申请备案的著作权转让或许可使用合同或协议、合同中涉及的作品样本。委托他人代为申请时，代理人应提交申请人的授权书、代理人的身份证明、著作权以及相关权利归属证明材料。

著作权的转让方式有一般有四种：①有偿转让，即通过买卖或者互易等方式进行著作权的转让；②无偿转让，即通过赠予或者遗赠等方式进行转让；③分别转让，即著作权人将其享有的出版权、翻译权分别转让给出版社、翻译公司等；④分地域转让，比如说著作人可以将北京地区和陕西地区的著作权分别转让给各个地区不同的平台。

8.2 稿件投稿

8.2.1 投稿的方向和技巧

稿件投稿是科技论文写作的最终环节，也是至关重要的环节。做好了稿件的投稿工作，可以有效减少稿件返修的时间，获得最佳的发表时机。在进行稿件的提交之前，应了解拟投稿期刊的整体学术影响，尽量选择 SCI、EI 检索的期刊或者核心期刊，抑或选择总被引频次、影响因子、即年指标、他引总引比、被引期刊数、基金论文比较理想的期刊进行投稿。一篇科技论文如果被 SCI、EI 等国际检索系统收录，一方面能够提高作者、期刊、工作单位在本国的学术地位和知名度，另一方面可以推动国际学术交流，促进科学研究工作。在这样的基础之上，就可以更大程度地引起期刊界的重视并提高作者论文的录用率，促进论文撰写格式走向标准化、规范化的道路，使我国的期刊论文与国际文献相接轨。只有达到上述要求，才能够更大程度地提高论文的社会效益和经济效益。

论文在投稿方向选择上有很多门道，选择一个好的方向投稿，往往可以起到事半功倍的效果。论文能够被 SCI、EI 期刊所收录，基础是学术水平，条件是编排格式，而关键却是投稿方向和技巧。一些作者往往因为投递方向的选择错误，而使得本来学术水平较高的科技论文被所投期刊退稿。

（1）投稿方向

要提前找准投稿方向，即在论文起草之前做好打算，而不能等到论文完成之后才确定投稿方向。如果投稿方向不对，即使论文的学术水平再高，也无法做到正确、快捷的投稿。每个期刊都有自己独特的办刊风格和刊载范围，对论文的内容、格式等要求也不同。针对如何合理地选择投稿方向，有以下几点建议。

1）稿件的主题是否适合于期刊所规定的范围。首先，应在 SCI、Scopus 等数据库进行检索分析；其次，要认真阅读意向投稿期刊的作者指南，特别要关注其中刊载论文范围的相关说明；再次，仔细阅读最近几期拟投稿期刊的目录和相关论文。

2）期刊的读者群体如何。作者需要了解是哪一类群体阅读这份期刊，进而考虑将论文发表在最合适的期刊上。

3）期刊的学术质量和影响力如何，录用率是否适当。利用 JCR 检索该期刊的总被引频次和影响因子来了解期刊的学术影响力，判断期刊对来稿的录用率和倾向性。在不能确定拟投稿期刊在稿件录用是否具有倾向性时，可以在 SCI 数据库检索分析统计该期刊中论文作者的国家来源，帮助作者选择投稿期刊。

（2）投稿技巧

1）论文题名要准确，切忌题不对文。论文题名常见的“Study on”应尽量少用。实验方法描述要清晰，达到让同行能明白、可重复的水平。使用国际上承认和通用的仪器设备、化学试剂和实验动物等，尽量不使用他人无法找到的仪器和试剂。

2）实验结果要简明，无须评论。适当多用插图、表格或照片描述实验结果，图表或照片要清晰。

3）讨论部分尤为重要。中文科技论文中讨论的内容相对较少，然而英文科技论文的讨论部分要求包括实验的意义、实验中出现的问题、实验结果的分析、某些结果引申的意义和问题，以及下一步设想等内容。

4）撰写格式要合乎要求。在拟投寄期刊的封二、封三或封四上，一般都印有对来稿书写格式的要求。最简单方法是参阅拟投寄期刊最新一期上的论文，按照该文的格式书写。

8.2.2 稿件录排

在投递稿件之前，要做好论文稿件的录排工作。期刊编辑部收到投稿后，首先会审查稿件的版式，因此要保证稿件使用计算机排录，稿件的体例格式、插图描绘、表格设计等应符合拟投稿期刊的特定要求。若稿件达不到上述要求，就可能被期刊编辑部初审后直接退回。此外，务必阅读“投稿须知”，尽量按照期刊给出的录排规范或已录用论文的模板进行录排。例如，《控制与决策》《自动化学报》和 IEEE 期刊给出了 Word Template 和 LaTeX Template 等录排模板，分别如图 8.1、图 8.2 和图 8.3 所示。

小 2 号黑体

控制与决策论文模板说明

“摘要”“关键词”“中图分类号”“文献标识码”用小 5 号黑体

小 5 号访宋体，段落左右各缩进 2 字

摘　要：本文给向《控制与决策》投稿的作者提供一个中文 LATEX 模版，详细说明了本刊编排要求，其中包括：文题、摘要、关键词、正文等撰写要求；定理、定义、推论等的引用；公式的例子；图形的插入；表格的制作以及参考文献、作者简介等内容。请作者认真阅读，并在相应的位置填入相应的内容既可，模板版面设置参数不允许修改。

关键词：关键词 1；关键词 2；关键词 3；关键词 4；关键词 5；关键词 6

中图分类号：TP273　**文献标志码：**A

DOI：（编辑给出）　**开放科学（资源服务）标识码（OSID）：**

A

小 5 号 Time New Roman 体

3 号 Time New Roman 加粗，首字母和实词首字母大写

The Guide of the LATEX Template for preparing the manuscript of Control and Decision

Abstract: This article is designed to help in the contribution for Control and Decision. It is divided into several sections. It consists of the styles and notes for the main text, the mathematical writing style and the topic of drawing tables and inserting figures respectively. The residuals deal with references, acknowledges, etc.

Key words: key word1; key word2; key word3; key word4; key word5; key word6

小 5 号 Time New Roman 段落左右各缩进 2 字

正文双栏，5 号字，每行 22 字，每页 46 行；汉字用宋体，外文用 Time New Roman 体

0 引　言　小 4 号标宋

本模版是初次投稿模板，由于本刊实行双盲评审制度，请不必将作者姓名、单位及基金项目添加在稿件中，具体作者信息请在稿件系统中如实填写.

1 编排要求　小 4 号标宋

文中需特别说明的内容主要有以下几个方面：

1)文稿中题目、作者、单位、摘要、关键词、参考文献等应齐全. 要求立论正确，论证严谨，论据充分，数据准确，语言通顺，文字流畅，标点符号正确；特别应具有学术性、创新性和前沿性.

5) DOI 号由编辑修改，作者无需修改.

6) OSID 码是纸质版论文与数字化平台的纽带，可以促进优秀论文更好的传播，也是学术诚信的一种认证. 建议作者添加到对应位置，具体二维码生成办法见投稿须知对应条款，具有 OSID 码稿件，编辑部会优先处理.

7) 英文摘要内容应与中文摘要一致. 可用第一人称，时态和语态不做统一要求. 对于首次出现的英文缩写，不常用的应给出原文，常用的可以不给，如：PID，LMI，GA，T-S，MIMO 等.

图 8.1 《控制与决策》论文录排模板

第 XX 卷 第 X 期　　自 动 化 学 报　　Vol. XX, No. X
20XX 年 X 月　　ACTA AUTOMATICA SINICA　　Month, 20XX

《自动化学报》稿件加工样本

作者一[1,2]　作者二[2]　作者三[1]

摘要　中文摘要应在文章总字数的 5%左右，一般不超过 200 字. 摘要应涵盖全文. 摘要内容包括研究目的、方法、结果等，注意不是标题的罗列，能独立成文，不能出现公式号和文献号. 英文摘要的书写，请按英语习惯，无文法及拼写错误，用词准确.

关键词　关键词 1，关键词 2，关键词 3

引用格式　文章标题. 自动化学报, 20XX,XX(X): X—X

DOI　10.16383/j.aas.20xx.cxxxxxx

Preparation of Papers for Acta Automatica Sinica

FIRST Author-Aa[1,2]　SECOND Author-Bb[2]　THIRD Author-Cc[1]

Abstract　An abstract should be a concise summary of the significant items in the paper, including the results and conclusions. It should be about 5% of the length of the article, but not more than about 200 words. Define all nonstandard symbols, abbreviations and acronyms used in the abstract. Do not cite references in the abstract.

Key words　Keyword 1, keyword 2, keyword 3

Citation　Preparation of Papers for Acta Automatica Sinica. *Acta Automatica Sinica*, 20XX, XX(X): X—X

稿件首页应包括下列内容：中英文的标题、作者姓名、详细工作单位或通信地址、邮政编码、E-mail、摘要、关键词(3~5 个). 如该稿件不是原始性稿件(如在某会议上发表过)，请作者务必在第一页用脚注注明. 获基金资助的课题请在首页脚注说明.

1　录用稿的格式及要求

修改稿要求论点明确，论证充分，语句通顺,文字简练，字迹工整. 凡文字不流畅、编排混乱的稿件不给予发表.

1.1　公式

公式请用阿拉伯数字全文统一编号，外文字母大小写及文种易混淆的，如 C, K, O, P, S, V, W, X, Y, Z, a 和α, r 和 γ 等请在打印稿上用铅笔标注“英大、英小、希大、希小”，上下角标位置明显，书写准确. 请用公式编辑器排公式. 一般变量排斜体，专有名词及数学符号如微分、积分、偏微分符号，数学期望、转置等排非斜体. 向量请排小写黑体字，在打印稿上另用铅笔下划曲线表示，矩阵请排大写非黑体字.

$$P_{ij} = t'_{i,j} = \frac{t_{i,j}}{m_{jk}} \tag{1}$$

1.2　参考文献

参考文献只列公开出版的文献. 内部资

收稿日期 XXXX-XX-XX　收修改稿日期 XXXX-XX-XX
Received Month Date, Year; in revised form Month Date, Year
国家自然科学基金(XXXXXXXX)资助(不同基金项目间用“;”分隔)
Supported by National Natural Science Foundation of P. R. China (XXXXXXXX)

1. 中国科学院自动化研究所高技术创新中心 北京 100080　2. 中国科学院自动化研究所模式识别国家重点实验室 北京 100080　3. 中国科学院自动化研究所《国际自动化与计算杂志》编辑部 北京 100080　4. 中国科学院自动化研究所《自动化学报》编辑部 北京 100080
1. Hi-Tech Innovation Centre, Institute of Automation, Chinese Academy of Sciences, Beijing 100080　2. National Laboratory of Pattern Recognition, Institute of Automation, Chinese Academy of Sciences, Beijing 100080　3. Editorial Office of *International Journal of Automation and Computing*, Institute of Automation, Chinese Academy of Sciences, Beijing 100080　4. Editorial Office of *Acta Automatica Sinica*, Institute of Automation, Chinese Academy of Sciences, Beijing 100080

图 8.2 《自动化学报》论文录排模板

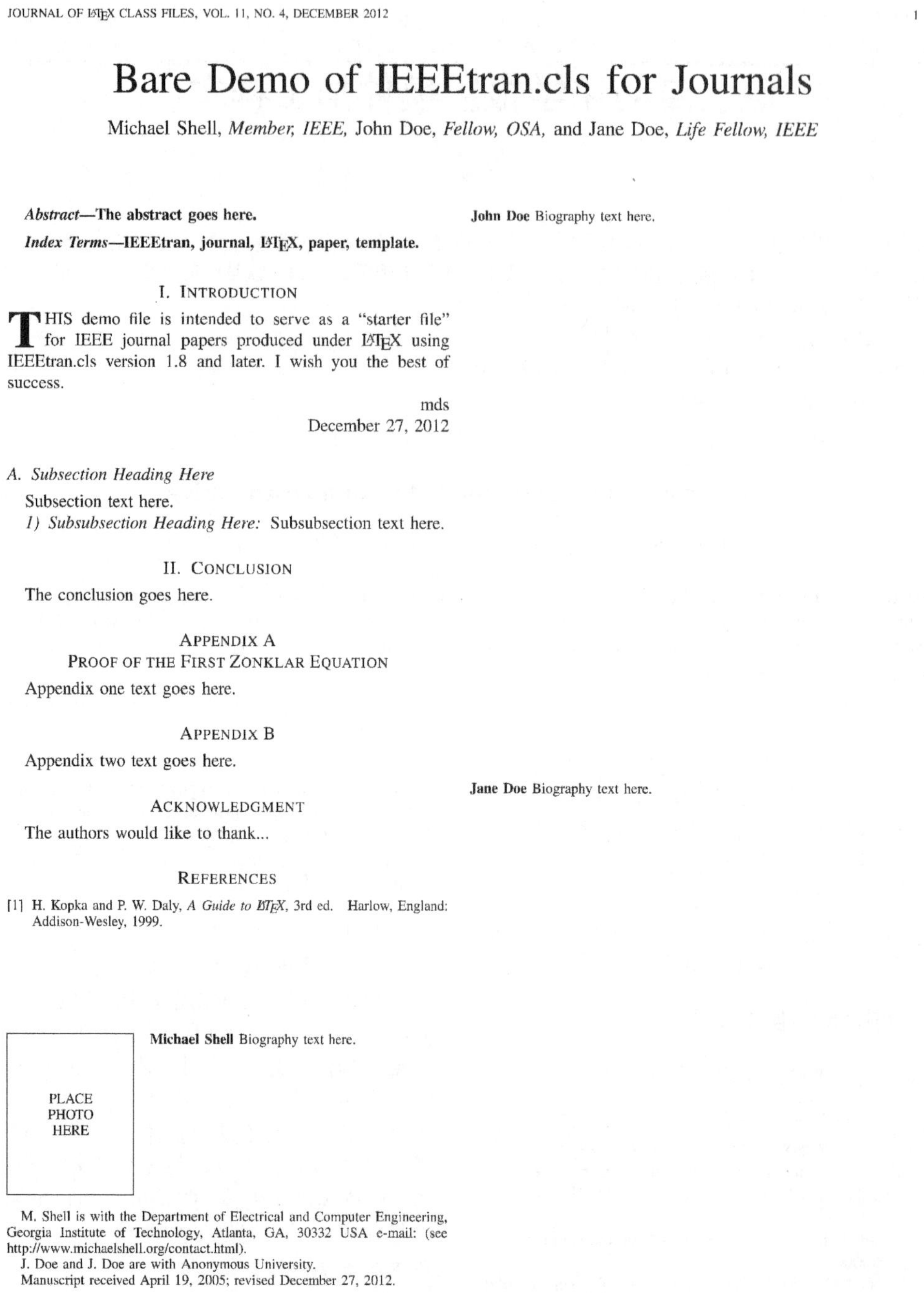

JOURNAL OF LaTeX CLASS FILES, VOL. 11, NO. 4, DECEMBER 2012 1

Bare Demo of IEEEtran.cls for Journals

Michael Shell, *Member, IEEE,* John Doe, *Fellow, OSA,* and Jane Doe, *Life Fellow, IEEE*

***Abstract*—The abstract goes here.**

***Index Terms*—IEEEtran, journal, LaTeX, paper, template.**

I. INTRODUCTION

THIS demo file is intended to serve as a "starter file" for IEEE journal papers produced under LaTeX using IEEEtran.cls version 1.8 and later. I wish you the best of success.

mds
December 27, 2012

A. Subsection Heading Here

Subsection text here.

1) Subsubsection Heading Here: Subsubsection text here.

II. CONCLUSION

The conclusion goes here.

APPENDIX A
PROOF OF THE FIRST ZONKLAR EQUATION

Appendix one text goes here.

APPENDIX B

Appendix two text goes here.

ACKNOWLEDGMENT

The authors would like to thank...

REFERENCES

[1] H. Kopka and P. W. Daly, *A Guide to LaTeX*, 3rd ed. Harlow, England: Addison-Wesley, 1999.

PLACE
PHOTO
HERE

Michael Shell Biography text here.

John Doe Biography text here.

Jane Doe Biography text here.

M. Shell is with the Department of Electrical and Computer Engineering, Georgia Institute of Technology, Atlanta, GA, 30332 USA e-mail: (see http://www.michaelshell.org/contact.html).
J. Doe and J. Doe are with Anonymous University.
Manuscript received April 19, 2005; revised December 27, 2012.

图 8.3 IEEE 期刊论文录排模板

有些期刊没有给论文的编排模板，但在投稿过程中也应注意以下几个方面。

1）为了避免给读者阅读带来影响以及对排版造成麻烦，正文部分尽量不要使用脚注。

2）应采用 Times New Roman 字体、12 磅（相当于小四号）字、双倍行距、单面通栏排版。

3）页面的录排顺序应当按照以下顺序进行：第 1 页放置论文题名、作者姓名、作者单位、地址；第 2 页放置摘要；第 3 页放置引言；其后的每一章节均从新的一页开始。

4）选择合适的文字处理软件。鉴于 LaTex 软件具有强大的公式、符号等编排能力，在这里主要推荐使用 LaTex 软件进行录排文稿。

5）对于论文中的图片、表格、页面设计和标题设计等，应严格按照拟投稿期刊编辑部的要求而定。

6）满足页面的设计要求。一般情况下，科技期刊不会对文稿正文两端取齐排版做硬性规定，可以根据作者自身要求进行排版，只要不刻意使用连字符将单词进行连接，做到简洁美观即可。

7）正文标题设置，正文标题的设计一般为 2 级，也允许使用 3 级或 4 级标题。至于每一级标题的字体和字号，则需严格按照所投期刊的要求设立。

8）校对并仔细检查论文稿件，以消除录排差错。

9）投稿前还应请一位或者几位同仁阅读稿件，以检查文稿中有无表述不清的地方。在情况允许的条件下，尽量对文字进行一定的润色，提高文字的表达质量，增加论文被录用的概率。

8.2.3 投稿信的撰写

在将稿件送往所投期刊时，作者往往希望能够提供一些信息，以帮助论文送审和取舍的决策，而这些信息就可以写在投稿信（Cover Letter）中。投稿信有助于增加期刊编辑部对稿件的了解，有助于文稿被分发给合适的编辑或评审专家。投稿信通常需要提纲挈领、简明扼要、重点突出，最好不超过 1 页。它应简要说明以下内容。

1）列出所投稿件的题名和所有作者的姓名，并表明稿件的核心内容、主要发现和重要意义。

2）适当说明所投稿件为什么适合在该刊物上发表，以及稿件适宜的栏目。

3）表明所投稿件的真实准确性，并且没有一稿多投的情况。

4）若所投稿件属于系列论文，或者和其他已发表的论文有联系，则应当给予一定的说明。必要时，还应附上相关论文，以免发生误会。

5）提供合适的推荐审稿人名单或需要回避的审稿人名单。

6）提供通信作者的姓名、详细地址、电话、传真号码以及 E-mail 地址等信息。

另一方面，在进行投稿信的撰写时，应尽可能地避免以下现象的发生。

1）不要直接复制文章的标题和摘要。

2）投稿信要简洁，不要总结你的所有结果。

3）不要用高度专业的词汇，投稿信是用来给编辑以帮助他们更快地找到审稿人。

4）不要过度“吹捧”你的方法，过度高估你的工作反而会反映出作者对该领域的判断不足。

5）不要在投稿信中过多强调自己的能力，编辑判断的是你文章的价值，而不是你个人的价值。

6）不要用“Dear Sir”，因为很多编辑都是女的，可以用中性词，如“Dear Editor”。

【例 8.1】 投稿信模板（中文）

尊敬的编辑先生/女士：

您好！

本人受所有作者委托，在此提交完整的论文《论文题目》，希望能够在《期刊名称》发表，并且代表所有作者郑重申明：（1）关于该论文，所有作者均已通读并同意投往贵刊，对作者排序没有异议，不存在利益冲突及署名纠纷；（2）论文成果属于原创，享有自主知识产权，不涉及保密问题；（3）相关内容未曾以任何语种在国内外公开发表过，没有一稿多投行为；（4）今后关于论文内容及作者的任何修改，均由本人负责通知其他作者知晓。

本人对上述各项说明负完全责任。

论文的主要内容与创新点在于：XXXXXX

非常感谢您审阅本论文，期待早日收到专家的审查意见。若对于本论文有任何疑问，请及时与我联系。

此致

敬礼！

投稿人：XXXXXXXX
单　位：XXXXXXX
联系方式：XXXXXXX

【例 8.2】 投稿信模板（英文）

Dear Editors:

We would like to submit the enclosed manuscript entitled "Paper Title", which we wish to be considered for publication in "Journal Name". No conflict of interest exits in the submission of this manuscript, and manuscript is approved by all authors for publication. I would like to declare on behalf of my co-authors that the work described was original research that has not been published previously, and not under consideration for publication elsewhere, in whole or in part. All the authors listed have approved the manuscript that is enclosed.

In this work, we evaluated……（简要介绍一下论文的创新性）. I hope this paper is suitable for "Journal Name". The following is a list of possible reviewers for your consideration:

1) Name A, E-mail: xxxx@xxxx

2) Name B, E-mail: xxxx@xxxx

We deeply appreciate your consideration of our manuscript, and we look forward to receiving comments from the reviewers. If you have any queries, please don't hesitate to contact me at the address below.

Thank you and best regards.

Yours sincerely,

XXXXXX

Corresponding author:

Name: xxx

E-mail: XXXX@XXXX

【例 8.3】 催稿信模板（英文）

Dear Prof. XXX:

Sorry for disturbing you. I am not sure if it is the right time to contact you to inquire about the status of my submitted manuscript titled "Paper Title" (ID：文章稿号). Since submitted to journal three months ago, although the status of "With Editor" has been lasting for more than two months, I am just wondering that my manuscript has been sent to reviewers or not?

I would be greatly appreciated if you could spend some of your time checking the status for us. I am very pleased to hear from you on the reviewer's comments.

Thank you very much for your consideration.

Best regards!

Yours sincerely,

xxxxxxx

Corresponding author:

Name: xxx

E-mail: xxxx@xxxx

8.2.4 投稿方式

期刊论文的投稿方式大体上有两种：网络投稿和电子邮件（E-mail）投稿。

（1）网络投稿

随着时代的发展，网络在线投稿系统在科技期刊中的应用越来越广泛。网络投稿具有方便、快捷的特点，为编者、读者和作者之间提供了多种信息交流的平台。网络期刊投稿可以让作者在线投稿、审查、实时追踪稿件处理状态，并能让作者第一时间收到用稿通知。同时，编辑也可以通过互联网在线阅读、审批来稿以及给作者发送邮件、对录用文件进行在线发表，从而实现投稿-采编-发布一体化。这样，投稿者和审稿者、编者之间的交流变得更加密切，提高了编辑部的工作效率，适应了互联网时代文化传播的方式及速度，深受作者和期刊的欢迎。

网络投稿时首先要登录所投期刊网站，阅读投稿指南并按要求进行注册；其次，投稿时须按期刊要求填写全部作者和完整的稿件信息，防止因信息不全而被退稿；还需注意投稿时须填写准确的电子邮件地址，因为投稿后，编辑部将通过电子邮件联系作者；最后需要实时关注稿件状态并和编辑部联系，按要求及时提供有关版权转让材料。

（2）电子邮件投稿

尽管当前最流行的提交稿件方式是网络投稿，但是还有少数期刊由于各种因素没有建立网络投稿平台，仍然采用电子邮件投稿的方式。对于科技论文作者存在网络投稿困难的情况，一些具备网络投稿系统的期刊也允许其进行电子邮件投稿。电子邮件投稿时，须注明所投稿件的通讯联系人以及通讯地址、电话、电子邮件等联系方式。但在通常情况下，编辑部将仅通过电子邮件方式告知作者有关稿件的全部信息。

8.2.5 收稿函

在作者投稿完成后，要实时跟踪稿件的状态，尤其要注意有没有收稿函。一般情况下，期刊编辑部收到投稿后，通常会给稿件编号，并记录在案。在粗略检查文稿内容，认为稿件符合期刊基本要求后，编辑部一般会给通讯作者发一封收稿函。若稿件投出后20~30日仍无音信，则作者可以向编辑部打电话或发E-mail查询。因此，作者应实时关注稿件状态，以避免稿件因偶然情况导致延误发表。

8.3 审稿过程

8.3.1 科技论文的审稿

学术性科技期刊一般都建立了一套科学、完整、严密的审稿制度，通常采用“三审一定制”的审稿制度，即编辑初审、专家评审、主编终审、编委会审定。

（1）编辑初审

编辑初审就是编辑人员对自己分管的稿件进行初步的评价和审查。编辑初审的要点包括：浏览全文，初步断定稿件是否属于科技论文的范畴；对比分析，初步确定稿件是否有一定的创新内容；阅读摘要、引言和结论，大致了解稿件是否有发表价值；推敲正文的科学性和逻辑性，初步辨别所述研究成果是否真实可靠；通读全文，找出论文表述上的较大毛病，指出主要构成部分的疏漏。

编辑初审的结果有三种：一是退稿；二是退修，即请作者对稿件进行修改或补充；三是送审，即将稿件进行专家评审。

（2）专家评审

专家评审是经编辑初审后，被认为有可能发表的论文进行专家审稿的过程，也叫送审。在进行专家评审时，为了使评审意见准确、公正、合理，专家评审一般都是匿名进行的。专家评审属于同行评议的一种，一般采用“单盲”评审或“双盲”评审。“单盲”评审中，审稿专家的姓名和单位对作者保密，但送审稿的作者姓名和单位对审稿专家公开；“双盲”评审中，审稿专家的姓名和单位与稿件作者的姓名和单位互不公开。此外，一篇稿件通常由两名以上审稿人进行评审，两人互不相知，互不见面，独立审稿，进一步保证稿件评审的公正客观。专家评审的结果有四种：一是稿件的观点、方法和结论与其他文献雷同，缺乏创新性，建议退稿；二是稿件的表述不到位或有重要事项遗漏，建议退修后再审；三是不符合本刊的办刊宗旨或收稿范围，建议另投他刊；四是评审通过，建议录用。

（3）主编终审

主编终审也叫决审，一般由期刊的主编或副主编担任。终审者根据编辑初审的意见、专家评审的意见和作者的说明材料等进行进一步的评审，提出是否录用稿件的终审意见。

（4）编委会审定

稿件通过“三审”并拟录用后，由编辑部编制发排计划，呈报编委会做出最后审定。至于最终的稿件审定工作由谁完成，各个编辑部门做法不一。有的由编委开会讨论，集体审定；有的由常务编委开会讨论，然后集体审定；也有的由编委会主任或副主任审定。审定之后由审定人签字，最终确定稿件是否录用。

8.3.2 稿件评审后的处理

作者的稿件在“三审一定”各个环节中，都可能有三种结果：定稿、退修、退稿。

（1）定稿

定稿就是编委会按照程序决定采用的稿件，经过编辑加工后再经作者校对，就可编排出版。一次性投稿就定稿的现象很少见，大部分的稿件都应该是一次次的修改才变得完美的。稿件被定稿说明作者的研究工作得到了学术界的肯定，这种情况下，作者在给编辑写完感谢信之后，还需查找稿件中的不严密观点、不准确论据、不恰当文字，这些工作都有助于校对时进行修改和补充。

（2）退修

退修就是当稿件有发表价值但是还存在些许不足时，将其退还给作者并要求作者做出更改后再行处理。退修的原因可能有：其一，修改后发表，即稿件得到肯定，只需要作者再按照要求进行较小的改动后即可发表；其二，修改后重审，即稿件内容大致得到肯定，但仍存在重要问题需要修改，作者按照要求修改后再次审稿。在作者收到审稿人关于论文的修改意见后，一定要平心静气，理性分析和理解审稿人的意见，找出问题的所在。在书面答复审稿人时，应注意以下几点。

1）根据审稿人的意见进行回答，做到认真回复，不要模棱两可。

2）对于审稿人要求添加的部分，尽量满足，如果确实存在一定的困难，可以进行说明。

3）对于作者不认同的意见，要有理有据地进行回复，不能操之过急，与审稿人发生语言冲突。

4）当审稿人提供了推荐的参考文献时，要仔细研究讨论，并将其增加到论文中，努力做到文章的严谨、合理。

【例 8.4】修改稿修改信模板和修改说明（中文版）

《期刊名称》稿件修改说明（稿件号 * * *）

《期刊名称》编辑部：

您好！首先感谢编辑老师和审稿专家的辛勤工作，你们的宝贵意见令作者获益匪浅！针对专家提出的修改意见，课题组进行了深入的研究和探讨，已经对整篇文章进行了修改，现在重新提交以供您审阅。为了方便您的二次审阅，我们摘录了所有的审稿意见，并逐条进行了回复。具体的修改说明如下。

一、编辑专家的评审意见

问题 1：* * * *

回复 1：* * * *

问题 2：* * * *

回复 2：* * * *

二、审稿专家 1 的评审意见

问题 1：* * * *

回复 1：* * * *

问题 2：* * * *

回复 2：* * * *

三、审稿专家 2 的评审意见

问题 1：* * * *

回复 1：* * * *

问题 2：* * * *

回复2：****

最后，再次感谢编辑老师和审稿专家的宝贵意见和建议。经过此次的修改工作，作者对xxxxx问题有了更为深入的理解和认识。在后续工作中，我们将针对专家提出的问题及文中尚存的不足之处，做进一步的重点研究。

作者：XXX

日期：XXX

【例8.5】修改稿投稿信模板和修改说明（英文）

Dear Editors and Reviewers:

Thank you for your letter and for the reviewers' comments concerning our manuscript entitled "Paper Title" (ID：文章稿号). Those comments are all valuable and very helpful for revising and improving our paper, as well as the important guiding significance to our researches. We have studied comments carefully and have made correction which we hope meet with approval. Revised portion are marked in red in the paper. The main corrections in the paper and the responds to the reviewer's comments are as flowing:

Responds to the reviewer's comments:

Reviewer #1:

1. Response to comment:（……简要列出意见……）

Response: XXXXXX

2. Response to comment:（……简要列出意见……）

Response: XXXXXX

……

（逐条回答，不要遗漏。针对不同问题，适当使用下列礼貌术语）

We are very sorry for our negligence of…

We are very sorry for our incorrect writing…

It is really true as reviewer suggested that…

We have made correction according to the reviewer's comments.

We have re-written this part according to the reviewer's suggestion.

As reviewer suggested that…

Considering the reviewer's suggestion, we have…

（最后，要特意感谢一下这位审稿人的意见）

Special thanks to you for your good comments.

Reviewer #2:

XXXXXX

（写法同上）

Reviewer #3:

XXXXXX

（写法同上）

Other changes:

1. Line 60-61, the statements of "…" were corrected as "…"
2. Line 107, "…" was added
3. Line 129, "…" was deleted

XXXXXX

We tried our best to improve the manuscript and made some changes in the manuscript. These changes will not influence the content and framework of the paper. And here we did not list the changes but marked in red in revised paper.

We appreciate for Editors/ Reviewers' warm work earnestly, and hope that the correction will meet with approval.

Once again, thank you very much for your comments and suggestions.

（3）退稿

尽管论文的提交量很高，但是大部分稿件的最终归属仍然是被退稿，这也是大部分稿件的必然命运。编辑部门对不采用的稿件，一般要退还作者。很多稿件由于缺乏创新性，与所投期刊的办刊宗旨或收稿范围不符，抑或是稿件的质量一般等原因而被退还。还有一些符合要求但质量相对一般的稿件由于所投期刊篇幅有限，稿件积压较多，不得不被退稿。编辑部往往在退稿时附一份退稿函，清晰阐述退稿原因，恳请作者见谅。

作者面对退稿要冷静、理解、正确对待。最后作者应仔细阅读编辑部发来的退稿函，并采取相应的措施进行改正。若因内容与所投期刊的办刊宗旨或专业收稿范围不符，应改投他刊；如因为稿件内容缺乏科学性、创新性等原因，则应该进一步分析问题所在并进行突破，此时，如果认为编辑发来的消息具有参考性并且认可编辑的决定，可以不妨向编辑进行致谢并请求其进行一些具体的指导，以便于在进行稿件的改写或重新撰写论文时做借鉴，如果不认同编辑部的做法，也可以给编辑写信，并要求其进行复审；若稿件存在"硬伤"，应认真弥补缺漏，修正错误，切忌不加修改，直接发给下一家期刊；若因"稿件质量较好，但期刊篇幅有限"而退稿，作者可以向编辑发函表示自己愿意等候、延迟发表。

总的来说，遇到退稿这种情况，要以平常心对待。任何一个人都不能保证投稿一定被录用，应经得起退稿的考验，不能因为一两次退稿就灰心，要根据审稿意见扎扎实实修改论文，不断提高质量。

8.4 科技论文的发表

8.4.1 稿件编辑

论文在经过"三审一定制"后，如果编委会决定采用稿件，经过编辑加工后再经作者校对，就可编排出版。科技论文具有很强的专业性，绝大部分作者的稿件都不可避免地存在一些问题，尤其是当作者撰写科技论文经验不足时，往往需要编辑花费大量精力于稿件编辑加工处理上。

（1）编辑加工的目的

优秀的科技论文应该具备新颖性、可读性和可传播性特征。作者投向期刊的文章往往不具备或不同时具备这三个特性，一般需要经过编辑加工后才能成为可发表的论文。文稿的编辑加工必须以更好地体现这三个特点为目标，更好地赋予每篇文章以新颖性、可读性和可传播性。对科技论文的编辑加工，是一项重要的工作。编辑人员需要将之前粗糙的稿件经过精心加工，细心梳理，精雕细琢，使得稿件文题更相符、论点更鲜明、论据更确凿、论证更严密、结论更明确。

（2）编辑加工的原则

编辑人员在进行稿件的编辑加工过程中，不能删改稿件原有的内容，只能对稿件进行文字和技术上的修订和改正。只有在得到了作者的承诺和委托之后才能对内容进行修改，这是由《中华人民共和国著作权法》所规定的，也是编辑加工的总原则。在编辑加工的过程中需要统筹“文责自负”和“编辑把关”之间的关系。“文责自负”表明论文一旦在期刊上发表，作者就对其拥有著作权，同时又要在多方面负有责任，它是对作者合法权益的保护，也是对作者需承担责任的精炼概括，要求稿件在政治上符合党和国家的方针政策，在科学上要经得起检验，在道德法律上要确保不剽窃和不抄袭。“编辑把关”要求编辑人员必须对作者负责，对期刊负责，对文稿进行全面的审查和精心的加工。

（3）编辑加工的内容

在进行科技论文的编辑加工过程中，提炼论文的创新性是编辑加工首要的关注点。期刊发表的文章是否有创新点，一般从题名、引言、素材与讨论四方面可以看出。其次，雕琢论文的可读性是编辑加工的落脚点，层次结构、章节标题、数据图表以及语言规范决定了一篇文章是否具有可读性。最后，提升论文的传播性是编辑加工的着眼点，一篇好文章除前述新颖性、可读性外，还要看其是否具有可传播性，提升论文的传播性是编辑加工不可缺少的内容。论文是否具有传播性，摘要、关键词、参考文献与数据关联均需要着重考虑。

科技论文进行编辑加工时，在内容方面，需要对政治性问题、保密性问题、学术性问题进行加工和处理，同时也需要对稿件中的名词、名称和数字等问题进行检查；在语言文字方面，需要对题名和层次标题、文章结构以及标点、字、词、语句等进行修订；在技术方面，应统一规范插图、表格、数字式、化学式、量、单位、数字、字母以及参考文献著录。

编辑加工不仅是一项精细的文字工作，更是一项提升论文学术价值的智力劳动。科技论文的编辑加工不仅对提升论文价值起到重要作用，同时也对提升期刊影响力有一定的帮助。只有以完善论文的三大特性为目标，做好编辑加工才能提升期刊的影响力。

8.4.2 稿件的校对

论文经过审稿后，期刊编辑部会对稿件进行编辑加工并按照特有的版式对稿件进行重新排版，排版后会打印出校样，需要作者亲自校对该校样。这不仅体现出了期刊编辑部对作者创造性劳动的尊重，而且可以让作者对编辑加工的内容予以确认，同时也为作者提供了一次核对原稿和必要增删的机会，最终使得编辑加工和校对后的论文达到尽善尽美。

（1）校对的必要性

作者的稿件被录用后，还应对不严密观点、不准确论据、不恰当文字等缺漏进行修改和补充，以便在校对时进行润色。在编辑部将校样递给作者后还需要作者认真检查、仔细修改，检查校样中是否有排版的问题。实际上，即使经过排版、校对、修改的文章，也有可能出现错误和失误。一旦论文发表，因没有仔细校对而产生的错误都有可能造成重大的政治错误或技术事故，所以作者必须认真对待已经录用稿件的校对。

如果论文被采用后，在较长时间内没有收到校稿通知，可以写一封询问校稿的信件进行询问。询问校稿信件模板示例如下。

【例 8.6】 校稿询问信件模板（英文）

Dear XXX：

Sorry for disturbing you. I am not sure if it is the right time to contact you to inquire about the status of our accepted manuscript titled “Paper Title”（ID：文章稿号）. Since the copyright agreement for publication has been sent to you two months ago, I am just wondering that how long I can receive the proof of our manuscript from you?

I would be greatly appreciated if you could spend some of your time for a reply. I am very pleased to hear from you.

Thank you very much for your consideration.

Yours sincerely,

XXXXXX

Corresponding author：

Name：XXX

E-mail：XXXX@ XXXX

（2）稿件校对时应注意的问题

作者收到投稿的校样后，主要检查排版出现的错误。校对时在不进行大幅度修改的前提下，应注意的问题如下。

1）在进行稿件校对时，先通读校样，检查内容有无遗漏，然后精读，逐字逐句校对。

2）可以采用多人校对的方式，将一份校样由多人同时校对，这样可以使得校对更加完善。

3）校对时需要重点关注专业术语、数学公式、插图和表格，防止出现排版错误等问题。

4）校对时使用校对符号进行改错，可以在页边空白处做出相应的标记或批注。

5）注意校对时不要在校样上对稿件进行改写、加写或重写等大幅度的修改，防止出现版面或页码的变动。

6）增删参考文献时，应对正文中的文献序号做出相应的调整。

7）校对时，主要检查排版出现的错误，切忌做大的删减和改动。因为在大幅度修改后，已经不是审稿人和编辑曾经录用的那篇论文了，有违于科技出版道德。此外，修改已排版的内容，可能产生新的排版错误，这样会浪费出版者的资源，还有可能会造成不必要的经济损失。

8）校对完成后在约定的时间将校样寄回给期刊编辑部。

【例 8.7】 论文校对信件模板（中文）

尊敬的编辑先生/女士

您好！

非常感谢编辑老师对作者论文（论文名称，稿件号）的校对工作，您的修改意见令作者受益匪浅。针对您提出的修改意见，作者逐条进行了修改，并对全文进行了详细的校对。具体校对与修改内容如下：

修改建议回复：

1. 第*页第*行，已将“*****”修改为“******”
2. 第*页第*行，已将“*****”修改为“******”

校对修改内容：

1. 第*页第*行，应将“*****”修改为“******”
2. 第*页第*行，应将“*****”修改为“******”

再次感谢编辑老师的辛勤劳作。经过此次修改，该论文得到了进一步提升。在后续工作中，如果还有任何疑问，请随时联系。

此致

敬礼！

作者：XXXX

日期：XXXX

【例 8.8】 论文校稿信件模板（英文）

Dear XXX：

Thanks very much for your kind letter about the proof of our paper titled “Paper Title”（ID：文章稿号）for publication in “Journal Name”. We have finished the proof reading and checking carefully, and some corrections about the proof and the answers to the queries are provided below.

Corrections：

1. In ***** should be ****（Page ***, Right column, line ***）
2. In **** the “******” should be “*****”（Page ****, Right column, line ****）

Answers for “author queries”

1. **********************
2. **********************
3. **********************

We greatly appreciate the efficient, professional and rapid processing of our paper by your team. If there is anything else we should do, please do not hesitate to let us know.

Thank you and best regards.

Yours sincerely,

XXXXXX

Corresponding author：

Name：XXX

E-mail：XXXX@XXXX

8.4.3 科技期刊学术不端文献检测系统

近年来，学术不端现象时有发生，并且渗透到学术研究的各个环节。《教育部关于严肃处理高等学校学术不端行为的通知》列举了必须严肃处理的七种高校学术不端行为：①抄袭、剽窃、侵吞他人学术成果；②篡改他人学术成果；③伪造或者篡改数据、文献，捏造事实；④伪造注释；⑤未参加创作，在他人学术成果上署名；⑥未经他人许可，不当使用他人署名；⑦其他学术不端行为。

在科研领域需要撰写大量的学术论文，为了保证论文的真实性、原创性和技术性，杜绝学术不端行为的发生，甄别学术不端行为是十分必要的。随着科学技术的进步和互联网技术的发展，一些研究机构开发了判断学术不端行为的软件，即学术不端文献检测系统。目前已被科技期刊广泛使用，作为论文发表前反剽窃行为的重要手段。

学术不端文献检测系统凭借其自身丰富资源，先进技术，以及对比分析、管理和自动生成等优势，被广泛应用于甄别被检论文是否存在抄袭等问题。因此，期刊编辑部在稿件遴选时，会对投来稿件进行学术不端行为检测，对重复率高于一定比例的稿件进行退稿处理。论文在经过初审、外审、作者修改后会再次进行检测，以防止作者在修改论文的过程中出现新的学术不端行为，只有这样才能够让论文的学术价值得以保证。目前，科技期刊学术不端文献检测系统在检测精准度上具有显著优势，在学术论文领域中的权威性有明显的提高，得到了不同学术和科研领域的认可。此外，对于在科技期刊学术不端文献检测系统中检测的一切期刊论文，都会运用数字资源版权保护的技术来为用户进行保护。因此，每个用户在该系统中进行检测的时候都是安全有保障的。

8.5 本章小结

科技论文的投稿与发表是科技论文写作最后的一个环节。论文投稿或发表时，需要将著作权通过许可的方式移交给期刊编辑部，但必须得到所有作者的同意和签字。另外，本章对稿件投稿、审稿过程和论文发表等内容进行了详细阐述。科技论文的投稿需要注意投稿的方向，把握住一定的投稿技巧。在经过稿件录排、撰写投稿信、网络投稿后，就要面对编辑初审、专家评审、主编终审和编委会审定的“三审一定”制度。一旦成功录用，就可以进行编辑、校对，确保无误后即可发表。最后，本章简要介绍了科技期刊学术不端文献检测系统。

第9章　科技论文的收录、引用与评价

科技论文是科技工作者在科研工作过程中形成的创新性研究成果，其数量和质量能在很大程度上体现出作者的科研工作对目前学术领域的贡献，因此常被作为考量个人、机构科研实力和科研水平的评价指标之一。对于科技论文的学术性和创新性，人们一直在探索其评价方法的科学性、公正性和实用性。就科技论文的学术水平而言，其高低不仅要看它发表在哪种期刊上，而且还要看它发表后被他人引用的情况，更要看它所带来的经济和社会效益。本章简单介绍国内外重要的期刊源数据库，阐述科技论文的收录与引用，并从定性和定量两个方面介绍科技论文的主要评价方法及评价指标。

9.1　国内外重要的期刊源数据库

9.1.1　科学引文索引

科学引文索引（Science Citation Index，SCI）是由美国科学信息研究所（Institute for Scientific Information，ISI）于1961年创办出版的引文数据库。SCI是自然科学领域，特别是基础理论学科方面最重要的期刊文摘索引数据库，收录了全世界出版的数学、物理、化学、农学、医学、生命科学、天文学、地理学、环境科学、材料科学和工程技术等各学科的核心期刊。ISI通过严格的选刊标准和评估程序挑选刊源，且每年略有增减，从而做到SCI收录的文献能全面覆盖世界上最重要和最有影响力的研究成果。

（1）SCI的发展历史

美国宾州大学结构语言学博士尤金·加菲尔德（Eugene Garfield）是引文索引的创始人，1955年第一次在《科学》杂志（*Science*）上提出了“引文索引”的设想，即提供一种文献计量学的工具来帮助科学家识别感兴趣的文献，1957年在美国费城正式创办了美国科学信息研究所（Institute for Scientific Information，ISI）。1961年美国科学信息研究所（ISI）开始编制科学引文索引（Science Citation Index，SCI），1963年出版摘录了1961年出版的重要期刊613种，来源文献11万余篇，引文137万条。1964年又出版了两卷SCI，分别摘录了1962年和1963年的期刊。从1965年开始起，每年出版一卷。1979年开始改成双月刊，并有年度合订本和五年度合订本。1990年SCI开始出版光盘版的数据库。1992年ISI被加拿大汤姆森公司（The Thomson Corporation）的分公司Thomson Scientific & Healthcare收购。1997年，Thomson ISI推出了SCI的网络版数据库Web of Science检索系统中的Science Citation Index Expanded，其信息资料更加翔实，后来又建立了社会科学引文索引（Social science citation index，SSCI）、艺术与人文引文索引（Art & Humantities Citation Index，AHCI）。这三个数据库构成了ISI独具影响力的三大学科引文索引数据库，其网络版与会议录引文索引（CPCI）共同构成了Web of Science的核心。

(2) SCI 数据库简介

科学引文索引数据库是国际性的、多学科的综合性索引，涵盖 150 多个学科，收录 1900 年至今的数据，可以检索 100 年来的学术引文。Web of Science 平台以三大学科引文索引和会议录引文索引为核心，利用信息资源之间的内在联系，把各种相关资源提供给研究人员；兼具知识的检索、提取、管理、分析与评价等多项功能；还可以跨库检索德温特专利索引（Derwent Innovations Index，DII）、生物科学（BIOSIS previews）、国际农业和生物科学文摘（CAB abstracts）、科技文摘（INSPEC）等数据库以及外部信息资源。

由于 SCI 对其收录的期刊采用了定量和定性的多种严格而科学的方法筛选，因此收录的均是集中了各学科高质量优秀论文精粹的期刊，全面覆盖了世界上最重要、最有影响的研究成果。

(3) SCI 数据库检索系统及访问方法

Web of Science 数据库的检索首页如图 9.1 所示，该数据库提供了三种检索方式：基本检索、被引参考文献检索和高级检索。同时，Web of Science 数据库也为用户提供分析功能和个性化服务。

Web of Science 的系列数据库可以进行分库检索，也可以在本单位购买的所有数据库中进行跨库统一检索。检索字段视不同的数据库略有不同。Web of Science 数据库的核心合集包括 SCIE、SSCI、AHCI 和 CPC-S、CPCI-SSH 等引文索引数据库及化学索引数据库，可同时选择上述索引数据库，也可选择单一索引数据库进行检索。

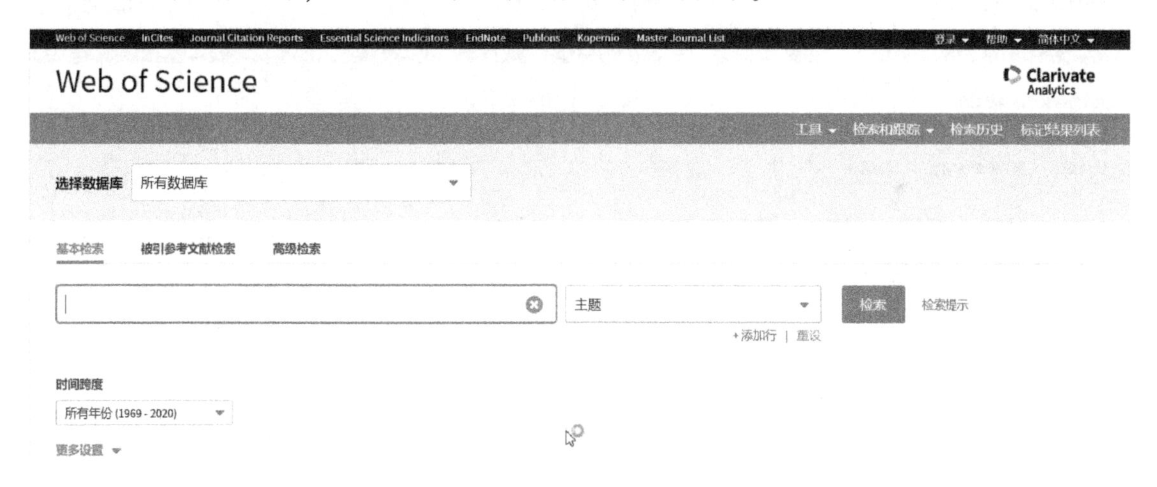

图 9.1　Web of Science 数据库基本检索首页

1) 基本检索。

Web of Science 核心合集数据库默认的是基本检索界面，分为检索策略输入区和检索条件限定区。检索范围设置了主题、标题、作者、出版物名称、出版年、地址、作者识别号、DOI、编者和团体作者等检索字段。在基本检索过程中，用户可以使用 and，or，not 分别表示逻辑与、逻辑或和逻辑非。

在以作者作为检索字段时，需要注意输入方式，可以使用姓名全称，也可使用姓的全称加名的缩写。如 Wang Yikai 写成 Wang Yikai 或 Wang YK，不区分大小写。在该数据库中，“出版物名称” 检索字段可以从其索引中选择出版物名称，既可以单击一个字母或者输入出版物名称的前几个字母，按字母顺序浏览；也可以输入文本查找包含该文本的出版物，可以使用截词符。在检索条件限定区，可以对时间和数据库进行选择，若要进行二次检索，可以通过该次检索结果界面右侧的“精炼检索结果”区域完成。

2）被引参考文献检索。

相比其他数据库，Web of Science 数据库还提供了被引参考文献检索，即查找引用个人著作的论文。在被引参考文献检索中，可通过被引作者、被引著作、被引年份、被引卷、被引期、被引页和被引标题七个字段进行检索。被引著作字段中使用被引期刊或图书的全称或缩写进行检索，但缩写字母后面需要加截词符“ * ”，也可从期刊名称索引中选择。需要注意的是，被引著作是指刊载被引文献的期刊或图书的名称。被引年份输入要四位数字，如2018。检索限制区可以对入库时间进行限制和对数据库进行选择。

3）高级检索。

Web of Science 数据库提供高级检索功能，如图 9.2 所示。检索式创建可借助两个字母的字段标识、布尔逻辑算符、括号和检索词来完成。结果显示在页面底部的检索历史列表中，可在列表中单击检索结果的数目，查看检索结果，也可对列表中多个检索式进行组配获得新的检索式和检索结果。高级检索中常用的检索字段和算符如图 9.3 所示。

图 9.2　Web of Science 数据库高级检索首页

布尔运算符: AND、OR、NOT、SAME、NEAR

字段标识:

TS= 主题	SO= 出版物名称 [索引]
TI= 标题	DO= DOI
AU= 作者 [索引]	PY= 出版年
AI= 作者识别号	AD= 地址
GP= 团体作者 [索引]	SU= 研究方向
ED= 编者	IS= ISSN/ISBN
AB= 摘要	
AK= 作者关键词	
KP= Keyword Plus ®	

图 9.3　高级检索中常用的检索字段和算符

（4）SCI 的分析功能

Web of Science 数据库还可进行多角度的分析。通过单击检索结果界面的右侧的“分析检索结果”和“创建引文报告”使用相应功能，如图 9.4 所示。

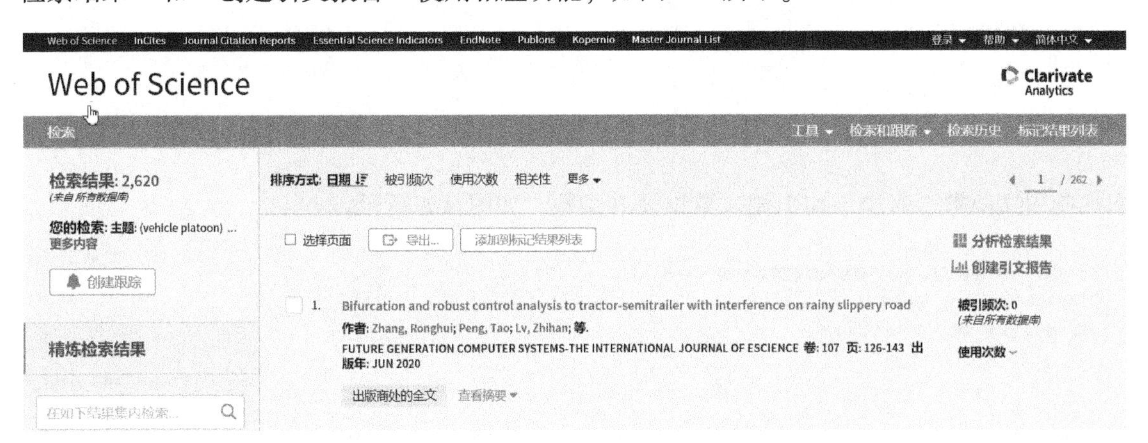

图 9.4　Web of Science 对检索结果提供的分析功能

1）分析检索结果。

分析检索结果功能可以将检索结果按照作者、丛书名称、会议名称、国家/地区、文献类型、编者、基金资助机构、授权号、团体作者、语种、机构、机构扩展、出版年、研究方向、来源出版物名称和 Web of Science 类别进行聚类分析，挖掘有价值的信息并识别隐含的趋势与模式。如按照作者进行分析，可以了解某一研究领域的核心人员；按照国家/地区分析，可以知道在某研究领域中，哪个国家是领先的；按照文献类型分析，可以分析某研究成果是以什么途径发表的；按照机构名称分析，可以了解有哪些研究机构从事某领域的研究；按照来源出版物分析，可以了解某研究的成果发表在哪些期刊上。

将检索结果按照选择的字段分析可得到柱状分析图，比如搜索主题是 vehicle platoon，图 9.5 是将该检索结果按作者分析后的分析结果。分析结果的数据可以导出并保存到文件中。

2）创建引文报告。

创建引文报告功能可以为检索结果创建引文报告，提供每年出版文献数和每年引文数的柱状图。可以给出检索到文献的总被引频次、去除自引的总被引频次、施引文献数、去除自

排序方式 记录数 ▼　显示 25 ▼　最少记录数 1　更新　如何计算这些总数?

选择待查看或排除的记录。选择"查看记录"以仅查看选择的记录，或者选择"排除记录"以仅查看未选择的记录。

选择	字段: 作者	记录数	%/2,620	柱状图
☐	JOHANSSON K H	37	1.412 %	I
☐	JOHANSSON KH	34	1.298 %	I
☐	GUO G	30	1.145 %	I
☐	GECHTER F	28	1.069 %	I
☐	PLOEG J	26	0.992 %	I
☐	HEDRICK J K	24	0.916 %	I
☐	GE GUO	23	0.878 %	I
☐	LI KQ	22	0.840 %	I
☐	KEQIANG LI	20	0.763 %	I
☐	LI SE	20	0.763 %	I

图 9.5　分析结果

引的施引文献数、每项平均引用次数以及 h 指数，如图 9.6 所示。

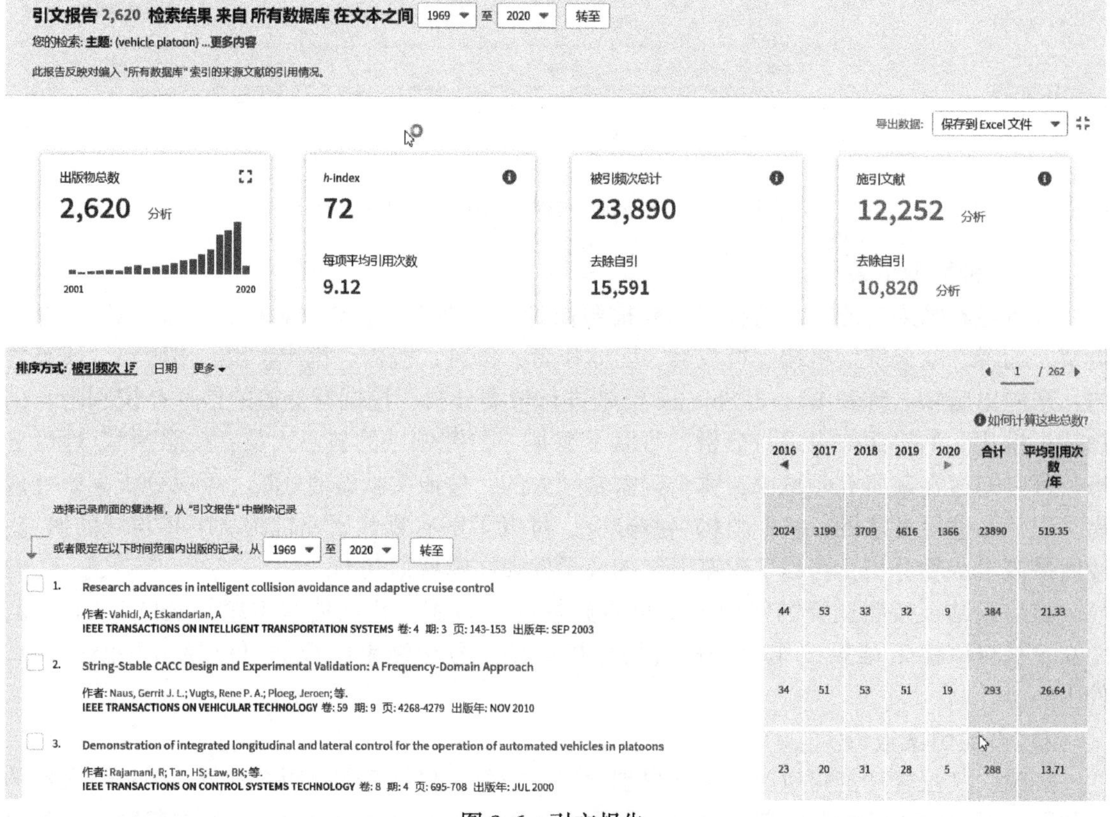

图 9.6　引文报告

柱状图下还以一定的排序方式排列检索结果。默认排序方式为被引频次（降序），排序方式有被引频次、最近添加、入库时间、第一作者、来源出版物名称和会议标题，均可按降序或升序排列。

（5）个性化服务

Web of Science 的个性化服务提供以下便利的功能。

1）在每次访问 Web of Science 时自动登录。

2）更新个人信息，包括用户名和密码。

3）选择起始页，能够在开始会话时自动访问特定数据库，而不是“所有数据库”选项。

4）将检索式保存到 Web of Science 系统的服务器，可以在以后继续检索时打开它。

5）订阅检索历史跟踪服务，可以自动检索数据库的上次更新，然后通过电子邮件将结果发送给用户。

6）设置引文跟踪，有新论文对“引文跟踪”列表中的论文进行引用时，会通过电子邮件发出通知，此功能需要订阅 Web of Science。

7）创建并维护用户经常阅读的定制期刊列表等。

9.1.2　基本科学指标数据库索引

基本科学指标数据库（Essential Science Indicators，ESI）是由世界著名的学术信息出版机构美国科技信息研究所（ISI）于 2001 年推出的衡量科学研究绩效、跟踪科学发展趋势的基本分析评价工具。

（1）ESI 数据库简介

ESI 隶属于美国汤森路透公司，是由汤森路透公司基于 SCI（科学引文索引）和 SSCI（社会科学引文索引）所收录的全球 11000 多种学术期刊的 1000 多万条文献记录而建立的计量分析数据库。根据 SCI 与 SSCI 数据库中近 11 年的数据统计，汤森路透公司按照其划分的学科，将 ESI 设置为 22 个学科，具体包括：生物学与生物化学、化学、计算机科学、经济与商业、工程学、地球科学、材料科学、数学、综合交叉学科、物理学、社会科学总论、空间科学、农业科学、临床医学、分子生物学与遗传学、神经系统学与行为学、免疫学、精神病学与心理学、微生物学、环境科学与生态学、植物学与动物学、药理学与毒理学。

（2）ESI 数据库的作用

ESI 是当今世界范围内普遍用于评价学术机构和大学国际学术水平及影响的重要指标，它针对 22 个学科领域内的科技论文，通过分析论文数量、论文被引频次、论文篇均被引频次、高被引论文、热点论文和前沿论文六大指标，从各个角度对国家/地区科研水平、机构学术声誉、科学家学术影响力以及期刊学术水平进行全面衡量。研究人员可以通过 ESI 系统地、有针对性地分析全球科技文献，从而了解全球各个学科领域内的科学家、研究机构（或大学）、国家（或地区）和学术期刊在某一领域中的发展和影响力现状，识别自然科学和社会科学领域的重要研究趋势与发展方向；科研管理人员也可以利用 ESI 找到研究绩效的量化分析数据，为科技政策的制定与决策提供客观数据和依据。

ESI 能够提供的科技数据包括以下几个方面。

1）基于科学家、研究机构（或大学）、国家（或地区）及学术期刊的论文数量和总被引频次，以及在全球 22 个学科中的排名。

2）高被引论文（Highly Cited Papers）。即最近 10 年间各研究领域中被引频次排名位于全球前 1%的论文。

3）热门论文（Hot Papers）。即最近 2 年内各研究领域中被引频次在最近两个月内排名位于全球前 0.1%的论文。

4）全球论文影响力基准值（Baselines）。即 22 个学科中每年发表论文的篇均被引频次和 6 个百分位水平（0.01%、0.1%、1%、10%、20%和 50%）的被引频次基准值。

5）研究前沿（Research Fronts）。通过共被引分析和聚类算法选出的研究主题，反映现代科学中的研究密集型和突破性领域。

在上述分类数据的基础上，ESI 能够为读者提供多方面的分析结果，具体包括以下几个方面。

1）分析国家、研究机构和期刊的学术表现。

2）发现自然科学和社会科学领域的热点和前沿研究成果。

3）获取国家、机构、期刊和论文在全球各学科中的排名信息。

4）揭示特定学科领域中的研究成果和影响力现状。

（3）ESI 数据库检索系统及访问方法

ESI 数据库的首页如图 9.7 所示，其访问网址为 https://esi.clarivate.com。由于 ESI 是汤森路透公司基于 SCI 和 SSCI 数据库提供的，读者也可以通过 Web of Science 网页的快捷链接进入 ESI 界面，如图 9.8 所示。

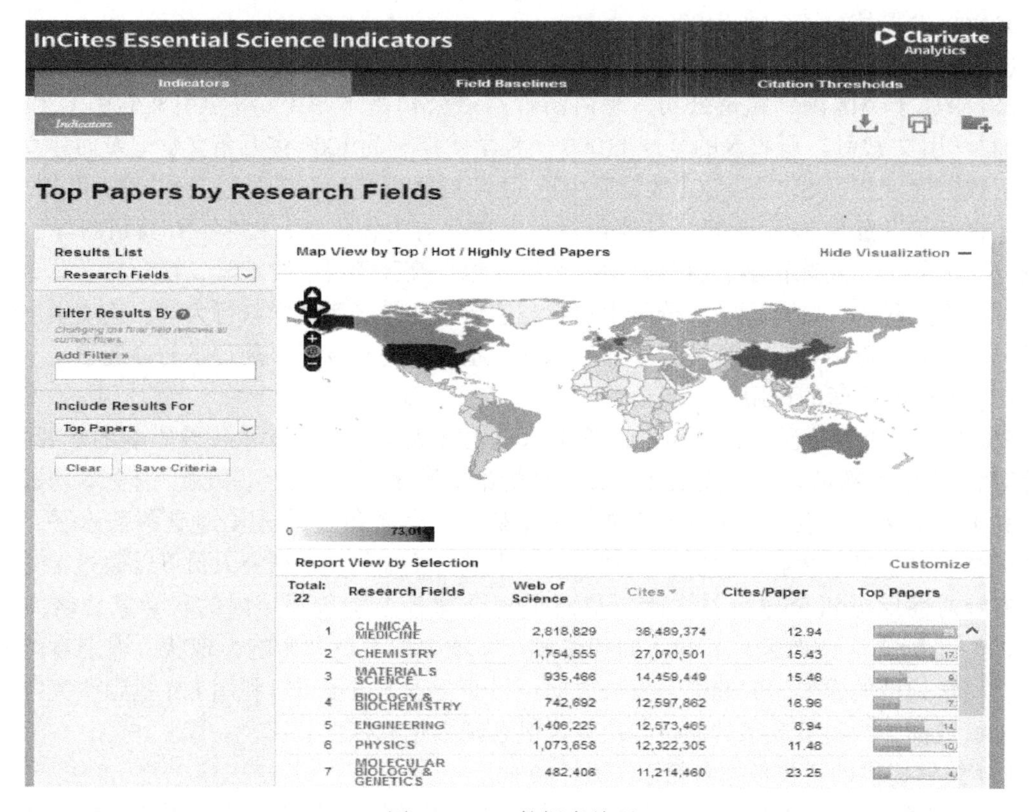

图 9.7　ESI 数据库首页

Web of Science　InCites　Journal Citation Reports　Essential Science Indicators　EndNote　Publons　Kopernio　Master Journal List　登录 ▾　帮助 ▾　简体中文 ▾

Web of Science　Clarivate Analytics

工具 ▾　检索和跟踪 ▾　检索历史　标记结果列表

选择数据库　所有数据库

基本检索　被引参考文献检索　高级检索

示例: oil spill* mediterranean　主题　检索　检索提示

+添加行 | 重设

时间跨度

所有年份 (1969 - 2020)

图 9.8　Web of Science 中 ESI 的链接入口

从该网址中可以查看 ESI 所划分的 22 个学科专业中每一个专业所包含的论文数、被引频次以及高被引论文数量等；读者可也通过该网页得到全球各个国家的 ESI 论文数量，如全球发表 ESI 论文最多的两个国家分别是美国和中国。

在该网页中，可以通过不同的分类方式，显示当前 SCI 或 SSCI 科技论文的状态。具体可以通过单击首页左侧的 Results List 下拉列表框，选择以不同的方式分类论文。在此基础上，通过 Filter Results 选项过滤上一步的查询结果，可过滤的条件包括学科、作者、国家和期刊等，具体如图 9.9 所示。

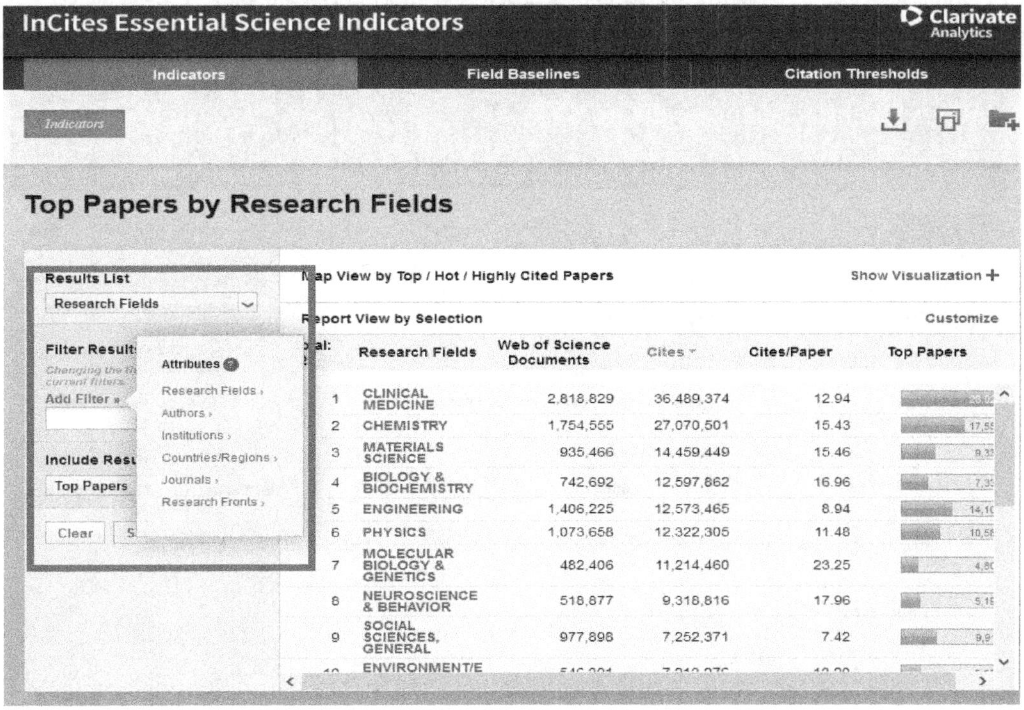

InCites Essential Science Indicators　Clarivate Analytics

Indicators　Field Baselines　Citation Thresholds

Indicators

Top Papers by Research Fields

Results List

Research Fields

Filter Results

Add Filter »

Attributes

Research Fields ›

Authors ›

Institutions ›

Countries/Regions ›

Journals ›

Research Fronts ›

Include Results

Top Papers

Clear

Map View by Top / Hot / Highly Cited Papers　Show Visualization +

Report View by Selection　Customize

	Research Fields	Web of Science Documents	Cites	Cites/Paper	Top Papers
1	CLINICAL MEDICINE	2,818,829	36,489,374	12.94	
2	CHEMISTRY	1,754,555	27,070,501	15.43	
3	MATERIALS SCIENCE	935,466	14,459,449	15.46	
4	BIOLOGY & BIOCHEMISTRY	742,692	12,597,862	16.96	
5	ENGINEERING	1,406,225	12,573,465	8.94	
6	PHYSICS	1,073,658	12,322,305	11.48	
7	MOLECULAR BIOLOGY & GENETICS	482,406	11,214,460	23.25	
8	NEUROSCIENCE & BEHAVIOR	518,877	9,318,816	17.96	
9	SOCIAL SCIENCES, GENERAL	977,898	7,252,371	7.42	
10	ENVIRONMENT/E				

图 9.9　ESI 数据检索筛选框

1）借助ESI可以了解本机构有哪些学科按照被引频次排名已经进入全球前1%。除总被引频次外，还可以利用论文总数和篇均被引频次两个指标进行排序。例如，图9.10为长安大学进入全球前1%的学科查询结果，长安大学（Chang'an University）共有4个学科进入了全球排名前1%，其中工程学科（Engineering）的总被引频次最高。

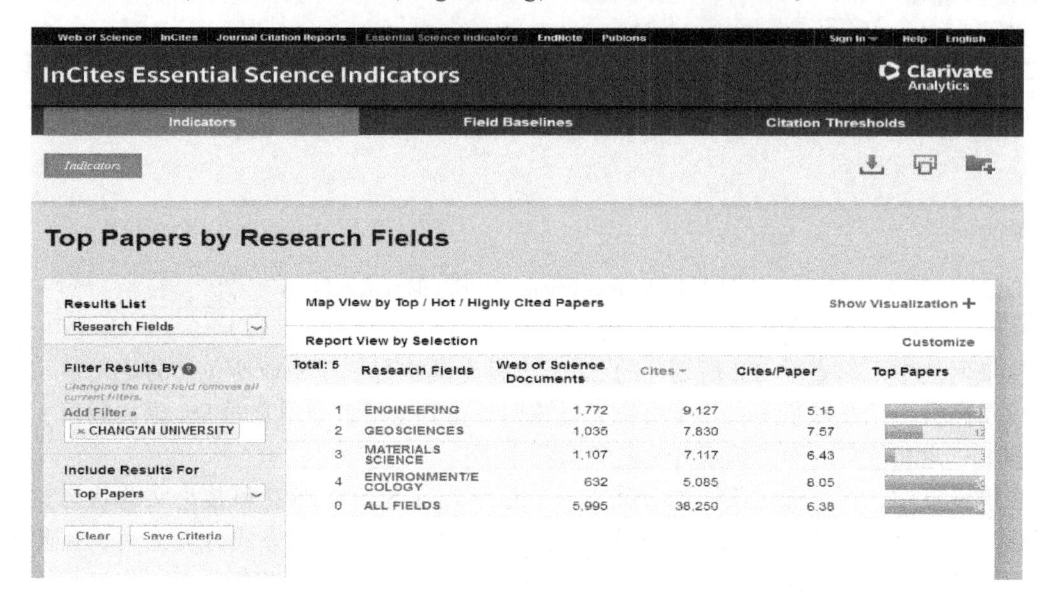

图9.10　长安大学学科排名

2）借助ESI，读者同样可以了解自己感兴趣的作者有哪些论文进入了全球前1%，包括这些论文的被引频次。例如，图9.11为搜索姓名为SHI Y.（施阳，加拿大维多利亚大学机

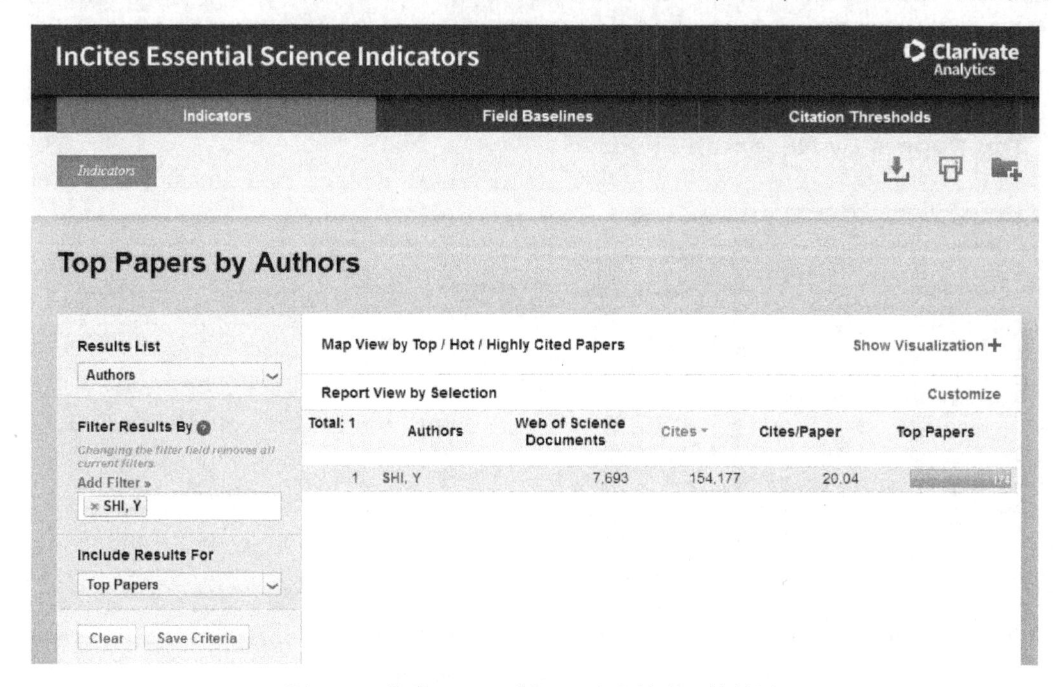

图9.11　作者SHI Y.的ESI论文检索整体结果

械工程系教授）作者的高被引论文查询结果。需要注意的是，这样的检索方式可能会出现重名的情况。读者可进一步单击该作者姓名，选择右侧的 Document，并根据作者的研究领域，检索读者想要寻找的论文，如图 9.12 所示。

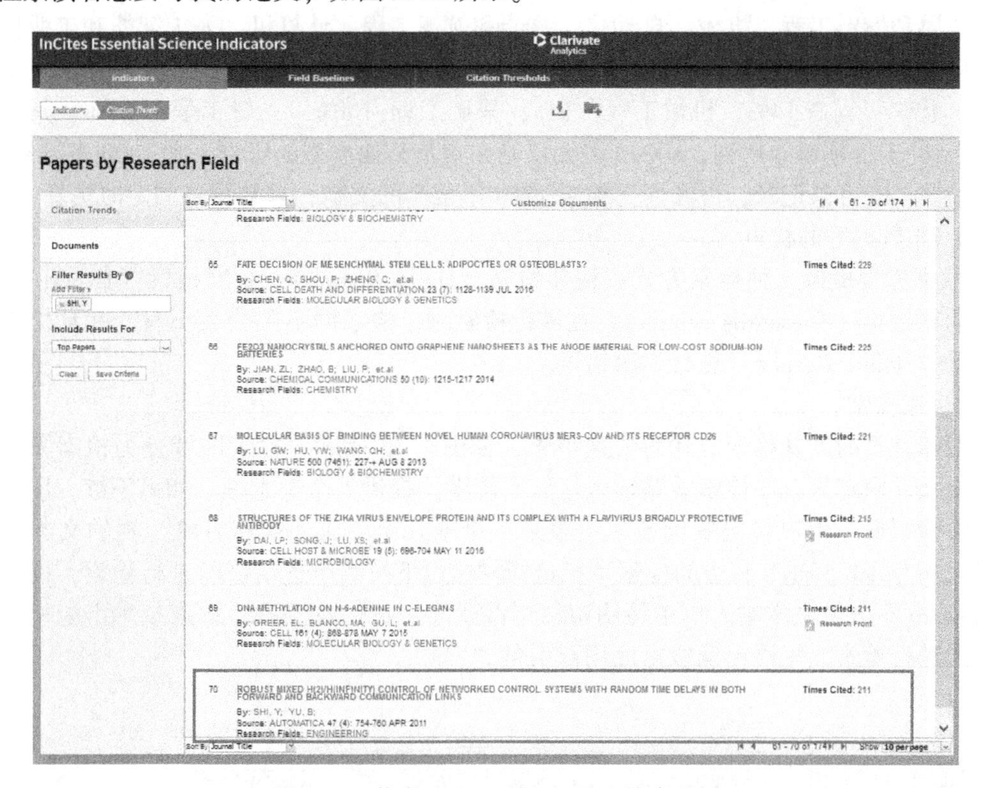

图 9.12　作者 SHI Y. 的 ESI 论文检索明细

9.1.3　工程索引

工程索引（Engineering Index，EI）是由美国华盛顿大学土木工程学教授 Dr. John Butler Johnson 于 1884 年创立的，最初是美国工程师学会联合会会刊中的一个文摘专栏，命名为“索引注释”。1895 年，美国《工程杂志》（*The Engineering Magazine*）购买了其版权后更名为现在的名称——工程索引（Engineering Index），并开始出版累积索引。

工程索引有多种出版类型，最早出版的是印刷型，有年刊和月刊。年刊于 1906 年开始出版，每年出版 1 卷；月刊创办于 1962 年，每月出版 1 期，报道时差为 6~8 周。1928 年，工程索引出版了工程索引卡片，按照主题分组发行，报道时差更短，便于灵活积累资料。1969 年开始发行为计算机检索使用的工程索引机读磁带，20 世纪 90 年代之后工程索引发行了光盘版。1995 年，EngineeringVillage.com 被推出，目前它是 12 个数据库的在线搜索平台。1998 年，Elsevier（爱思唯尔）收购了 EI，继续出版《Compendex 摘要》和《工程索引》。从那时起，EI 迅速发展壮大，现在 EI 拥有超过 12 个包含摘要、专利和电子书的数据库，是工程研究人员的常用的检索工具。

（1）EI 网络版数据库

EI 网络版检索系统曾用名 EI Compendex Web，自 2003 年起升级为 Engineering Village 2。

Engineering Village 2 是一个综合检索平台，除了提供 EI 网络版的检索外，还提供了诸如 INSPEC、NTIS 等数据库的检索。网络版 EI 是文摘型的检索数据库，内容几乎覆盖了所有工程技术领域，包括土木工程、能源、环境、地理和生物工程、电气、电子和控制工程、化学、矿业、金属和燃料工程、机械、自动化、核能和航天工程、计算机、人工智能和工业机器人等。在网络版 EI 所包含的学科领域中，电气工程方面的期刊文献最多，占 29%，土木工程占 14%，化学工程占 14%，机械工程占 9%，采矿工程占 8%，一般工程占 26%。其文献来自 3800 余种工程领域的期刊，80000 多会议论文集及其他类型的资源，含 1800 多万条记录，每年新增约 130 万条记录，可在网上检索 1869 年至今的文献，且数据每周定时更新。

（2）EI 数据库的检索

EI 数据库现提供三种检索方式：快速检索（Quick Search）、专家检索（Expert Search）和主题词表检索（Thesaurus Search）。在进行检索时，检索词不区分大小写，并且检索结果可以通过“Refine Results”进行二次检索。

1）快速检索。

数据库首页的默认检索方式为快速检索，如图 9.13 所示。检索区域分为检索策略输入区和检索条件限定区，在检索策略输入区，系统默认提供 1 个检索框。如果不够，用户可以自行添加检索框。用户将检索词或短语输入一个或几个“SEARCH FOR”栏的文本输入框中，可以从 Quick Search 右边的检索字段选择栏通过下拉菜单选定字段进行检索，也可以在 Quick Search 下方的文本输入框中使用布尔逻辑算符（and，or，not）检索技术组配检索词构建检索式进行检索，短语精确检索使用双引号“”。

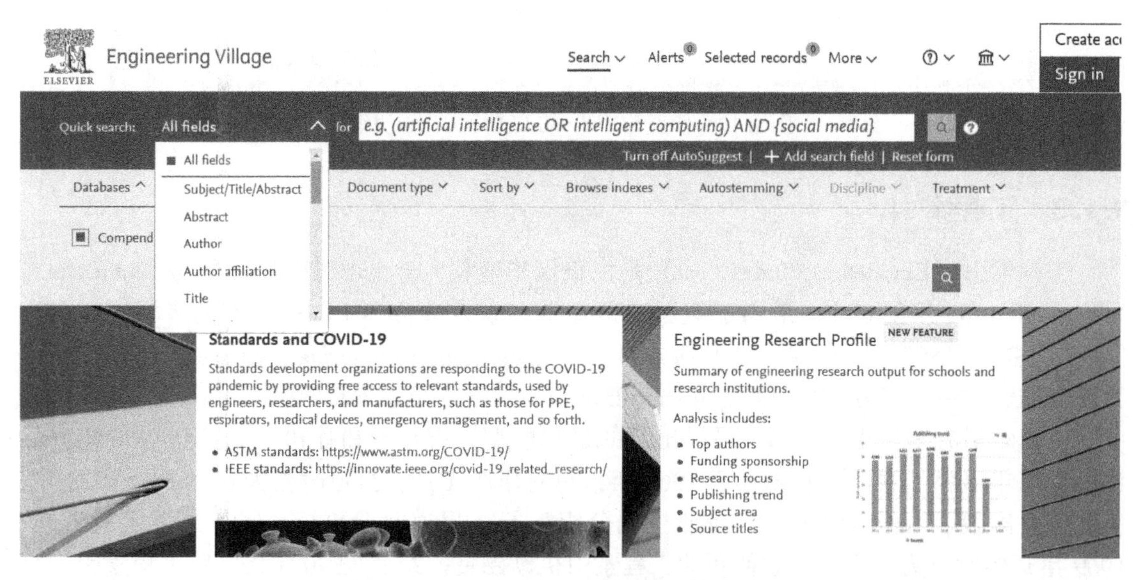

图 9.13　Engineering Village 快速检索界面

检索字段包括 All fields（所有字段）、Subject/Title/Abstract（主题/题名/摘要）、Abstract（摘要）、Author（作者）、Author affiliation（作者机构）、Title（题名）、Standard ID（标准标识符）、Ei Classification code（Ei 分类码）、CODEN（图书馆所藏文献和书刊的分类编号）、Conference information（会议信息）、Conference code（会议代码）、ISSN（国际标准期刊编号）、Ei main heading（Ei 主题词）、Country of origin（来源国）、Publisher（出版

商)、Source title（来源期刊名)、Controlled term（受控词）等。

快速检索框中的运算顺序为检索框排列的先后顺序。输入检索词时，系统提供自动取词根（Auto Stemming）功能，输入检索词后，系统将自动检索所输入检索词的词根，其功能与后截词功能相近。在作者检索字段中，系统不能自动取词根检索。检索条件的限定区可以限定检索结果的文献类型（Document Type)、处理类型（Treatment Type)、语言(Language）和发表时间等。

用户还可以使用快速搜索（Quick Search）选项，根据不同类型的关键词进行检索。如图 9.13 所示，检索页面的左上角可以选择题目、摘要、作者、作者机构等多方面类型的关键词进行检索。

2）专家检索。

图 9.14 为专家检索界面，在专家检索字段中，检索表达式的构建可以通过检索字段代码、检索词和布尔逻辑算符、位置算符、截词符来完成。词根检索还可使用符号“$”，短语精确检索则既可使用双引号“ ”，也可使用花括号{}。构建检索式时，在检索字段代码前加“wn”。例如，“{test bed} wn ALL AND {atm networks}. wn TI”。在专家检索页面下方介绍了常用的检索字段及其字母代码。一些常用的检索字段及其代码列于表 9.1 中。专家检索界面右边的浏览索引框（Browse Indexes）中，在快速检索索引的基础上，增加了处理类型（Treatment Type)、文献类型（Document Type）和语言（Language）三个选项。它们为用户的检索提供更多合适的词语，以完成更加精准的检索。

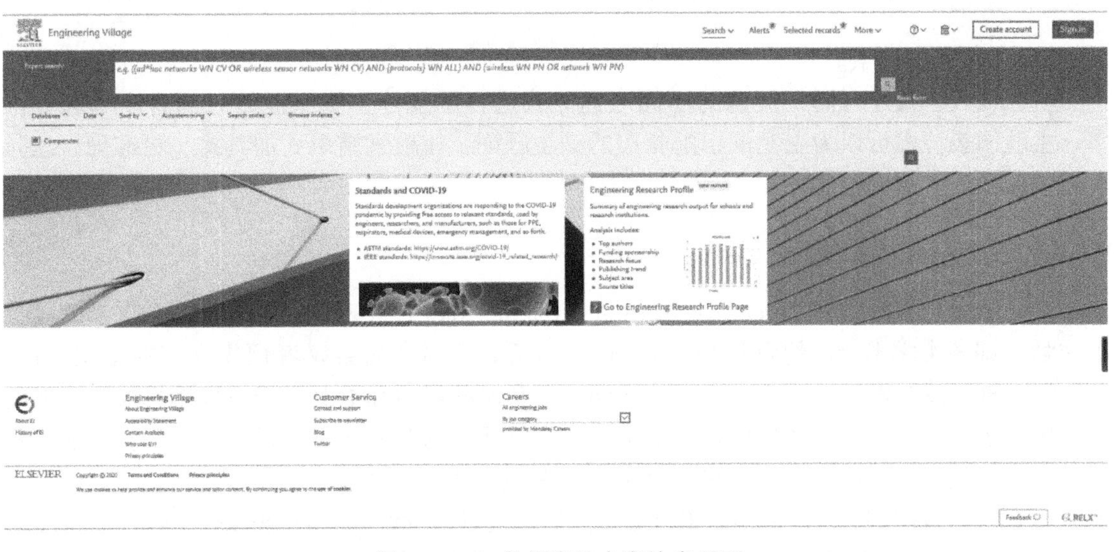

图 9.14　EI 数据库的专家检索界面

表 9.1　常用的检索字段及字母代码

字　段	字段代码	语　法
All fields（所有字段）	ALL	wn　ALL
Subject/Title/Abstract（主题/题名/摘要）	KY	wn　KY
Author（作者）	AU	wn　AU
Affiliation（作者机构）	AF	wn　AF

（续）

字　段	字段代码	语　法
Publisher（出版商）	PN	wn PN
Sourcetitle（刊名）	ST	wn ST
Title（题名）	TI	wn TI
Controlled term（受控词）	CV	wn CV
Document type（文献类型）	DT	wn DT
Language（语言）	LA	wn LA
Treatment type（处理类型）	TR	wn TR
Ei Main heading（Ei 主题词）	MH	wn MH
Uncontrolled term（自由词）	FL	wn FL
Classification code（分类码）	CL	wn CL
Abstract（摘要）	AB	wn AB
CODEN（图书馆所藏文献和书刊的分类编号）	CN	wn CN
ISSN（国际标准期刊编号）	SN	wn SN
ISBN（国际标准图书编号）	BN	wn BN
Conference code（会议代码）	CC	wn CC
Conference information（会议信息）	CF	wn CF

3）主题词表检索。

主题词表检索是对同一概念的不同表达方式进行了规范，能保证较好的查全率和查准率。主题词表检索可以为主题词组配相应的副主题词，使检索结果更加具体、更准确，这是科技工作者最常用的检索方式之一。

9.1.4 会议录引文索引

会议录引文索引（Conference Proceedings Citation Index，CPCI）数据库主要收录的是会议文献（即各类学术会议的资料和出版物），包括会议前参加会议者预先提交的论文文摘，在会议上宣读或散发的论文，会上讨论的问题、交流的经验和情况等经整理编辑加工而成的正式出版物。广义的会议文献包括会议论文，会议期间的有关文件、讨论稿、报告、征求意见稿等，而狭义的会议文献仅指在会议录上发表的文献。

CPCI 分为科技版（Science，CPCIS）、社科与人文版（Social Science & Humanities，CPCISSH），内容涉及社会科学、人文科学、生命科学、物理、化学、生物、农业、环境科学、工程技术和医学等各学科领域。目前，CPCI 已并入 Web of Science，是 Web of Science 平台核心合集的组成部分，通过 Web of Science 平台提供检索，数据每周更新。年报道约 4000 个会议、论文约 20 万篇，约占每年主要会议论文的 75%以上。索引内容的 65%来源于专门出版的会议录或丛书，包括 IEEE、SPIE、ACM 等协会出版的会议录，其余来源于以连续出版物形式定期出版的系列会议录，内容涉及一般性会议、座谈会、研究会和专题讨论会等。

9.1.5 中国科学引文数据库

中国科学引文数据库（Chinese Science Citation Database，CSCD）创建于 1989 年，收录我国数学、物理、化学、天文学、地学、生物学、农林科学、医药卫生、工程技术、环境科学和管理科学等领域出版的中英文科技核心期刊和优秀期刊千余种，目前已积累从 1989 年至今的论文记录 300 万条，引文记录近 1700 万条。2015-2016 年度中国科学引文数据库收录来源期刊 1200 种，分为核心库和扩展库两部分，其中核心库 872 种，扩展库 328 种。CSCD 内容丰富、结构科学、数据准确。系统除具备一般的检索功能外，还提供新型的索引关系——引文索引，使用该功能，用户可迅速从数百万条引文中查询到某篇科技文献被引用的详细情况，还可以从一篇早期的重要文献或著者姓名入手，检索到一批近期发表的相关文献，对交叉学科和新学科的发展研究具有十分重要的参考价值。中国科学引文数据库还提供了数据链接机制，支持用户获取全文。

（1）CSCI 简介

中国科学引文索引（Chinese Science Citation Index，CSCI）以 CSCD 为基础编制而成，它收录来源期刊上刊载的全部研究论文和综述文章以及部分重要研究简报、译文、纪念性文章、教学研究和讲座等文献，不收录论文摘要、简讯、消息、短论、动态、发刊词、题词和名词解释等。1998 年出版了我国第一张中国科学引文数据库检索光盘，1999 年出版了基于 CSCD 和 SCI 数据，利用文献计量学原理制作的纸版《中国科学计量指标：论文与引文统计》。

2003 年 CSCD 开始网上服务，推出了网络版中国科学文献服务系统（Science China），2005 年 CSCD 出版了《中国科学计量指标：期刊引证报告》。2007 年，与美国 Thomson ISI 合作，CSCD 成为 ISI Web of Knowledge 平台上第一个非英文语种的数据库，实现了 CSCD 在 Science China 和 ISI Web of Knowledge 上的双平台服务。2008 年，以 CSCD 为核心的 Science China 服务平台全面升级改版，同时推出网络版中国科学文献计量指标（CSCD ESI Annual Report）和中国科技期刊引证指标（CSCD JCR Annual Report）。

（2）CSCD 的检索

中国科学引文数据库提供来源文献检索和引文检索两种检索途径，可以进行简单检索、高级检索和二次检索，还提供了数据链接机制用以获取全文。

1）来源文献检索。

利用来源文献检索，可根据相关信息查找相应的文章，获得对该篇论文的详尽描述，或直接查找原文。

简单检索这种检索方式与引文检索中的简单检索方式类似，也分为检索输入区和条件限定区。检索输入区默认提供三个检索框，每个检索框的右边都可以通过下拉框来选择检索字段。检索字段包括作者、第一作者、题名、刊名、ISSN、文摘、机构、第一机构、关键词、基金名称和实验室。可以选择每个检索框之间的逻辑运算关系“与”“或”。条件限定区可以限定论文发表时间范围和论文所属学科范围。

高级检索在检索框中输入检索字段名称和布尔逻辑运算符以及检索词构造检索式，也可以在最下方的检索框填入相应检索词，单击增加，将自动生成检索语句。高级检索提供的检索字段与简单检索相同。此外，还可选择是否只在核心库中检索。

检索结果显示分为检索结果分布和结果输出两部分。检索结果分布部分，包括来源期刊分布、年代分布、作者和学科分布。检索结果还可按来源文献的来源、年代、作者和学科进行结果限定。结果输出部分，列出文献的题名、作者、来源和被引频次，可以打印和下载这些信息，也可单击链接查看文章的详细信息和全文。下载的论文目次信息的输出字段包括题名、作者、文摘、来源、ISSN、关键词、语种、学科和基金名称等。

二次检索可以通过作者、第一作者、题名、刊名、ISSN、文摘、机构、第一机构、关键词、基金名称和实验室对检索结果进行限定。

可以对检索结果进行分析和创建引文分析报告。单击检索结果分布右侧的检索结果分析，可以对检索结果的来源、年代、作者和学科进行分析。按来源分析提供来源期刊百分比柱状图；按年代分析提供检索结果分年走势图；按作者分析提供作者百分比柱状图；按学科分析提供学科百分比饼图。单击引文分析报告，可以提供检索结果中每年出版的文献数柱状分布图、每年被引文献柱状分布图和一些关键的统计数据，如每篇文献的按年被引情况和平均引用次数、引证文献去除自引的引文报告等。

2）引文检索。

引文检索可以查询某篇科技文献被引用的详细情况。除此之外，还可以通过某篇重要文献或著者姓名，搜索出近期发表的相关文献，该方法对交叉学科和新学科的发展研究具有十分重要的意义。

简单检索分为检索输入区和条件限定区。检索输入区默认提供三个检索框，每个检索框的右边都有下拉框可以选择检索字段。检索字段包括被引作者、被引第一作者、被引来源、被引机构、被引实验室和被引文献主编。可以选择每个检索框之间的逻辑运算关系“与”“或”。条件限定区可以限定论文被引时间范围和论文发表时间范围。

高级检索在使用时需要在搜索区中输入由“检索字段名称”“布尔逻辑运算符”以及“检索内容”组成的检索式，其默认检索为模糊检索，例如，检索词“经济”，是指文中含有“经济”这两个连续字，如经济、经济学、经济效益等。如果在检索项后加入“_EX”，表示精确检索。也可以在最下方的检索框填入相应检索词，单击增加，将自动生成检索语句。提供的检索字段有被引作者、被引第一作者、被引来源、被引机构、被引实验室、被引出版社、被引文献主编、被引时间范围和出版时间范围。还可选择是否只在核心库中检索。

检索结果显示分为检索结果分布部分和结果输出部分。检索结果分布部分包括被引出处分布、年代分布和作者，检索结果还可按来源被引文献的被引出处、年代和作者进行结果限定。结果输出部分则列出作者、被引出处和被引频次，用户可以打印和下载这些信息，也可单击链接查看文章的详细信息和全文。下载的输出字段包括被引题名、被引作者、被引出处、被引频次和引证文献。如在结果输出部分勾选某个结果，再单击完成检索，则会提供被引文献的被引情况，包括施引文献的题名、来源、作者和被引频次。

二次检索可以通过被引作者、被引第一作者、被引来源、被引机构、被引实验室、被引出版社和被引文献主编对检索结果进行限定，进行二次检索。

9.1.6 中国科技期刊引证报告

中国科学技术信息研究所（Institute of Scientific and Technical Information of China,

ISTIC）受国家科学技术部委托，从 1987 年开始对中国科技工作者在国内外发表论文数量和被引用情况进行统计分析，成立了中国科技论文统计与分析项目组。研究所利用统计数据建立了中国科技论文与引文数据库（CSTPCD）。《中国科技期刊引证报告》正是依托 CSTPCD 研制的专门用于期刊引用分析研究的重要检索评价工具。

自 1997 年出版第 1 本后，每年一本（2006 年改名为《中国科技期刊引证报告（核心版)》）连续出版至今。现《中国科技期刊引证报告》有核心版和扩刊版，是国内最有影响力的科技期刊评价报告之一。采用期刊被引、期刊来源和学科类别三类计量指标，结合中国期刊的实际情况选用了诸如总被引频次、影响因子、即年指标、他引率、引用刊数、扩散因子、学科扩散指标、学科影响指标、被引半衰期、基金论文比和海外论文比等 23 种指标。为了与扩刊版相区分，影响因子、总被引频次等主要引证指标自 2012 年版开始改用核心影响因子、核心总被引频次等名称。

9.1.7 核心期刊

核心期刊是某学科的主要期刊。一般是指所含专业情报信息量大，质量高，能够代表专业学科发展水平并受到本学科读者重视的专业期刊。有关专家研究发现，在文献情报源的实际分布中，存在着一种“核心期刊效应”，即某一专业世界上的大量科学论文，是集中在少量的科学期刊中。在文献情报量激增的时代，核心期刊效应引起了人们的普遍重视。目前，确定核心期刊的方法有多种，我国一般根据以下几条原则来综合测定：一是载文量多的期刊；二是被二次文献摘录量大的期刊；三是被读者引用次数多的期刊。

（1）核心期刊的由来

1934 年，英国文献学家布拉德福发现任何一门学科的绝大部分专业文献都集中于少数的相应专业期刊内，但是同时也散布于其他相关专业期刊之中。布拉德福通过对地球物理和润滑两个学科的目录资料进行统计分析，得出“如果将科技期刊按其刊载某专业论文的数量多少，以递减顺序排列，则可以分出一个核心区和相继的几个区域，每个区域的载文数量相等，此时核心区和相继区域的期刊数量呈 $1:n:n^2\cdots$的关系”，并发表在“专门学科的情报源”一文中。统计表明，学科内 1/3 的论文刊载在 3.2%的少数期刊上，另外 2/3 的论文则分散在大量的其他期刊上。这些少数信息密度大、载文量多的期刊被称为核心期刊。对于不同的学科，尽管 n 值不同，但分布规律是相同的。用语言描述为“与其主题有关的大部分期刊文章集中在少数部分相关期刊上”，这就是布拉德福文献分散定律。

1948 年，维利多对其图形和定律进行了修正。1967 年，莱姆库勒对区域法进行了发展。1969 年，布鲁克斯又对图形法进行了发展。他们对定律的文字和图像两种描述进行修正，发展了这两种数学模型，大大促进了它在图书情报、文献工作和科技评价中的推广应用。1967 年，联合国教科文组织的研究表明，在二次文献的文摘、题录和索引中，同样存在一个核心期刊区。紧接着，尤金・加菲尔德 1971 年在引文分布规律中，也发现了被引文章在期刊的分布上呈现较为集中的核心区与广为分散的相关区。20 世纪 60 年代，美国科学信息研究所（ISI）相继研制了科学引文索引（SCI）、社会科学引文索引（SSCI）和艺术与人文科学引文索引（AHCI），核心期刊开始进入实践阶段。

（2）国内核心期刊目录的现状

由于核心期刊有着巨大的应用价值，随着文献计量学在我国的发展，为了适应不同的领域及不同的需要，国内出现了几个影响较大的核心期刊目录。

1）中文核心期刊要目总览。

北京大学图书馆和北京高教学会图书馆工作研究会期刊专业委员会在1992年运用载文量、文摘量和被引量三个评价指标，共同研制了《中文核心期刊要目总览》（以下简称《要目总览》（第1版）），筛选出2157种期刊，选刊率33%。1996年《要目总览》（第2版）筛选出1613种期刊，2000年《要目总览》（第3版）筛选出1571种期刊，现已出版《要目总览》2017年版，选刊率保持在20%左右。2008年之前，每4年更新研究和编制出版一次，2008年之后改为每3年更新研究和编制出版一次。《要目总览》学科齐全，除少量国内英文刊物外，该目录覆盖了自然科学、工程技术和人文社会科学等全部学科，适用范围很广。《要目总览》2014年版选刊1983种，采用16个评价指标，包括被摘量、被摘率、被引量、他引量、影响因子、他引影响因子、5年影响因子、5年他引影响因子、特征因子、论文影响分值、论文被引指数、互引指数、获奖或被重要检索系统收录、基金论文比、Web下载量和Web下载率。

2）中国科技论文与引文数据库源期刊。

中国科技论文与引文数据库（CSTPCD）源期刊称为“中国科技核心期刊”，又称科技部统计源期刊，为《中国科技期刊引证报告》的统计源期刊。中国科学技术信息研究所信息分析研究中心为了对我国自然科学领域的主要学术论文产出情况进行分析，并使科技工作者、期刊编辑部和科研管理部门能够科学地评价和利用期刊，研制了该目录，并于1989年开始建库。选刊原则主要是根据期刊的学术质量来筛选，其次也考虑到编辑规范、学科和地区覆盖等因素。2014年核心版收录的期刊为1989种，扩刊版期刊6435种，核心版选刊率为30%。

3）中国科学引文数据库源期刊。

中国科学引文数据库收录我国数学、物理、化学、天文学、地学、生物学、农林科学、医药卫生、工程技术、环境科学和管理科学等领域出版的中英文科技核心期刊和优秀期刊千余种，目前已积累从1989年到现在的论文记录300万条，引文记录近1700万条。该库以文献正文与引文之间的内在联系为纽带，建立了引文索引，可以定量分析、评价各种学术活动，号称中国的SCI。

4）中国人文社会科学核心期刊要览。

《中国人文社会科学核心期刊要览》开始建立于1996年，由中国社会科学院文献计量与科学评价研究中心研制。1999年研究中心编制了《中国人文社会科学核心期刊要览》（以下简称《要览》），又称《中国人文社会科学论文与引文数据库源期刊》（CHSID），收录核心期刊506种，是从全国3000多种人文社科期刊中经过统计分析研究精选出来的。《要览》的第2版收录人文社会科学专业期刊550种左右，选刊率为16%。《要览》2013年版，根据各界对学术期刊评价的实际需求，确定了核心期刊484种，学科分为24个专业大类和综合类。《要览》核心区基本上覆盖了我国人文社科的重要期刊。

5）中文社会科学引文索引源期刊。

中文社会科学引文索引（CSSCI）是我国人文社会科学文献信息查询与评价的重要工

具，由南京大学中国社会科学研究评价中心研制，用以检索中文人文社会科学领域的论文收录和被引用情况。CSSCI 目前收录包括法学、管理学、经济学、历史学、政治学等在内的 25 大类 500 多种学术期刊。1998 年选用 496 种，选刊率 14%左右；1999 年选用 506 种；2000 年收录 419 种，选刊率为 12.3%；2002 年为 419 种；2003 年为 418 种；2004 年为 461 种，选刊率为 13%左右。2000 年 5 月，首次开发的 CSSCI（1998）光盘正式出版，并提供网上服务。从 2004 年开始，每 2 年调整一次，选刊率控制在 15%～20%，总数为 500 种左右，2010 年以后增加中文社会科学引文索引扩展版。

9.2 科技论文的收录

文献检索工具的文献来源是世界上公开出版的期刊、图书、专利和学术会议等。各种文献检索工具所收录的论文来源期刊有不同的类别、层次和要求，因此就有论文是否被收录和被什么检索工具收录的问题，期刊也有是否被列为来源期刊和被什么检索工具列为来源期刊的问题。

通常所说的“三大检索系统”或“三大检索工具”，是指 SCI、EI 和 CPCI，被其收录论文的状况是评价一个国家、单位和科研人员学术水平的重要依据之一。

SCI 是世界上很有影响的一种大型综合性检索工具，它重点收录生命科学、物理、化学、生物、农业、医学等基础学科和交叉学科的文献，收录的文献主要是期刊论文。收录范围十分广泛，涉及学科 150 多个，SCI 核心区收录期刊 3700 多种，扩展版 SCIE 收录期刊有 8800 种。作为一种检索工具，SCI 不仅通过主题或分类途径检索文献，而且设置了独特的“引文索引”（Citation Index），即通过先期文献被当前文献的引用，来说明文献之间的相关性及先前文献对当前文献的影响力。SCI 运用引文数据分析和同行评议相结合的方法，充分考虑了期刊的学术价值，其收录的期刊包含了国际上较为重要的期刊。SCI 严格的选刊标准和评价程序保证了来源期刊的质量，因此 SCI 所收录的期刊一般都被认为是被引频次高而且学术水平较高的期刊。但需要注意 SCI 不是唯一标准，而是一种实用且比较客观的评价工具。我们应该明确期刊是否被 SCI 收录，并不能绝对评判期刊的好坏。既要反对盲目鼓励发表 SCI 收录期刊的论文数，也要反对全盘否定 SCI 的观点。

EI 是一个全球性的工程类索引数据库，主要收录工程和应用科学领域的文献，其数据来源于全球 77 个国家。文献来自 3800 余种工程领域的期刊、80000 多会议论文集及其他类型的资源，这些文献涵盖了所有的工程领域，涉及 190 个学科。会议录引文索引数据库主要收录的是会议文献，即各类学术会议的资料和出版物，内容涉及社会科学、人文科学、生命科学、物理、化学、生物、农业、环境科学、工程技术和医学等各学科领域。

CPCI 原名是科技会议录索引，是学术文献的重要组成部分。许多创新的想法、概念或实验经常会首先出现在会议录当中。CPCI 是 ISI 出版的会议录索引数据库，ISI 基于 Web of Science 的检索平台，将科技会议录索引（Conference Proceedings Citation Index-Science，CPCI-S）和社会科学与人文会议录索引（Conference Proceedings Citation Index-Social Science & Humanities，CPCI-SSH）两大会议录索引集成为 ISI Proceedings。该系统是检索国际著名会议、座谈会、研讨会及其他各种会议中发表的会议录论文的文献信息和著者摘要（提供 1997 年以来的摘要）的多学科数据库。

除了上述三大索引，Elsevier Science 公司开发了一个新的检索、分析和评价的数据源，即 Scopus 数据库，涵盖的学科有 Physical Sciences and Engineering（物理科学和工程）、Life Sciences（生命科学）、Health Sciences（健康学）和 Social Sciences and Humanities（社会和人文科学）四大类。它是全球最大的文摘与科研信息引用数据库，拥有 5500 多万条记录，每日更新。

9.3 科技论文的引用

科技论文是科研活动的主要输出形式，也是科研工作者向社会传播学术思想和观点的主要途径，且最终转化为社会科学财富的起点。论文中对他人学术思想的继承、借鉴或批判通常以参考文献的形式体现，引用与被引用的关系称为引用关系。参考文献是科技论文的重要组成部分，它反映了论文的科学性以及作者对他人研究成果的尊重，抑或是作者为节省篇幅和叙述方便，提供论文中提及但未展开的相关内容的详细文本。科技论文的引文说明了知识的相互继承和相互作用，表明人类科学是在前人研究的基础上逐渐发展起来的。

参考文献在使用时需定位文章引用的位置。从内容安排上来看，通常是与论文主体密切相关的引用较多，而其他部分一般不作引用；从结构布局上看，论文在引言、正文、结论尤其是讨论中引用较多，而题名、摘要和关键词部分一般不引用；从论述环节上看，立论和论证部分引用较多，结论部分则引用较少。在不能确定引用位置时，应根据最必要、最需要的原则来引用，做到该引的地方一定引用，不该引用的地方一律不引用，做到因文而引，既不漏引，也不多引。

为了在科技论文中规范引用参考文献，具体需要做好以下几个方面。

1）引用数量要合适。参考文献的数量与本文研究内容所在的研究领域或研究方向的积累直接相关。一般来说，只有开创性论文，其研究领域方向的研究文献相对较少。如果论文研究内容或领域可供选择的文献相当多，那么选择相关的、必要的文献列出即可。所以文献数量要因文而异，当多则多，当少则少。

2）正确看待权威性。一篇论文中如果能够正确地引用权威性文献，可使论文的论点更加明确，论据更具有说服力，从而提高论文的水平和地位。但前提必须是，该文献是必需的、相关的。

3）正确区分合理自引与不当自引。比如在连续性研究课题的背景下，作者为了节省该篇文章篇幅，在论文中引用自己以前发表的论文中有关研究历史、背景、理由、目的以及取得成果等内容，这属于合理自引。若仅仅是为了展示或推崇自己已取得的研究成果，那么就是不当自引。

4）客观评价国外文献。不能单纯地认为国外文献更具说服力，从而盲目引用，一定要在把握学术动态的基础之上，因文而引。

5）正确把握文献的时效性。通常来看，论文研究领域或方向被前人研究的时间直接影响到文献的时效性，可能受限于当时的研究条件，有很多研究前人未能继续下去，一段时间后，随着研究条件的成熟被重新或继续研究，可能会出现新近文献的缺失，引文中可能出现一些看起来比较陈旧的文献，但这并不能说明该论文研究水平较低。

概括来说，参考文献的引用应遵循实事求是的原则，一切从论文主题的需要出发，以合理、正确、充分为原则，做到因文而引，不漏引，不多引。

9.4 科技论文的主要评价方法及评价指标

随着科学技术的进步和发展，科技成果越来越受到人们的关注，因为它们一旦被应用，将取得巨大的经济效益和社会效益，极大地促进国家及地区经济的发展。科技成果奖励制度是为实现我国“科教兴国”和“可持续发展”这两个基本战略而实行的一项重要举措，其目的就是赞扬那些促进科技进步和国家及地区经济发展的优秀科技成果，并给予作者相应的奖励。

由于科技成果奖励制度对于获奖成果所属单位或个人具有较强的激励作用，同时对后续研究有积极支持和导向作用，它已成为促使我国科技成果不断涌现和推广的重要途径之一。当前，随着国家及各地区对这一奖励制度的不断改革和完善，要求评判科技成果水平高低的评价方法具有科学性、公平性、合理性，所以科技成果评价方法与评价指标具有十分重要的研究价值。

9.4.1 科技论文的主要评价方法

科技论文评价有定性评价和定量评价两种方式。定性评价是指在多数情况下通过其权威性、时效性、可证实性、可核查性、逻辑性和目的性对论文给予大致的、一般性的评价，以决定取舍。定量评价需要确立量化评价指标，给出论文的量化值，以确定论文的优劣。但单一的评价指标存在片面性，可综合选取多项评价指标，确定权重，建立相应的评价体系。

科技论文评价体系的建立应该综合考虑以下几个方面：学术水平、科学意义、经济价值、社会价值和参考价值等。选取的评价指标必须具有明确性、独立性，且容易获得。在确定各项评价指标的权重时，一般要把握三个原则：要防止或减少人为干扰；要合理；与加权因子相适应。总之，建立的评价体系应该科学、直观、实用、方便，并且可操作性强。同时，评价论文还要考虑论文的作用或价值，主要是在科学理论、技术和潜在意义上的体现，它一般不直接产生社会效益或经济效益。此外，科技论文的评价也可通过评价期刊的方法来间接实现。科技论文的主要评价方法如下。

（1）同行专家评议法

同行专家评议方法是目前国际通用的定性评价方法，主要是在科技论文向科技期刊投稿后的评审阶段实施。同行专家评议是由部分同行专家对科研人员的论文进行审核、综合评价，最终确定优劣。如果同行专家完全按照客观、公正的原则对论文进行评价，评价结果是权威的。自然科学学术期刊的审稿制度，通常要经过初审、评审和终审三个阶段。对于一篇论文，大部分期刊选择的评审专家一般在两至三人，审稿人对论文进行评审就是同行专家评议的过程，是论文质量评估的重要环节。但这种方法存在缺陷，如花费时间较多，容易受主观因素影响。

（2）引文分析法

引文分析法是根据论文的被引频次进行评价。1977 年，J. A. Virgo 提出了被引频次与科技论文重要性的正相关假设，并将被引频次作为评价科学论文重要性的指标。随后又提出引证强度、引证系数等评价指标，并在论文评价中广泛应用。但是，此方法也存在问题：时效性不强，被引频次的统计有较长时间的滞后性；由于各学科领域在科研规模、研究方式、合作程度和引文行为等方面存在各自的特点，导致在引文总频次水平产生差异。

(3) 期刊影响因子法

影响因子由美国 SCI 创始人尤金·加菲尔德博士率先提出，是建立在引文分析基础之上、应用于学术期刊的评价。它是期刊在一定时间内所有论文的平均被引频次，影响因子越大，相对来说期刊影响力也越大，该期刊上刊载论文的学术水平也越高。但该方法的问题在于：期刊的影响因子并不代表论文的影响因子，而且影响因子建立在引文量的基础上，必然也受到学科差异性的影响。

(4) 网络链接分析法

网络链接分析法是 Web 网络中的信息挖掘及质量评价的一种方法，以链接解析工具、统计分析软件等为工具，应用统计学、拓扑学、情报学方法对链接数量、类型、链接集中与离散规律、共链现象等进行分析。随着互联网的快速发展，学术期刊已逐渐实现网络化，同时免费网络资源数量不断增加，网络链接分析法也开始被应用于科技论文的评价，并出现了基于网络的科技论文评价指标，如网络影响因子、总链接数、出链数、入链数和链接密度等。

9.4.2 科技论文的主要评价指标

论文的影响力或学术价值的高低，对科技人才科研业绩的定量评价描述具有重要意义。定量评价需要建立科学、明确、独立且易获得的量化评价指标。下面介绍目前被学术界科技工作者和信息专家普遍使用的科技论文定量评价指标。

(1) 被引频次

被引频次是指科技论文从发表之日起被引用的次数，它是从信息反馈的角度评价科技论文的基本指标之一，可以显示某篇科技论文被使用和受重视的程度，及其在科学交流中的影响力。被引频次高的论文，一般来说质量也相对较高。作者引用自己发表过的论文，称为自引，论文被除所有作者以外其他人的引用为他引。为了避免不合理的自引，常常比较论文去除自引后的被引频次，即他引次数。某篇论文的他引次数和该篇论文的总被引频次的比值为他引率，可以反映该篇论文被其他作者使用和重视的程度。

(2) h 指数

2005 年，乔治·赫希提出了一个测度科研工作者个人科研成绩的新指标——h 指数（h-index）。h 指数是指在一个科研工作者发表的 Np 篇论文中，如果有 h 篇的被引次数都大于或等于 h，而其他（$Np-h$）篇被引频次都小于或等于 h，那么它的指数值为 h。即将某位科研工作者所发表的论文按被引频次从高到低排列，直到某篇论文的序号大于该论文的被引频次，该序号减去 1 就是 h 指数。h 指数是一种定量评价科研工作者所发表科技论文总体质量的指标，也可以用于专利、期刊和机构学术影响力的评价。

h 指数具有明显的优点，它是一个非常简单并且易于理解的复合指标，兼顾个人科学产出的质量和数量，得出的影响力评价更为合理。但 h 指数也存在缺陷，它对那些在科学研究领域刚起步的人员和那些文章数量少但被引频次高的学者而言是不利的，因此，为了弥补 h 指数的缺陷，后续又提出了一系列 h 指数的衍生指数，如 A 指数、R 指数、g 指数、w 指数等。

（3）基于 SCI 的期刊引证报告中的评价指标

SCI 是世界上很有影响的一种大型综合性文摘和引文数据库。基于 SCI 的期刊引证报告（Journal Citation Reports，JCR）是全球最具影响力的期刊的评价资源，可以客观地评价可计量的统计信息，衡量期刊在学术文献中的地位，分析包括引用数据、影响力等多项评价指标，每年进行数据更新，相关数据可通过汤森路透的 Web of Science 检索分析平台获得。下面介绍一些基于 SCI 的期刊引证报告中的评价指标。

1）总被引频次（Total Cites），是指期刊自创刊以来所刊登的全部论文在当年的统计刊源中被引用的总次数。它可以客观地说明该期刊总体被使用和受重视的程度，以及在科学发展和学术交流中的作用和地位。显然，该指标的数值越大越好。

2）即年指标，也称即时性索引（Immediacy Index），是指某期刊当年发表的论文被引用次数与当年发表的论文总数之比。它表征期刊的即时反应速率，反映了期刊当年发表的论文在当年被引用的情况。其计算公式如下：

$$即年指标=\frac{该期刊当年发表论文被引用次数}{该期刊当年发表论文总数}$$

3）被引半衰期（Cited Half-life），是期刊被引用数降到年最高被引用数一半的时间，可以反映期刊发表论文被引用减少的趋势。

4）他引总引比，也称他引率，是指该期刊的总被引频次中，被其他期刊引用次数所占的比例，它反映了该期刊的学术交流的广度、专业面的宽窄和学科的交叉程度。计算公式如下：

$$他引总引比=\frac{被其他期刊引用次数}{该期刊总被引频次}$$

5）期刊影响因子（Impact Factor，IF），是指某期刊前两年发表的论文在统计当年被引用的总次数除以该期刊在前两年内发表论文的总数。它是国际上通行的传统期刊评价指标，也是 JCR 中的一项数据。计算公式如下：

$$影响因子=\frac{该期刊前两年发表的论文在统计当年被引用的总次数}{该期刊前两年发表论文的总数}$$

影响因子是一个相对的统计量，因此各种期刊都可以得到公正的评价和对待。一般认为，期刊的影响因子直接关系到期刊的整体学术水平，而与论文质量的关系是通过同行评议来实现的。影响因子高的期刊大多是含有高质量论文的著名期刊，因此影响因子与期刊论文的平均质量互为因果关系。

当然，影响因子作为定量的评价指标其适用范围是有限的，并不是无所不能的。要正确理解影响因子，它只是在一定程度上可以反映期刊的好坏，不能绝对地表示某一篇论文的好坏。影响因子虽然只和被引用次数和论文数直接相关，但实际上，它与论文因素、期刊因素、学科因素和检索系统因素等有密切联系。

① 论文因素，如论文的出版时滞、论文长度、类型及合作者数等。出版周期较短的期刊更容易获得较高的影响因子。若期刊的出版周期较长，则相当一部分的引文因为文献老化（超过 2 年）而没有被统计，因此并不会参与影响因子的计算，导致影响因子的降低。也有资料表明，论文的长度、热点与否、平均作者数与论文的总被引频次呈显著的正相关。

② 期刊因素，如期刊大小（发表论文数）、类型等。期刊的影响因子与发表论文数量和总被引频次的多少有密切联系。在通常情况下，论文数量不多的期刊较容易获得高影响因子，并且这部分期刊的影响因子在年度之间会有较大的波动；而论文量多且创刊年代久的期刊往往容易得到较高的总被引频次。期刊的规模和结构也会造成期刊影响因子的不同。一般来讲，同种类型的期刊形成的规模越大，这些期刊的影响因子越大；期刊中所含的热门课题或热门专业的文章越多，总被引频次就越高，同时这种期刊的影响因子也就越大。

③ 学科因素，如不同学科的期刊数目、平均参考文献数、被引半衰期等都会对期刊的影响因子和总被引频次产生影响。期刊的影响因素和总被引频次是基于论文引证与被引之间的定量关系。一个学科的引文数量，总体水平取决于两点：一是各学科自身的发展特点；二是该学科期刊在数据库来源期刊中所占的比例。从总体上来说，某学科来源期刊越多，该学科期刊的总被引频次和影响因子就越大。这两大因素决定了学科影响因子和总被引频次分布的差异性和不均衡性。

④ 检索系统因素，如参与统计的期刊来源、引文条目的统计范围等。对于特定期刊来说，在中外的检索系统中，由于其所收录的期刊群体组成的差异较大，因而所计算的影响因子值有较大的差异。

可见，用影响因子比较不同类型期刊的好坏不是绝对的。基于以上因素，很多学者提出在使用 IF 时，为了消除学科的差异性，应该遵循同类相比的基本原则。

为了解决不同学科之间的 SCI 收录期刊很难进行比较和评价的问题，中国科学院文献情报中心（国家科学图书馆）世界科学前沿分析中心对目前 SCI 核心库加上扩展库期刊的影响力等因素，以年度和学科为单位，对 SCI 收录期刊进行 4 个等级的划分。“JCR 期刊影响因子及分区情况”将各学科的 SCI 收录期刊分为 1 区（最高区）、2 区、3 区和 4 区四个等级。各种学科也被归为 13 个大类，分别是工程技术、农林科学、化学、生物、医学、社会科学、综合性期刊、地学、地学天文、数学、物理、环境科学和管理科学，以及 173 种小类。

（4）基于 Scopus 的期刊评价指标

Scopus 数据库是 Elsevier Science 公司开发的一个文摘和引文数据库，是一个检索、分析和评价的数据源。Scopus 中期刊评价指标主要包括 Source Normalized Impact per Paper（SNIP）、Impact Per Publication（IPP）和 SClmago Journal Rankings（SJR）。

1）SNIP，是 2010 年荷兰莱顿大学科技研究中心（CWTS）Henk F. Moed 提出的期刊度量指标。它是在三年引文窗中某一来源出版物中每篇论文的平均被引次数与该学科领域的“引用潜力”之间的比值。其中“引用潜力”是指一篇文章估计在指定的学科领域中所达到的平均被引次数，表示目标期刊主题领域的文献被引用的可能性，用主题领域的平均被引次数来衡量，以校正不同主题领域间的引用差异。

2）IPP，是 Scopus 和 CWTS 在 2014 年 6 月新发布的一个期刊评价指标。其定义为：对某一年份（假设 Y）的 IPP 计算，是由其倒推前 3 年（$Y-1$，$Y-2$，$Y-3$）发表所有文献在 Y 年的被引次数总和，除以前 3 年（$Y-1$，$Y-2$，$Y-3$）发表的总文献数量。

3）SJR，是西班牙 SCImago 研究小组于 2008 年研发的一种新型期刊评价指数，是一个既考虑了期刊被引数量，又考虑了期刊被引质量的指标。它采用 Google 网页排名的 PageRank 算法，赋予高声望期刊的引用以较高的权重，并以此规则迭代计算直到收敛。

9.5 本章小结

随着科学技术的进步和发展，科技论文成果越来越受到人们的普遍关注。本章介绍了国内外重要的期刊源数据库，包括 SCI、EI、CPCI、CSCD 等，并对科技论文收录和引用进行详细阐述。最后，针对科学、公平、合理地评判科技成果的水平高低问题，对科技论文的主要评价方法及评价指标进行了论述。需要注意的是，各种评价方法及评价指标均有优缺点，需综合看待。

参考文献

[1] 郭倩玲．科技论文写作［M］．2 版．北京：化学工业出版社，2016.

[2] GASTEL B，D A R．科技论文写作与发表教程［M］．任治刚，译．8 版．北京：电子工业出版社，2018.

[3] 张孙玮，赵卫国，张迅．科技论文写作入门［M］．5 版．北京：化学工业出版社，2017.

[4] 赵鸣，丁燕．科技论文写作基础［M］．北京：科学出版社，2013.

[5] 郭爱民，李金丽．研究生科技论文写作［M］．2 版．沈阳：东北大学出版社，2016.

[6] 高莉丽．浅析科技论文写作的道德规范［J］．广西大学学报（哲学社会科学版），2009，31（4）：138-141.

[7] 夏镇华．科技论文撰写参考［M］．北京：国防工业出版社，2009.

[8] 梁福军．科技论文规范写作与编辑［M］．2 版．北京：清华大学出版社，2014.

[9] 赵秀珍，杨小玲，虞沪生，等．科技论文写作教程［M］．北京：北京理工大学出版社，2005.

[10] 李兴昌．科技论文的规范表达：写作与编辑［M］．北京：清华大学出版社，1995.

[11] 新闻出版总署科技发展司，新闻出版总署图书出版管理司，中国标准出版社．作者编辑常用标准及规范［M］．2 版．北京：中国标准出版社，2003.

[12] 郑福裕．科技论文英文摘要编写指南［M］．北京：清华大学出版社，2003.

[13] 郭爱民．图书报刊质量问题面面观：常见编校差错例析［M］．西安：西安交通大学出版社，2006.

[14] 高烽．科技论文写作规则和写作技巧 100 例［M］．北京：国防工业出版社，2006.

[15] 钟似璇．英语科技论文写作与发表［M］．天津：天津大学出版社，2004.

[16] 李旭．英语科技论文写作指南［M］．北京：国防工业出版社，2005.

[17] 吴江梅，黄佩娟，马平．英语科技论文写作［M］．北京：中国人民大学出版社，2013.

[18] ZHANG L，SHI Y，CHEN T，et al. A new method for stabilization of networked control systems with random delays［J］. IEEE Transactions on Automatic Control，2005，50（8）：1177-1181.

[19] 闫茂德，宋家成，杨盼盼，等．基于信息一致性的自主车辆变车距队列控制［J］．控制与决策，2017，32（12）：2296-2230.

[20] ZUO L，SHI Y，YAN W S. Dynamic coverage control in a time-varying environment using Bayesian prediction［J］. IEEE Transactions on Cybernetics，2019，48（1）：354-362.

[21] LI J C，CAO Q，HOU X Y. Ru-AI codoping to mediate resistive switching of NiO：SnO_2 nanocomposite films［J］. Applied Physics Letters，2014，104（11）：113511. 1-113511. 4.

[22] ZHANG H，LUN S，LIU D. Fuzzy H_∞ filter design for a class of nonlinear discrete-time systems with multiple time delays［J］. IEEE Transactions on Fuzzy Systems，2007，15（3）：453-469.

[23] YAN M，SHI Y. Robust discrete-time sliding mode control for uncertain systems with time-varying state delay［J］. IET Control Theory and Applications，2008，2（8）：662-674.

[24] POLLARD T D. Mechanics of cytokinesis in eukaryotes［J］. Current Opinion in Cell Biology，2010，22（1）：50-56.

[25] 李军浩，韩旭涛，刘泽辉，等．电气设备局部放电检测技术述评［J］．高电压技术，2015，（8）：116-134.

[26] 刘小平．论文排版实用教程：Word 与 LaTeX［M］．北京：清华大学出版社，2015.

[27] 刘海洋．LaTeX 入门 [M]．北京：电子工业出版社，2013.
[28] 王伊蕾，李涛．LaTeX 科技论文写作简明教程 [M]．北京：清华大学出版社，2015.
[29] YAN M D, MA W R, Zuo L, et al. Dual-mode distributed model predictive control for platooning of connected vehicles with nonlinear dynamics [J]. International Journal of Control, Automation and Systems, 2019, 17 (12): 3091-3101.
[30] 全国信息与文献标准化技术委员会．学位论文编写规则：GB/T 7713. 1-2006 [S]．北京：中国标准出版社，2006.
[31] 肖东发，李武．学位论文写作与学术规范 [M]．北京：北京大学出版社，2009.
[32] 刘春燕，安小米．学位论文写作指南 [M]．北京：中国标准出版社，2008.
[33] 孙君，权金华．SCI 与科技论文收录 [J]．科技情报开发与经济，2006，26 (6)：15-17.
[34] 孙君，习雅娜．EI 与科技论文收录 [J]．情报探索，2006 (6)：47-49.
[35] 林德明，姜磊．科技论文评价体系研究 [J]．科学学与科学技术管理，2012，33 (10)：11-17.
[36] 杨远芬．科技论文评价方法实证比较研究 [J]．科技管理研究，2008 (8)：57-59.
[37] 齐世杰，郑军卫．科技论文定量评价方法研究进展 [J]．情报理论与实践，2017，40 (10)：140-144.
[38] 党兰学．科技期刊论文被学位论文引用的文献计量分析 [J]．中国科技期刊研究，2013，24 (2)：291-294.
[39] 吴雷，孙莹莹．基于 h 指数和 g 指数的高等学校学术表现评价应用研究 [J]．经济研究导刊，2013 (17)：245-247.
[40] 夏冬，任波，谢黎．科技论文检索工作中 SCI 数据库的使用探究 [J]．图书情报导刊，2016，1 (12)：107-112.
[41] 黎娅，廖萍．浅谈科技论文写作中的常见问题 [J]．科技传播，2019，11 (7)：24-25，212.
[42] 陈竹，李洁，王华菊，等．材料类英文科技论文写作中常见短句的易错表达及修改 [J]．编辑学报，2019，31 (S1)：144-149.
[43] 刘锋，张京鱼．农业科技期刊英文论文引言结构与内容特征及编写建议 [J]．中国科技期刊研究，2017，28 (12)：1134-1140.
[44] 陈兵奎，王淑妍，蒋旭君，等．锥形摆线啮合副加工方法 [J]．机械工程学报，2007，43 (1)：147-151.